普通高等教育"十三五"规划教材

化工工艺虚拟仿真与安全分析

田文德　陈秋阳　李正勇　曹婺　编

化学工业出版社

·北京·

《化工工艺虚拟仿真与安全分析》以化工工艺操作、DCS控制、化工过程虚拟仿真和化工工艺安全分析为编写主线，以自研的动态模拟与分析系统DSAS为工具，通过两种化工单元操作和三种化工工艺操作的具体实例来说明虚拟仿真技术在化工实习中的基础应用，每章均配有工程案例分析及习题和推荐阅读材料。

《化工工艺虚拟仿真与安全分析》可作为高等院校化工、石油、生物、制药、食品、环境、材料等专业的本、专科学生的计算机仿真和实习实训教材，也可供这些专业的科研、设计、管理及生产人员参考使用。

图书在版编目（CIP）数据

化工工艺虚拟仿真与安全分析/田文德等编. —北京：化学工业出版社，2018.8（2023.2重印）
普通高等教育"十三五"规划教材
ISBN 978-7-122-32330-9

Ⅰ.①化… Ⅱ.①田… Ⅲ.①化工过程-工艺学-高等学校-教材
Ⅳ.①TQ02

中国版本图书馆CIP数据核字（2018）第123698号

责任编辑：刘俊之　　　　　　　　　　　装帧设计：韩　飞
责任校对：王素芹

出版发行：化学工业出版社（北京市东城区青年湖南街13号　邮政编码100011）
印　　装：北京科印技术咨询服务有限公司数码印刷分部
787mm×1092mm　1/16　印张13¼　字数330千字　2023年2月北京第1版第2次印刷

购书咨询：010-64518888　　　　　　　售后服务：010-64518899
网　　址：http://www.cip.com.cn
凡购买本书，如有缺损质量问题，本社销售中心负责调换。

定　　价：39.00元

化工专业的实践环节有助于培养学生对化工生产的感性认识，但近年来化工企业考虑到安全问题，普遍不愿接收学生实习，即使接收也仅限于现场参观，导致学生不能深入了解实际化工生产过程，无法掌握工艺操作技能，理论知识与实际生产脱节。虚拟仿真技术为学生提供了一个可靠、安全和经济的虚拟仿真实践环境，帮助学生了解化工装置操作原理、动态控制行为和事故演变过程，提高对工艺过程的运行控制能力和应急处置能力。

《化工工艺虚拟仿真与安全分析》立足在校化工专业学生的知识结构，以及化工过程管理、运行和控制对该专业的切实需求，从化工专业的典型工艺出发，系统介绍化工工艺的虚拟仿真与安全分析过程。教材以商业软件 Aspen Dynamics 以及我们自研的动态模拟与分析系统 DSAS 为工具，融入大量的动态模拟案例和软件使用说明，结合常见化工设备和流程的动态模拟原理，融合流程模拟、自动控制、DCS 操作，系统地介绍了化工动态模拟与虚拟仿真过程，提高学生对化工装置的整体操控能力。为方便读者练习，本教材主要章节均给出了案例模拟的详细步骤截图，并列出了软件输入所需的数据列表，以及最终运行结果的数据表和软件截图，力图使读者能够顺利地重复书中案例，加深对具体动态模拟过程的理解。

与本书配套的《化工过程计算机应用基础》和《化工过程计算机辅助设计基础》教材已分别于 2007 年和 2012 年由化学工业出版社出版。这两本教材以 Matlab、GAMS、Fluent、Aspen Plus 等软件为工具，详细介绍了各类化工单元和流程的模拟、设计和优化思路，并附有大量例题和源代码，可作为本书的基础教程参考使用。

《化工工艺虚拟仿真与安全分析》共分三篇，一共 12 章。上篇为基础知识篇，分 3 章介绍化工工艺操作原理、DCS 控制系统运行机制以及虚拟仿真技术在这两方面的应用情况。中篇以动态模拟与分析系统 DSAS 为例，介绍典型化工工艺的仿真操作过程，包括精馏、吸收两种单元操作，以及乙炔、合成氨、乙醛三种工艺，共 6 章。下篇为化工工艺运行安全分析篇，分 3 章介绍安全分析原理、动态模拟在安全分析中的应用、安全与防护等。本书由青岛科技大学化工学院的田文德、陈秋阳、李正勇、曹嫠编写，其中第 7 至第 11 章由田文德编写，第 1 章由陈秋阳编写，第 3 和第 12 章由李正勇编写，第 2、第 4 至第 6 章由曹嫠编写。青岛康安保安全咨询公司的韦洪龙参与了部分章节的修订工作，在此一并表示感谢。

本教材适用于化学工程与工艺及相关专业，包括化工、石油、生物化工、食品、制药、材料、轻纺、冶金、环境工程、轻化工程以及过程装备与控制等专业，可用于这些专业的本、专科学生的计算机仿真和实习实训教材，也可以供这些专业的应用技术人员参考使用。

由于编者水平有限，书中不足之处在所难免，恳请读者批评指正。

编　者

2017 年 12 月

于青岛科技大学

上篇　基础知识

第3章　化工工艺操作 ·· 45

中篇　典型化工工艺虚拟仿真

第4章　DSAS虚拟仿真软件 ················· 70

第8章　合成氨合成工序仿真操作 ·················· 110

下篇　化工工艺运行安全分析

（上）（篇）

基 础 知 识

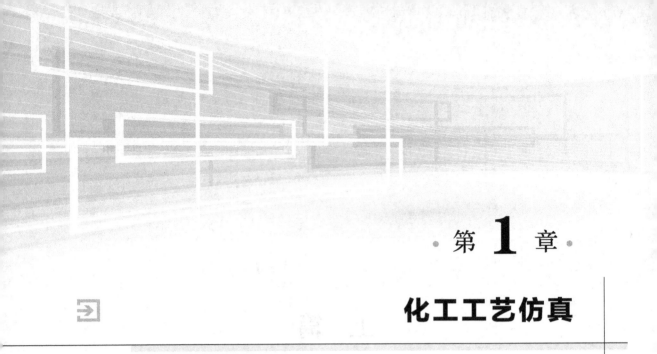

第 1 章

化工工艺仿真

近年来，计算机虚拟仿真技术快速发展，已经成为人们认识客观规律的又一有力手段，在航空航天、军事、航海及制造业等领域的应用均发展迅速。与此同时，化工行业作为国家支柱产业，具有生产环境极端、生产规模巨大、生产过程高度自动化及安全管理要求高等特点，这为仿真技术在化工工艺中的运用提供了广阔的空间。通过虚拟仿真技术，为我们更好地认识和理解复杂的化工工艺生产过程提供了方法和可能。本章对化工工艺和虚拟仿真等知识点的基本概念和相关基础知识进行梳理。

1.1 化工工艺简介

1.1.1 化工工艺定义

化学工业是国民经济基础产业之一，现代生产生活的方方面面都与化工生产有着千丝万缕的联系。我们普遍认为化工生产是伴随着现代工业发展而形成的工业生产方式，其实人类早在原始社会就使用化工的简易形式来制作物品，如陶器。而过滤、蒸发、蒸馏、结晶、干燥等单元操作在生产中的应用，也已有几千年的历史。据考古发现，至少 10000 年以前中国人已掌握了用窑穴烧制陶器的技艺，5000 年以前已通过利用日光蒸发海水、结晶制盐；埃及人在 5000 年以前的第三王朝时期开始酿造葡萄酒，并在生产过程中用布袋对葡萄汁进行过滤。但在相当长的时期里，这些操作都是规模很小的手工作业。作为现代工程学科之一的化学工程，则是在 19 世纪下半叶随着大规模制造化学产品的生产过程的发展而出现的，经过 100 多年的发展，化学工程已经成为一门有独特研究对象和完整体系的工程学科。早期化学工业主要是无机化工、有机化工等的发展。从 20 世纪初到 20 世纪六七十年代，化学工业进入大发展时期，出现了合成氨工业、石油化工、高分子化工和精细化工等分支。

19 世纪 70 年代，英国曼彻斯特地区的制碱业污染检查员 G. E. 戴维斯明确提出了化学工程的概念，并指出各种化工生产工艺，都是由为数不多的基本操作如蒸馏、蒸发、干燥、过滤、吸收和萃取组成的，可以对它们进行综合的研究和分析，化学工程将成为继土木工程、机械工程、电气工程之后的第四门工程学科。之后以化工工艺为核心对象的化学工程与工艺学科在世界范围内得到了系统的发展。

化工工艺广义上可理解为化工技术或化学生产技术，是指将原料物经过化学反应转变为产品的方法和过程，包括实现这一转变的全部措施。在本书中，化工工艺主要指通过单一或数个化学反应（或过程）将原料转化为产品的生产流程。它涉及化工生产的方法、原理、流程和设备，是化工产品生产的工程技术、诀窍和艺术。

化工工艺的核心是如何实现从原材料到产品的转化过程，这就包含了原材料处理、化学反应、化工设备、流程设计、热负荷等诸多环节。同时，还需要考虑整个工艺的合理性、先进性及经济性，是一门复杂的综合学科。为验证某一工艺是否具备合理性和可行性，传统上需要进行小试、中试及工业测试等环节来进行必要的测试与优化，但这种方法周期长、成本高并缺乏灵活性。近年来，计算机技术的快速发展为解决这一问题提供了新的途径。计算机辅助设计、模拟计算及虚拟仿真从不同的侧面对工艺流程进行了全方位的检测和优化，为从化学工艺设计到工业生产提供了高效的中间环节。本书作为化工工艺虚拟仿真的实验教材，将从虚拟仿真的单元操作和流程模拟的角度，带领大家解构化工工艺流程，理解工艺特点、设备特性、生产流程及操作要求等主要知识点，以便帮助大家更好地理解化工工艺。

1.1.2　化工工艺过程

化工生产过程一般地可概括为三个主要步骤。

（1）原料处理

这一步骤主要是为了使原料符合进行化学反应所要求的状态和规格。化学反应是整个化工生产的核心组成，为了能够达到化学反应所需要的条件和提高反应效率，就需要在反应前，根据反应要求对不同的原料进行净化、提浓、混合、乳化或粉碎（对固体原料）溶解、加压、加热等预处理。如果原料处理不当，则可能在化学反应中导致效率下降，影响生产效益。因而，在生产之前需要对原材料进行优化，以提高原材料利用率。这也是衡量一个化学生产过程的生产效率的重要指标。

（2）化学反应

化学反应是生产的关键步骤。经过预处理的原料，在一定的温度、压力等条件下进行反应，以达到所要求的反应转化率和收率。这一过程，充分反映出化工工艺的复杂性和多样性。在具体的化工反应过程中，反应种类多种多样，有放热反应和吸热反应；有可逆反应和不可逆反应；有的反应需要在高温高压下进行；有的反应需要在催化剂的作用下进行；不同化学反应对反应条件的要求不同，相同的化学反应在不同环境（温度、压力等）下的具体反应效率和反应速率也会有所不同。目前，常见的化学反应类型有氧化、还原、脱氢、硝化、卤化、复分解、磺化、异构化、聚合等。一个化学反应最终能否运用于化工生产过程，主要取决于它的具体反应过程能否满足工业生产实际。如有的反应缓慢，就需要调整反应环境或者添加催化剂；还有的反应特别剧烈，就需要配备相对安全的反应器皿。因此，在化学反应的准备工作中就要充分了解该反应的具体流程与现象，把握化学反应的每一步要点和最佳反应条件。

（3）产品精制

这是指将由化学反应得到的混合物进行分离，除去副产物或杂质，以获得符合组成规格的产品的过程。在化学反应过程中采用不同的生产方法和工艺流程都可能造成产品中包含不同比例的杂质与副产品，从而影响产品质量和纯度。产品精制就是分离和提纯的过程。另一方面，对副产品有效分离，也将提高整个生产流程的效益。副产品根据种类的不同可以有不同的用途。如有些反应物在参加反应后还会有相当数量的残留，这些残留可以继续参加反应，从而提高利用率，降低生产成本。还有一些副产品可以作为生产原料或半成品参与到其他化工生产过程中。这些都有效地提高了生产的经济效益。因而，对产品进行分离和提纯是化工生产过程中不可或缺的重要步骤。

以上每一步都需在特定的设备中，在一定的操作条件下完成所要求的化学的和物理的转变。这些化学的（如氧化、还原、脱氢、硝化、卤化、复分解、磺化、异构化、聚合等）和物理的（如加热、冷却、蒸馏、过滤等）处理过程，在不同的化学反应过程中以不同的组合形式出现，这就是我们常说的工艺流程。工艺流程的选择会导致产品质量、纯度和生产效益存在巨大差异。本书将在后面的章节中，通过对典型化工工艺流程的仿真模拟，来揭示化工工艺过程中各环节的要点与特性，帮助同学们理解化工工艺与化工生产的内在联系。

1.2 虚拟仿真定义

虚拟仿真技术是仿真技术和虚拟现实技术结合的产物，是伴随着计算机技术、网络技术、虚拟现实技术、传感技术及人工智能技术的发展而快速发展起来的新技术，并成为人们认识自然和客观规律的一个重要方法。已经在各行业的研究、产品开发、方案论证、工艺设计、测试评估及培训等方面成为重要技术手段，从而深刻影响生产生活的方方面面。本节我们将给出系统仿真、虚拟现实、虚拟仿真及虚拟仿真训练系统的概念。

1.2.1 系统仿真的概念

仿真（simulation）技术，又称模拟技术，简单地说就是指用一个系统来模拟另一个真实系统的技术。20世纪初仿真技术已得到应用。例如在实验室中建立水利模型，进行水利学方面的研究。40～50年代，航空、航天和原子能技术的发展推动了仿真技术的进步。60年代，计算机技术的突飞猛进，为仿真技术提供了先进的工具，加速了仿真技术的发展。在仿真技术的基础上，提出了系统仿真的概念。

所谓系统仿真（system simulation），就是根据系统分析的目的，在分析系统各要素性质及其相互关系的基础上，建立能描述系统结构或行为过程的且具有一定逻辑关系或数量关系的仿真模型，据此进行试验或定量分析，以获得正确决策所需的各种信息。

仿真技术为人们认识复杂系统并解决相关问题提供了有效途径。其作用主要体现在以下几点。

① 仿真的过程也是实验的过程，而且还是系统地收集和积累信息的过程。尤其是对一些复杂的随机问题，应用仿真技术是提供所需信息的唯一令人满意的方法。

② 对一些难以建立物理模型和数学模型的对象系统，可通过仿真模型来顺利地解决预测、分析和评价等系统问题。

③ 通过系统仿真，可以把一个复杂系统降阶成若干子系统以便于分析。

④ 通过系统仿真，能启发新的思想或产生新的策略，还能暴露出原系统中隐藏着的一些问题，以便及时解决。

仿真系统按照不同原则可以分为不同的类型，如：

按所用模型的类型可分为物理仿真、计算机仿真（数学仿真）、半实物仿真；

按仿真对象中的信号流（连续的、离散的）可分为连续系统仿真和离散系统仿真；

按仿真时间与实际时间的比例关系可分为实时仿真（仿真时间标尺等于自然时间标尺）、超实时仿真（仿真时间标尺小于自然时间标尺）和亚实时仿真（仿真时间标尺大于自然时间标尺）；

按对象的性质可分为宇宙飞船仿真、化工系统仿真、经济系统仿真等。

1.2.2　虚拟现实的概念

虚拟现实技术（virtual reality），亦称为灵境技术，一般是指用计算机技术模拟其他环境（包括现实世界环境和假想环境）或事物的技术，让使用者如同身临其境一般，可以及时、没有限制地观察三度空间内的事物。近年来，虚拟现实技术伴随着计算机技术、网络技术、计算机图像技术、传感技术、人机交互技术等技术的发展而快速发展。

虚拟现实技术虽然近年来才刚刚进入普通用户的视野，但其实早在 20 世纪 40 年代，随着计算机技术的诞生发展已经在试验研究中萌芽。可将其划分为五个阶段。

1962 年以前，虚拟现实技术的概念积累阶段。伴随着计算机技术的诞生和发展，在试验性研究中出现了虚拟现实概念，并进行了早期原始性的研究工作。

1962～1972 年，虚拟现实技术的萌芽阶段。在 20 世纪 60 年代，还没有计算机图形学，虚拟现实是通过原型机来实现的。1962 年，第一套完整的虚拟现实设备 Sensorama（图 1-1）出现，该设备通过三面显示屏来形成空间感，从而实现虚拟现实体验。1968 年美国计算机图形学之父 Ivan Sutherlan 开发了第一个计算机图形驱动的头盔显示器 HMD 及头部位置跟踪系统。但这一时期由于技术的限制，虚拟设备体积庞大、造价成本高昂、不便于使用、虚拟效果较差等，都限制了虚拟技术的应用范围。

1973～1989 年，虚拟现实技术的初步发展阶段。计算机图形学在虚拟仿真技术中的应用为虚拟现实技术的商业应用奠定了基础。20 世纪 70 年代中期，M. W. Krueger 设计的 VIDEOPLACE 系统，通过摄像机和投影屏幕，产生一个虚拟图形环境，使用户能够共享空间和体验交互作用。1985 年在 M. MGreevy 领导下完成的 VIEW 虚拟现实系统，装备了数据手套和头部跟踪器，提供了语言、手势等交互手段，使 VIEW 成为名副其实的虚拟现实系统，成为后来大多数虚拟现实系统的硬件体系结构都是从 VIEW 发展而来。这一时期，虚拟仿真技术开始商业化。1987 年全球首款商用化的 VR 头盔产品诞生，成为这一阶段的标志，随后任天堂、索尼等公司均推出了 VR 游戏机，形成一轮 VR 商业化热潮。

1990～2013 年，虚拟现实技术的完善阶段。虚拟现实技术开始全面发展，从研究转向应用，并且在应用中越来越多地与仿真技术结合，使虚拟仿真技术得到了快速发展。这一阶段，首先是虚拟现实技术在游戏开发中的大量应用带来了巨大商业利益，在商业利润的驱使下又使得大量资金和人力被投入到虚拟现实技术的研发工作中，从而使虚拟现实技术得到了快速发展。另外，伴随着虚拟现实技术的完善和发展，越来越多的行业开始意识到虚拟仿真技术的重要性，使得虚拟仿真技术被广泛地应用。

2013 年之后，虚拟仿真技术的普及应用阶段。计算机硬件设备、VR 设备（见图 1-2），使得 VR 技术普及化成为可能性。近一两年来，商业 VR 设备几乎随处可见，VR 技术成为了新的热点。2014 年 Facebook 以 20 亿美金收购 Oculus，同时三星、谷歌、索尼、HTC 等国际消费电子巨头均宣布自己的 VR 设备计划。VR 技术的发展，为虚拟仿真技术提供了技术基础，使得虚拟仿真系统能够提供更为真实的用户体验。

图 1-1　Sensorama 系统

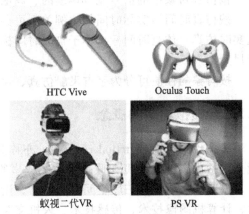

HTC Vive　　　Oculus Touch

蚁视二代VR　　　PS VR

图 1-2　当前常用 VR 外设

目前虚拟现实技术分虚拟实景（境）技术（如虚拟游览故宫博物院，见图 1-3）与虚拟虚景（境）技术（如虚拟未来城市、虚拟战场等）两大类。虚拟现实技术的应用领域和交叉领域非常广泛。可以说，虚拟现实技术将是 21 世纪信息技术发展的代表。它的发展，将从根本上改变人们的工作方式和生活方式，使劳和逸真正结合起来，人们能够在享受环境中工作，在工作过程中得到享受。甚至有人断言，虚拟现实技术与美术、音乐等文化艺术的结合，将诞生人类的第九艺术。

图 1-3　虚拟游览故宫博物院界面

1.2.3　虚拟仿真的概念

虚拟仿真技术是仿真技术与虚拟现实技术结合的产物（图 1-4）。区别于传统仿真模型的抽象表达，利用虚拟现实技术建立和实现的仿真模型，能够有效地通过图形、声音甚至感官输出，使人们通过视觉、听觉等感知更好地理解仿真装置，使仿真系统具备了更广阔的应用空间和强大的生命力。

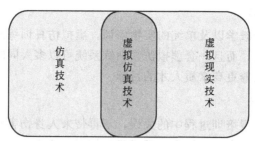

图 1-4 虚拟仿真技术与仿真技术、虚拟现实技术的关系

仿真系统的意义在于通过其他形式再现目标系统,从而便于人们认识一些复杂的系统,最简单的仿真模型如地球仪。而虚拟现实技术则是通过计算机与 VR 设备为人们模拟出一个可以通过视觉、听觉、嗅觉、感觉等体感系统感知的环境,如人们可以通过 VR 体验火山爆发时的场景。随着 VR 技术的快速发展,人们将虚拟现实技术引入到系统仿真技术中,形成了虚拟仿真技术(又称人在回路仿真)。虚拟仿真技术成为了仿真技术的重要分支,并成为继数学推理、科学实验之后人类认识自然界客观规律的第三类基本方法,而且正在发展成为人类认识、改造和创造客观世界的一项通用性、战略性技术。通过虚拟仿真技术,人们可以构建一个与被研究系统一致的动态虚拟仿真环境,这一虚拟系统是具有开放性和可交互性的,能够做出与被研究系统相似的反馈,并通过视觉、听觉和其他人体感受反馈给人们,从而为参与者提供与真实系统尽可能相似直观体验。比如通过虚拟仿真技术构建的地震灾难应急演练系统可以为用户提供地震发生时的虚拟环境,人们可以通过该系统直观地了解地震时在不同情境下如何有效自救,这将有效降低地震灾害带来的人员伤亡。本书中所阐述的正是基于虚拟仿真技术的化工工艺仿真,我们将通过化工工艺虚拟仿真系统来还原化工单元操作和经典工艺流程,使操作者能够尽可能获得与化工厂相似的操作体验,从而系统地了解化工工艺的要点和特性,为培养工程型化工人才服务。

1.2.4 虚拟仿真训练系统的概念

虚拟仿真技术的特点使得这一技术最先在教育培训中得到应用,早在 20 世纪 50 年代在美军的实战训练中就得到了应用。目前,虚拟仿真技术已经广泛地应用于各专业领域的教育培训工作中,因而人们提出了虚拟仿真训练系统的概念。即利用虚拟仿真技术对某一课程的内容进行 3D 数字模拟开发,并借助 3D 虚拟环境或 3D 立体显示设备模拟该学科的训练环境、条件和流程,使教师和学生能够获得和真实世界中一样或者相近的实训体验,达到替代或者部分替代传统实训实习作用的仿真训练系统。

虚拟仿真训练系统相较于传统的实训实习有其自身的特点和优势,主要体现在以下几点。

(1) 提供实训环境

基于虚拟仿真、人机交互技术建立起来的虚拟仿真实训系统,可以逼真地模拟操作的流程,如搭建安装设备、护理过程、机械维修、起重机操作;逼真地模拟对工具设备使用,如对工具摆放环境的模拟、工具外形的模拟、对工具操作方式的模拟以及对工具操作效果的模拟。高度逼真的训练环境,使得学生能够获得生动直观的感性认识,增进对抽象的原理的理解。

（2）节省时间和成本

相对传统的实物实景教学以及单纯的实物培训，虚拟仿真训练系统能够大大缩短建立实物和获取实训环境的时间，而且一套虚拟仿真训练系统可以多人同时、单人多次使用，实现在更短的时间和成本内培养更高素质人才的目标。

（3）增加安全可靠性

虚拟仿真训练系统使得培训过程中的失误，不再带来人身伤害和环境危害，也不会浪费任何财力、物力，甚至可以人为的设置故障或紧急情况。使用者可以通过虚拟培训熟练掌握知识原理和操作流程以及应急处理等，从而有效提高培训效率和效果。

（4）考评结合，提升教学效果

虚拟仿真训练系统能够进行知识点、操作要点及工作流程的仿真实训考核，比如：设备及零部件的拆解、检查、调整与安装，以及测试设备的运转情况等，从而提高培训的针对性，做到有的放矢。

1.3　虚拟仿真技术概述

1.3.1　虚拟仿真技术的发展

在前面的章节中，我们已经介绍过虚拟现实技术的发展过程，现在我们来简单回顾仿真技术的发展过程。仿真技术经历了物理仿真—模拟仿真—数字仿真—虚拟仿真四个阶段。

第一阶段：20世纪20~30年代。在此期间，仿真技术是实物仿真和物理效应仿真方法。仿真技术在航天领域中得到了很好的应用。在此期间，一般是以航天飞行器运行情况为研究对象的、面向浮渣系统的仿真并取得了一定的效益。如1930年左右，美国陆、海军航空队采用了林克仪表飞行模拟训练器。据说当时其经济效益相当于每年节约1.3亿美元而且少牺牲524名飞行员。以后，固定基座及三自由度飞行模拟座舱陆续投入使用。

第二阶段：20世纪40~50年代。在这期间，仿真技术采用模拟计算机仿真技术；到50年代末期采用模拟/数字混合仿真方法。模拟计算机仿真是根据仿真对象的数字模型将一系列运算器（如放大器、加法器、乘法器、积分器和函数发生器等）以及无源器件，如电阻器件、电容器、电位器等等相互连接而形成仿真电路。通过调节输入端的信号来观察输出端的响应结果，进行分析和把握仿真对象的性能。模拟计算机仿真对分析和研究飞行器制导系统及星上设备的性能起着重要的作用。在1950~1953年美国首先利用计算机来模拟战争，防空兵力或地空作战被认为是具有最大训练潜力的应用范畴。

第三阶段：20世纪60~80年代。在这二十年间，仿真技术大踏步地向前进了一步。进入60年代，数字计算机的迅速发展和广泛应用使仿真技术由模拟计算机仿真转向数字计算机仿真。数字计算机仿真首先在航天航空中得到了应用。

第四阶段：20世纪80年代到今天。在这期间，仿真技术得到了质的飞跃，虚拟技术诞生了。虚拟技术的出现并没有意味着仿真技术趋向淘汰，而恰恰有力地说明仿真和虚拟技术都随着计算机图形技术而迅速发展，系统仿真、方法论和计算机仿真软件设计技术在交互性、生动性、直观性等方面取得了比较大的进步。先后出现了动画仿真、可视交互仿真、多媒体仿真和虚拟环境仿真、虚拟现实仿真等一系列新的仿真思想、仿真理论及仿真技术和虚拟技术。

虚拟仿真技术虽然是近三十年来才发展起来的新的仿真技术，但目前已经在交通、动力、化工、制造以至农业、工业、社会科学等等领域得到了广泛的应用，同时获得了巨大的经济效益，从而达到"多、快、好、省"目标。

1.3.2　虚拟仿真技术的特点

（1）沉浸性（immersion）

在虚拟现实技术中，使用者通过视觉、听觉、运动感觉以及嗅觉和触觉等多种感知，从而获得一种身临其境的感受。理想的虚拟仿真系统应该有能够让人获得所有感知信息的功能。

（2）交互性（interaction）

在虚拟现实技术中，使用者不仅仅能够感知环境，也可以对环境进行控制。理想状态下，使用者能够通过近乎自然的行为进行环境控制，而系统可以予以实时的反应。

（3）虚幻性（imagination）

虚拟仿真系统中的环境是人通过自己的构想虚拟出来，并通过计算机、人工智能设备等工具模拟出来的。虚拟现实技术既可以模拟客观存在的环境，也可模拟出客观世界中并不存在的环境或者由人的构想所创造出的世界。

（4）逼真性（reality）

虚拟现实技术的逼真性体现在两个方面：一方面虚拟环境通过各种图形声音等输出使人获得与所模拟的客观世界极其相像的各种感知，一切感知都很逼真，就好像在真实世界一样；另一方面当人以自然行为作用于虚拟环境的时候，环境做出的反应也是符合客观世界的相关规律的。

1.3.3　虚拟仿真技术的应用

虚拟现实技术作为一种技术手段，首先必须与应用端连接，才能形成真正的仿真系统。从虚拟仿真技术的发展来看，早期多应用于军事模拟训练和深空探测领域。1984 年，NASA Ames 研究中心虚拟行星探测实验室的 M. McGreevy 博士和 J. Humphries 博士组织研发了用于探测火星的虚拟环境显示器，将火星探测器传送回来的数据输入计算机，为构建火星表面的三维虚拟环境提供数据支持。在之后的虚拟交互环境工作站（VIEW）项目中，他们又研发了通用多传感个人仿真器和遥感设备。这一领域的应用使得虚拟仿真技术得到了资金与科研力量的支持，从而促使该技术得到发展。

之后，伴随着技术的发展，虚拟仿真开始成为娱乐工具，3D 虚拟仿真技术被大量应用于游戏开发。在虚拟仿真进入游戏行业以后仿真技术达到了一个突飞猛进的发展，从而使虚拟仿真技术最终普及到各行业。

今天，虚拟仿真技术已经发展成一门涉及计算机图形学、智能输入输出、精密传感机构及实时图像处理等领域的综合性学科，并快速应用于各领域。在数字城市、场馆仿真、室内设计、工业仿真、石油、水利、电力、地质灾害、应急预案、医疗、航空航天等领域都有不同程度的应用。

1.4　化工生产中的虚拟仿真技术

1.4.1　化工虚拟仿真技术的应用背景

化工行业作为国民经济的支柱产业，其生产过程具有其行业自身特点，如下。

（1）化工产品和生产方法的多样化

首先，在化工生产中所用的原材料、半成品、成品种类繁多，且绝大部分是易燃、易爆、有毒或者具有腐蚀性的危险化学品。其次，在生产过程中，涉及的单元操作和单元反应门类众多。再次生产方法多样化，即使用同一种原料采用不同的生产方法，也会得到不同的产品。这就为专业技术人员和操作工人培训带来难度，特别是在化工专业学生的培养上，如何让学生能够更好地理解和掌握各化工单元操作和生产流程的特点，成为工程型化工人才培养的瓶颈。

（2）生产规模的大型化

从 20 世纪 50 年代开始，国际上化工生产采用大型生产装置成为一个明显的趋势。很多生产装置年产量都是十万吨甚至百万吨级，如乙烯生产装置百万吨/年的规模就比较常见。采用大型装置可以明显降低单位产品的建设投资和生产成本，有利于提高劳动生产率，但对生产企业的管理和操作人员就提出了更高的要求。

（3）工艺过程的连续化和自动控制

化工生产早已进入连续化和自动控制的生产方式，各生产环节之间的联系越来越紧密。这使得很多生产过程不可见。

（4）生产工艺条件苛刻

化工生产中，很多化学反应是在高温、高压、深冷、真空等环境下进行的。苛刻的生产工艺条件对工艺技术的先进性、设备的安全可靠性以及操作人员的技术水平、责任心都提出了更高的要求。

现代化工所具有的这些特点决定了化学工业是一个安全事故相对频繁发生的行业，这就对专业技术人员和操作工人的培养提出了很高的要求。

随着化工行业大型化和自动化的发展，化工岗位的操作范围扩大、操作难度增加。在实际生产操作中，哪怕是微小的失误也可能导致后果严重的生产事故。因此生产人员操作培训对化工企业的发展有着重要意义。传统化工操作培训可分为如下两大类。

（1）化工企业对员工的职前及在职培训

其培训方式大多采用短期理论学习加长期岗位见习来完成。这种培训的弊端主要表现在：

① 培训周期长，操作单一，增加了企业的人力资源成本；

② 操作人员对故障预警、故障处理及安全事故应急等少发状态缺乏认识，一旦发生事故就可能出现错误操作，带来严重后果。

（2）高等院校、职业院校中化工专业学生的实践操作培训

主要由实验、认知实习、专业实习等环节构成，由于实验设备、试剂安全性及工厂实习的限制，实践操作培训一直存在诸多问题，主要体现在以下几个方面：

① 由于实验设备台套数、试剂等的限制，学生不可能反复操作实验装置，这不仅使得学生无法熟练掌握操作要求及要点，也不利于学生对这一化工过程中知识点的理解和掌握，使学生的学习活动流于浅表；

② 为加强学生对实际工程的认识，在现行的教学大纲中都有认知实习、专业实习的实践教学环节，但由于时间、安全等问题的限制，学生无法获得实际操作的机会。对基础操作的不熟悉不仅阻碍了对学生专业知识的理解和掌握，也制约了学生的专业拓展和研究性学习。

基于以上原因，传统的化工操作培训在实际操作训练上存在严重学时不足的问题。近年来虚拟现实技术的发展，为解决化工操作培训提供了一种全新的途径。如果能用虚拟仿真技术完整地建立化工实验或工艺流程模型，就可以在计算机中完美地再现某一单元操作甚至一个化工工厂生产的全流程操作，让操作人员得到与实际操作完全一致的体验，从而大幅提高操作培训的效率和效果。

1.4.2　化工虚拟仿真技术的现状与发展

现代化工行业是深刻受到计算机技术和自动化技术影响的行业，在专业计算机软件中，最常用的计算机模拟软件可以划分为两部分：①工艺模拟和辅助设计类；②仿真模拟类。在工艺模拟和辅助设计方面，早已有 ASPEN、AUTOCAD、CADWORX 等知名软件，并且在行业内得到了普遍的使用。但在模拟仿真方面，国内实际起步比较晚，根据其发展大体可分为以下几个阶段。

(1) 20 世纪 80 年代到 2000 年，为化工仿真模拟技术的萌芽和推广阶段

1987 年，北京化工大学的吴重光教授主持研发了我国第一个石油化工仿真培训系统，将仿真技术成功地引入到化工与石油化工行业，化工仿真模拟作为一种全新的教学手段开始出现在化工培训中。但这一阶段，可以使用的模拟软件很少，模拟还停留在简单的二维控制模拟上（见图 1-5）。

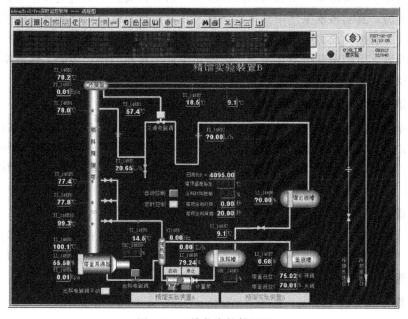

图 1-5　二维仿真软件界面

（2）2000～2012 年，为化工仿真模拟技术的积累和发展阶段

2000 年前后，开始出现专业的化工仿真软件公司，该技术进入商业化。同时该技术也开始转向三维仿真系统，2007 年吴重光教授带领团队研发成功了国内第一个现代化工仿真工厂。在这一阶段，该技术更多的是在部分科研院校中进行技术的积累，在应用端的推广比较缓慢。

（3）2012 年之后，为化工仿真模拟技术的快速发展阶段

2012 年，在《教育部关于全面提高高等教育质量的若干意见》（教高〔2012〕4 号）中明确提出"加快推进教育信息化进程，加强数字校园、数据中心、现代教学环境等信息化条件建设"，促进了高校在仿真模拟方面的研究工作。2014 年教育部在高等院校中开始开展国家级虚拟仿真实验教学中心建设工作。目前天津大学、北京化工大学、青岛科技大学、西南大学、广西大学、桂林理工大学、湖南师范大学等都已经建立了自己的化工类虚拟仿真实验教学中心，这极大地带动了化工仿真模拟软件的开发和使用。化工虚拟仿真技术开始进入快速发展阶段。

1.4.3 化工虚拟仿真技术的作用及意义

现代化工企业生产规模不断扩大，自动化程度不断提高，且生产过程往往涉及易燃易爆高温高压等，这就要求从业人员具有宽厚专业理论基础和熟练的操作技能。为适应行业发展对专业人才提出的新要求，实践性是当前高等院校应用型化工类本科人才培养的显著特点。因此，培养良好的操作技能是化工企业培训和高等院校人才培养的重要组成部分。但在实际培训中往往面临重重困难：①化工反应常常涉及易燃易爆高温高压有毒化合物等，存在安全隐患；②设备装置庞大复杂，高成本、高能耗；③在生产和实验环节产生酸、碱、重金属等有害物质，污染环境；④化工企业生产环节复杂，危险性高，无法实际操作；⑤企业生产过程高度自动化，部分生产过程无法观察。正是由于这些原因，现代化工行业人才需求和培养间存在较大的矛盾。将虚拟现实技术引入化工操作培训，通过虚拟现实技术构建化工生产各流程的仿真模型，真实再现生产中开车、停车、正常运行及故障处理等环节的操作，并通过对进料、温度、流量、压力等的控制进行反馈，可以真实反映在真实生产中的相关变化，从而使操作者能够尽可能地获得与在实际生产操作中近乎相同的操作体验。这对培养现代化工企业需要的技术人才具有重要意义。具体体现在以下几个方面。

（1）经济安全，使重复操作成为可能

通过计算机系统模拟高温高压、爆炸性、辐射性及剧毒生产过程，有效地解决了安全环保等问题，并且可以反复重复，使操作者真正理解和熟练掌握该生产过程的操作技能。同时可以为操作者提供非规范操作的可能性，使其了解错误操作的后果，并在事故发生后进行故障处理操作。这对企业的安全生产有着重要的意义。

（2）覆盖面广，可再现化工生产中的各流程各工况操作

采用虚拟仿真技术，可以再现不同试验或生产环境模型，在同一模型中还可提供不同角色操作模式。这一模式使培训人员能够进行多流程多工种操作培训，拓宽学生专业操作覆盖面，同时也能根据培训需求灵活调整操作培训内容。

（3）开放性强

通过网络实现资源共享，使培训摆脱空间时间的限制。传统化工实验实训要求培训人员必须在指定时间在实训地点进行培训，使操作培训受到诸多限制。而通过仿真技术建立化工仿真系统可以方便地通过网络实现资源共享，从而建立开放性的教学资源、教学形式、教学对象系统。

（4）交互性强

能真实再现操作现场环境，并给予操作相关反馈，从而使操作者有身临其境的体验。浸入式互动实操教学增强了操作培训的生动性，提高了操作者的感性认识和学习积极性。

总之，虚拟仿真技术与化工技术的结合，很大程度上改变了化工专业培训模式，对化工行业的人才培养起到了重要的作用，在未来具有广阔的发展空间。

1.5 化工工艺仿真的主要用途

本书作为化工工艺虚拟仿真实践课程的教材，将通过对化工单元操作和典型工艺流程的仿真软件的讲解，为大家梳理典型的化工全流程工艺的知识点，如：正常工况下的工艺参数范围、控制系统原理、阀门等控制器的关键操作、开车、停车规程等，并通过仿真操作使学生基本具备典型化工生产过程的开车、停车、运行和排除事故的能力。在仿真操作过程中学生可以根据自己的具体情况进行针对性练习，如自行设计实验不同的开、停车方案，实验复杂控制方案、优化操作方案等。还可以设定各类事故和极限运行状态，以提高学生分析能力和在复杂情况下的决策能力。最终达到加深学生对化工工艺相关知识点的理解，并在此基础上能够进行灵活的应用，提高学生综合分析问题的能力，培养学生工程理念，学会用工程方法思考、解决问题的培养目标。通过化工工艺仿真培训，使学生达到：

① 了解化工过程的工艺和控制系统的动态特性、提高对工艺过程的运行和控制能力；

② 加深对工厂具体化工设备、化工操作的感性认识，进一步了解所学专业的性质，以便今后更好地学习专业基础课及专业课；

③ 收集各项技术资料和生产数据，培养理论联系实际的习惯；

④ 培养学生的学习兴趣和提高学生勇于思考、勇于创新的精神。

1.5.1 工艺开停车

化工工艺仿真的一个重要用途是创造了一个化工仿真环境，学员可以通过这个环境反复模拟在化工厂中的开停车操作。这一功能解决了长期困扰化工专业人员培训的瓶颈，使从业人员在上岗前就具备一定的实操经验，对化工操作有了一定的了解，从而保证了化工生产的稳定与安全。

工艺开停车是化工生产中最重要的操作环节，能否达到"早、严、全、稳、好"的五字方针，既关系到化工生产的最终效益，也关系到化工安全生产，是衡量一个化工专业从业人员水平高低的重要标准。所以了解并熟悉化工装置的开停车技术是每个化工从业人员应该具备的专业技能。

化工生产中的开、停车一般包括基建完工后的第一次开车，正常生产中开、停车，特殊情况（事故）下突然停车，大、中修之后的开车等几类。下面简单介绍相关概念。

（1）基建完工后的第一次开车

基建完工后的第一次开车，一般按四个阶段进行：开车前的准备工作；单机试车；联动试车；化工试车。

① 开车前的准备工作　开车前的准备工作大致如下：

➤ 施工工程安装完毕后的验收工作；

➤ 开车所需原料、辅助原料、公用工程（水、电、汽等），以及生产所需物资的准备工作；

➤ 技术文件、设备图纸及使用说明书和各专业的施工图，岗位操作法和试车文件的准备；

➤ 车间组织的健全，人员配备及考核工作；

➤ 核对配管、机械设备、仪表电气、安全设施及盲板和过滤网的最终检查工作。

② 单机试车　此项目的是为了确认转动和待动设备是否合格好用，是否符合有关技术规范，如空气压缩机、制冷用氨压缩机、离心式水泵和带搅拌设备等。

单机试车是在不带物料和无载荷情况下进行的。首先要断开联轴器，单独开动电动机，运转 48h，观察电动机是否发热、振动，有无杂音，转动方向是否正确等。当电动机试验合格后，再和设备连接在一起进行试验，一般也运转 48h（此项试验应以设备使用说明书或设计要求为依据）。在运转过程中，经过细心观察和仪表检测，均达到设计要求时（如温度、压力、转速等）即为合格。如在试车中发现问题，应会同施工单位有关人员及时检修，修好后重新试车，直到合格为止，试车时间不准累计。

③ 联动试车　联动试车是用水、空气或与生产物料相类似的其他介质，代替生产物料所进行的一种模拟生产状态的试车。目的是为了检验生产装置连续通过物料的性能（当不能用水试车时，可改用介质，如煤油等代替）。联动试车时也可以给水进行加热或降温，观察仪表是否能准确地指示出通过的流量、温度和压力等数据，以及设备的运转是否正常等情况。

联动试车能暴露出设计和安装中的一些问题，在这些问题解决以后，再进行联动试车，直至认为流程畅通为止。

联动试车后要把测试介质放空，并将设备清洗干净。

④ 化工试车　当以上各项工作都完成后，则进入化工试车阶段。化工试车是按照已制定的试车方案，在统一指挥下，按化工生产工序的前后顺序进行，化工试车因生产类型的不同而各异。

综上所述，一个化工生产装置的开车是一个非常复杂也很重要的生产环节。开车的步骤并非一样，要根据具体地区、部门的技术力量和经验，制定切实可行的开车方案。正常生产检修后的开车和化工试车相似。

（2）停车及停车后的处理

在化工生产中停车的方法与停车前的状态有关，不同的状态，停车的方法及停车后处理方法也就不同。一般有以下三种方式。

① 正常停车　生产进行一段时间后，设备需要检查或检修进行的有计划停车，称为正常停车。这种停车，是逐步减少物料的加入，直至完全停止加入，待所有物料反应完毕后，开始处理设备内剩余的物料，处理完毕后，停止供汽、供水，降温降压，最后停止转动设备的运转，使生产完全停止。

停车后，对某些需要进行检修的设备，要用盲板切断该设备上物料管线，以免可燃气体、液体物料漏过而造成事故。检修设备动火或进入设备内检查，要把其中的物料彻底清洗干净，并经过安全分析合格后方可进行。

②　局部紧急停车　生产过程中，在一些想象不到的特殊情况下的停车，称为局部紧急停车。如某设备损坏、某部分电气设备的电源发生故障、某一个或多个仪表失灵等，都会造成生产装置的局部紧急停车。

当这种情况发生时，应立即通知前步工序采取紧急处理措施。把物料暂时储存或向事故排放部分（如火炬、放空等）排放，并停止入料，转入停车待生产的状态（绝对不允许再向局部停车部分输送物料，以免造成重大事故）。同时，立即通知下步工序，停止生产或处于待开车状态。此时，应积极抢修，排除故障。待停车原因消除后，应按化工开车的程序恢复生产。

③　全面紧急停车　当生产过程中突然发生停电、停水、停汽或发生重大事故时，则要全面紧急停车。这种停车事前是不知道的，操作人员要尽力保护好设备，防止事故的发生和扩大。对有危险的设备，如高压设备应进行手动操作，以排出物料；对有凝固危险的物料要进行人工搅拌（如聚合釜的搅拌器可以人工推动，并使本岗位的阀门处于正常停车状态）。

对于自动化程度较高的生产装置，在车间内备有紧急停车按钮，并和关键阀门锁在一起。当发生紧急停车时，操作人员一定要以最快的速度去按这个按钮。为了防止全面紧急停车的发生，一般的化工厂均有备用电源。当第一电源断电时，第二电源应立即供电。

从上述可知，化工生产中的开、停车是一个很复杂的操作过程，且随生产的品种不同而有所差异，这部分内容必须载入生产车间的岗位操作规程中。但是在实际的岗位操作培训中，由于成本及安全等问题，几乎无法给培训人员提供实际操作练习的机会，使被培训人员缺乏实际操作经验。化工工艺虚拟仿真系统的出现，很好地解决了这一行业难题，化工工艺虚拟仿真软件通过构建过程动态数据模型实现了对各典型工艺流程开停车操作过程的动态模拟。学员在软件上的操作被反馈给后台数据模型，数据模型通过计算，会给予极为近似真实生产线各项参数反馈，使操作者获得与工厂实际操作极为近似的操作体验，从而获得实操经验。学员可以通过对软件的操作练习，熟悉不同工艺流程中不同岗位在开车、停车及紧急停车中的操作要点和流程。理解工艺特点及设备特征，深层次理解化工工艺内部机理。本书将在后面的章节中对不同的工艺流程的开停车操作做详细讲解。

1.5.2　工艺分析

对化工工艺设计及改造进行工艺分析，是化工工艺虚拟仿真系统的又一重要功能。化学工业是资本密集型产业，通过分析化学品生产的成本构成，人们发现基本建设投资以及原材料在总成本中占有极大的份额，因而工艺设计的失误往往会造成巨大的经济损失。而化工工艺设计是一个将实验室里的化学反应放大到化工工业生产的复杂的工程问题，在化学反应规模不断扩大的过程中，需要解决设备选型、管路布置、热负荷、分离、能耗、环保、安全及经济效益等诸多方面的问题。这使得工艺分析在化工工艺设计中具有重要的意义。而传统的分析方法只能从理论上论证设计方案的可行性，对实际工程建设和生产中会遇到的问题缺乏预见性。化工虚拟仿真系统为工艺分析提供了良好的解决方案。我们可以通过构建设计方案的数学模型及三维场景在计算机中虚拟出化工工艺设计方案，并进行生产过程模拟。通过三维虚拟厂区的建设和生产过程模拟，可以有效完成化工工艺设计的分析与优化工作。同时，这种方法在时间效益和经济效益上也具有明显优势。

与此同时，化工工艺虚拟仿真系统还是化工厂的工艺改造方案优化的良好途径。化工生产装置由于建设成本较大，一般都运用多年，在一些化工企业中，有很大一部分装置已经运转了五十多年，设备及生产工艺相对落后。但相比重新建造厂区和生产线来说，将这些使用已久的装置进行改造、解决装置中存在的薄弱环节，要远比重新购置一套装置更加便宜划算。还有部分化工企业的生产装置使用的时间较长，会在一定程度上影响化工产品的生产效率以及不利于现代社会的环保要求，因此也要对这些装置进行性能的改造、扩大生产能力以及确保其生产过程中的环保达标。因而工艺改造也是化工生产的重要组成。通过对化工工艺现状的分析，对原有装置进行改进，提高原有装置的生产能力，可以有效地减少化工生产过程中的投资，显著地提高其经济效益。通过化工虚拟系统可以在计算机中构建一个虚拟的待改造工厂，并对其进行分析。还可以对虚拟厂区进行相应改造，以验证和优化工艺改造方案。这为化工工艺改造提供了新的方法。

1.5.3　控制方案研究

化工工艺虚拟仿真系统的第三个主要功能是为控制方案研究提供途径。对于现代化工企业来说，基本都依赖于高度自动化生产，控制系统就相当于整个生产线的指挥系统和神经系统，关系着化工生产的成败。控制系统在化工生产中的作用可以概括为以下三个方面。

① 抑制外部扰动对过程的影响。扰动意味着周围环境（外界）对反应器、分离器、热交换器和压缩机等设备有影响，它是客观存在的，不可避免的。因而，需要引入控制机构，使过程产生适当的变化，以消除扰动对化工生产可能造成的不良影响。

② 确保过程的稳定性。系统由于受到某些外部因素的影响而使系统中的状态变量发生变化，如温度、压力、浓度等。如果随着时间的推移，在没有外界干预的情况下这些变量能够逐渐回复并最终稳定数值，则我们就称这样的系统是稳定的或自平衡的，如果系统的状态变量不能自动回复到初始值，则这样的系统就称为不稳定系统，它需要外部的控制来保持系统的稳定。

③ 使化工生产过程最优化。安全性和满足生产指标是化工厂的两个基本生产目标，一旦达到，下一个目标即是如何使工厂获得更多的利润。假定影响工厂生产的操作条件是变化的，显然，就需要按经济目标（利润）总是最大值的方式去改变工艺操作参数（流量、压力、浓度和温度）。这项任务由工艺操作人员和自动控制装置来完成。

不同的工艺流程及化工设备，使得不同的生产线对控制系统的要求也不尽相同。对控制方案及自控系统元器件的选择要考虑的因素很多。虚拟仿真系统为控制方案研究提供了可靠的方法。

1.5.4　安全分析

化工生产往往伴随着高温、高压、易燃易爆、腐蚀及剧毒等情况，安全隐患大。且现代化工企业生产规模日益扩大，一旦发生事故后果严重。例如，印度在1984年发生的博帕尔毒气泄漏事故，该事件造成了数十万的人员伤亡，并造成了难以恢复的生态破坏。因此，对化工生产系统的可靠性、稳定性与安全性等进行严格的控制是十分必要的。20世纪60年代，道化学公司已经采用了安全工程的评价方法。70年代末，我国也开始运用了系统安全工程的化工安全评价方法。近年来，随着工业自动化程度的日益提高，各种新式仪表、测量设备不断投入使用，为安全生产提供了第一道防线。各种仪表从现场获得实时数据，如果数据没有超过DCS设置的报警上下限，即认为状态是正常的。但是正常区间的选择往往是依据大量的生产经验来决定，界限并非十分精确。实际的生产流程是一个大的系统，如果某一个或几个变量出现微弱的趋势变化，经过长期的积累，系统中可能会出现放大效应，致使整个系统偏离正常状态，最终导致事故的发生。为了切实保障运行系统的可靠性和有效性，需要建立一个监控系统对整个系统的运行状态进行实时监测，及时采取有效的措施来避免重大事故的发生。此外，如果能够通过对历史数据的分析，掌握装置未来的运行趋势，就可以及早地发现故障苗头并找出故障原因，避免事故的发生。故障诊断技术和预测技术正是通过对装置的生产数据进行分析，达到诊断故障和预测未来状态趋势的目的。因此这两种方法对化工安全生产有着重要的意义，故障诊断技术和预测技术也成为国内外的研究热点。化工虚拟仿真系统为化工安全分析提供了方法。

习　题

1. 简述化工工艺的定义。
2. 化工工艺过程有哪些主要步骤？请简述各步骤主要内容。
3. 请给出系统仿真、虚拟现实和虚拟仿真的概念，并分析三者的关系。
4. 仿真系统有哪些分类？
5. 什么是虚拟仿真训练系统？它有哪些特点和优势？
6. 虚拟仿真技术的特点是什么？
7. 化工行业的生产活动有哪些特点？
8. 化工虚拟仿真系统的主要意义有哪些？
9. 化工工艺仿真的主要用途有哪些？
10. 在完成基建后，化工企业的第一次开车应包含哪些步骤？请简述。
11. 化工生产中停车操作分哪几类？请简述条件及要点。
12. 什么是工艺改造，在工艺改造中要注意哪些问题？
13. 什么是化工自动控制系统，它的主要作用是什么？
14. 你认为通过化工工艺仿真软件的学习应该掌握哪些知识？

推荐阅读材料

阅读材料一　成功使用 VR 技术的 10 个案例

自 2014 年诞生以来，谷歌 Cardboard 虚拟现实设备低廉的价格和便捷的组装方式，就让人们体验这一热门技术的门槛变得更低。不少公司也选择用这种新奇又流行的场景化体验技术为自家品牌做推广，尤其在国外——VR 在品牌营销中的使用变得相当普遍。SocialBeta 整理了 10 个使用 VR 技术的经典品牌案例，让我们看看以下来自酒店、时尚、快销、汽车、科技和媒体这些主流行业是如何将这种全新体验技术运用到用户体验中。

（1）万豪：VRoom Service——客房虚拟现实旅游体验

VRoom Service 是万豪最新虚拟现实项目，客人佩戴 VR 设备就可以享受"在客房内环游全球"，你可以在房间内看到卢旺达、安第斯山脉，还有北京的景致。万豪酒店与三星公司合作并倡议在纽约马奎斯万豪酒店和伦敦万豪柏宁酒店对这个名为"VRoom Service"的服务进行为期超过两周的试验。

这并不是万豪首次涉足虚拟现实，2014 年九月，这家连锁酒店宣布推出的虚拟现实旅游概念服务"旅行传送点（teleporter）"，该酒店通过 Oculus Rift DK2 虚拟现实头盔为用户带来 4D 感官体验，用户只需进入旅行传送点，戴上设备，就会被"传送"到一个虚拟的酒店大堂，随后他们会被再次传送到夏威夷或伦敦。

（2）迪士尼联合谷歌发布《星球大战：原力觉醒》VR 体验

迪士尼发布了首个 VR 体验来配合上映的《星球大战：原力觉醒》，用户可以通过将他们的智能手机卡在谷歌纸板 VR 眼镜上获得最佳虚拟现实体验。星球大战版本谷歌纸板 VR 眼镜功能和标准的谷歌纸板 VR 眼镜相同，纸板上印有《星球大战：原力觉醒》当中四个人物，该体验将支持安卓和 iOS 设备，粉丝们可以通过官方的《星球大战》App 来获得这款体验。片段突出展示了星球大战标志性的序列——千年隼号迎击战士 Jakku，与之前电影发布的一段预告内容一样。

（3）Dior：门店内设置虚拟现实头盔，身临其境时装秀

法国 Dior 去年推出了这样一款名叫 Dior Eye 的虚拟现实穿戴。这个 VR 头盔可以让用户身临其境地去时装秀后台看看，"近距离"围观造型师是如何化妆，而模特们在登上 T 台之前又在做什么。Dior Eyes 的技术外援包括法国 DigitasLBi 实验室和三星。前者负责制造生产 3D 的眼镜模型，后者则提供了虚拟现实技术的核心技术——Gear VR 和显示用的 Galaxy Note 4。

（4）麦当劳：用开心乐园餐盒改造了一款 VR 设备

为了庆祝开心乐园套餐在瑞典推出 30 周年，麦当劳推出了这款由开心乐园套餐的餐盒改造而成的 VR 头戴设备"Happy Goggles"。"Happy Goggles"只需要把餐盒进行折叠穿孔后，插入虚拟现实镜片，通过在手机下载相应 APP 放入其中，就能身临其境地感受麦当劳打造的 VR 世界了。不过，这副眼镜和"Cardboard"最大的区别可能就是它浓浓的麦乐鸡味了吧。据悉这款炸鸡味的 VR 眼镜全球只有 3500 副，仅能在瑞典的 14 家麦当劳门店才可以买到，售价每个 4.1 美元。不仅如此，麦当劳也推出了一款可与"Happy Goggles"搭配使用的滑雪主题 VR 游戏"Slope Stars"，游戏的灵感也来源于瑞典国家滑雪队。

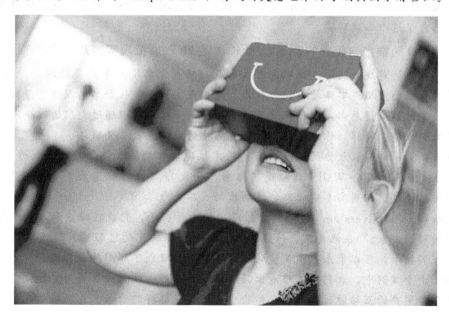

(5) 沃尔沃：用 VR 眼镜试驾 XC90

2014 年，沃尔沃成为第一个利用谷歌 Cardboard 做营销的品牌。下载沃尔沃的 APP，把手机放置在简单组装的谷歌 Cardboard 眼镜上，就可以 360 度体验沃尔沃的新车 XC90 了。不但能看清汽车内部，还能"驾驶"它上路。

(6) 奥利奥：360 度全景体验式广告，让你体验新品制作过程

奥利奥铆足了马力向 VR 广告进军。为了推广新出的纸杯蛋糕口味限量版奥利奥饼干，它发布的 360 度全景体验广告展示了童话般的仓库——Oreo Wonder Vault，带消费者体验这款加入了香草奶油的新品制作过程。

(7)《纽约时报》：用虚拟现实看纪录片

纽约时报 2015 年向其订阅用户提供 100 万个纸板谷歌 Cardboard 眼镜，用于观看一部名为"The Displaced"的影片。这部讲述战争中流离失所儿童的影片由《纽约时报》杂志发行，也是计划呈现的虚拟现实系列影片的第一部。

(8) The Northface：运用虚拟现实（VR），让消费者体验极地场景

在韩国某个商场内，The North Face 的工作人员布置了雪地的场景，让店内的顾客穿上他们的羽绒服，坐在雪橇上，并带上 Oculus VR 体验一把狗拉雪橇的快感。在工作人员指引下，一群雪橇犬冲破泡沫墙带着顾客在商场飞奔了起来，可以看到 The North Face 在指定点悬挂的秋冬新品，顾客可以在雪橇路过时挑战拿下，画面非常刺激，顾客们也是收获满满。

(9) 三星：用 VR 帮助你克服恐高症或舞台恐惧症

不少人患有恐高症或者舞台恐惧症，最近三星巧妙地把其虚拟现实设备 Gear VR 和其营销战役"Launching People"（实现你的人生）联系在一起。三星邀请了 27 名恐高以及恐公开演讲的人参与"Be Fearless"（勇敢无畏）的挑战，头戴三星 VR 头盔进行了为期 4 周的训练。训练中，VR 头盔会模拟现实场景，比如恐高症患者要挑战搭乘透明电梯、山路驾车、直升机高空滑雪以及摩天大楼的空中走廊，而为公开演讲恐惧症患者提供的虚拟现实则有课堂讨论、工作面试、团队会议以及在一大群人面前演讲。一个月后，这个实验成功帮助大多数人治愈了这个心理障碍。

(10) HBO 为推广《权力的游戏》，让你体验 90 秒虚拟现实游戏

作为《权力的游戏》的影迷，一定有很多人幻想身临其境剧中广袤的疆土。HBO 为该剧作制作的最新的虚拟现实体验，让粉丝戴上虚拟现实头盔前往著名的黑城堡漫游，你将前往北境长城下的黑城堡总部，让你探索黑城堡的生活。你还可以通过大门远眺令人毛骨悚然的巨高无比的城墙。同样，你还可以坐上咯吱咯吱的绞缆电梯攀登城墙。

这也不是第一部与《权力的游戏》有关的虚拟现实体验。2015 年 HBO 制作了《Game of Thrones：Ascend The Wall》虚拟现实体验，为发布《权力的游戏》的第五季做宣传，同样允许粉丝通过虚拟现实参观维斯特洛的虚幻世界。

杂志编辑 Jake Silverstein 表示："虚拟现实的力量在于，它能在观众和人物事件中建立一种特殊的移情关系。"在他看来，传统媒体在向新媒体转化的过程中，运用这种有巨大潜力的虚拟现实技术，可以带来身临其境的用户体验，让观众了解那些最难深入的地区。

从以上十个案例中，我们也不难看出品牌的最终目的也就是为了给用户提供更好的品牌体验，增加与用户的互动时，让他们在体验中自己发现品牌的价值。用户从被动的接受者成

为主动体验和参与品牌营销的一部分，也更容易成为消费者并将这种体验进行扩散。然而VR在国内还未真正得到普及，等到设备、内容以及VR的分享渠道三者一应俱全时，想必国内市场也将会出现VR的热潮。

阅读材料二　虚拟仿真技术在航空领域的应用

21世纪的仿真技术已广泛用于国防领域的武器研究、作战指挥、军事训练以及民用领域的能源、工业生产与制造、农业、医学、气象预测等各个方面，航空仿真应用就是其中发展快、应用广的典型。

随着航空事业的发展，现代飞行器上正采用越来越多的高新技术，从而使其性能不断地提高，结构与系统更加复杂化，这就为研制工作带来更大难度，航空仿真技术正在充分利用现代计算机技术，伴随着计算机辅助设计、计算机辅助制造、计算机辅助试验等技术而同时发展起来并成为改进飞行器设计、优化结构中的最得力最经济最有效的一种试验手段和工具，航空仿真技术不仅能用于新型号飞行器的方案论证、任务规划、工程设计、生产制造、学科研究、战术研究而且还可用于故障诊断、飞行训练、维护与管理等。

（1）虚拟样机

虚拟样机是一种基于仿真的设计，包括集合外形、传动和联结关系、物理特性和动力学特性的建模与仿真，即通过计算机"制造"出全机数百万个零件并将其装配、组合、调试。在整个过程中，人们可以评估其设计特性，并进行修改使之协调、完善和优化。波音777飞机采用虚拟技术获得了无图纸设计和生产的成功使得由300万个零件组成的这架飞机设计没有一张图纸，没有一架物理样机，这是一场革命。采用虚拟技术建立的虚拟样机，不仅易于改变和优化设计方案，使产品设计满足高质量、低成本、短周期的要求，而且提高了产品的更新换代速度和市场的竞争力。

虚拟样机

（2）虚拟制造

虚拟制造是实际制造过程在计算机上的实质体现，既采用计算机仿真与虚拟技术，通过仿真模型在计算机上仿真生产的全过程，实现产品的工艺规范，加工制造、装配和调试并且预估产品的功能、性能和可加工性等方面存在的问题。虚拟制造由虚拟的物理系统（即虚拟的机床、工夹具、加工体、机器人等）、虚拟的信息系统（即虚拟的计算、调度、管理、数据、报表）和虚拟的控制系统（即虚拟的各种控制器、控制计算机）所组成，虚拟制造从本质上讲就是利用计算机生产出虚拟产品。

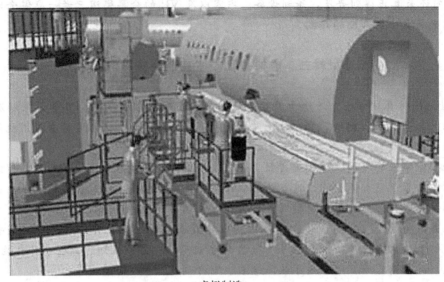

虚拟制造

（3）虚拟空战

在未来的战争中，空战将是最具有实质性的，海湾战争、科索沃战争就说明了这一点。歼击机的空战过程可划分为超视距、视距内和近距作战，作战距离越近，其机动性越大。现代空战作战过程是由机动飞行的载机实施对机动飞行的目标的搜索、探测和跟踪，瞄准后发射机动飞行的导弹去攻击目标，即所谓"三机动"——机动飞行的载机发射机动飞行的导弹去攻击机动飞行的目标。利用建模与仿真将此"三机动"的过程进行逼真地描述和演示即为虚拟空战。

虚拟空战

（4）生产线仿真技术

随着商用化的离散制造仿真软件的出现，欧美等发达国家将生产线仿真软件广泛用于航空航天等行业，在航空领域，以波音、空客为代表的航空公司对生产线仿真技术的研究及应用已发展成熟。20世纪波音公司就对生产线建模仿真进行了大量的研究，并得到成功应用。

1994年，Harold对飞机装配过程建立了模型，仿真优化了人员配置等问题，随后在2000年，波音公司Heike等对飞机混合装配过程进行了建模仿真，分析了装配工作站循环时间与现场资源、成本的关系，空客公司为了评估车间的产能，对A340-600、A340及A330飞机机翼装配线的工艺流程进行了仿真优化。2007年，空客公司在A380的研制过程中，对其飞机机翼翼盒结构第一阶段装配进行了工艺流程仿真分析，并找出了物流系统及装配工艺流程的瓶颈问题。此外，罗·罗公司在航空发动机装配线方面，利用生产线仿真技术进行仿真优化。

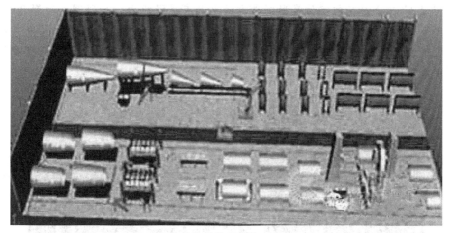

生产线仿真技术

(5) 国际仿真技术现状

在美国，当前的仿真器组成主要包括教员座舱控制台、座舱接口、视景系统、控制加载系统、运动系统、音响系统以及计算机系统。通常各大飞机公司和各兵种都是采用两结合的方法：即从各仿真器或计算机公司购买现成的仿真器硬件和计算机硬件设备，而由自己研制专用的仿真器控制系统软件，采用这种方法研制成的仿真器都比较实用的。典型而比较先进的仿真器有全任务飞行仿真器、野战训练仿真器、直升机仿真器、多机空战仿真器等。为了产生逼真的飞行环境仿真效果，各仿真器公司都在投入大量人力、物力研究和改进座舱及其视景系统。目前比较常用的有注视区视景系统、激光投影视景系统、头盔视景系统等。代表当今最先进座舱视景系统的是美国空军的超级座舱计划。该计划共分为三个阶段：第一阶段从1990年年初开始研究1号超级座舱，主要是头盔瞄准火力控制及全向、夜视头盔投影式平视仪；第二阶段从1993年年初试验2号超级座舱，主要增加了三维全景显示，并综合了头、眼和话音控制；第三阶段，从1996年开始试验3号超级座舱，主要是进一步增加触敏控制及

仿真座舱

反馈、增加人工智能专家系统，实现电子助手以及监视驾驶员安全并提高效率的系统。三个阶段完成之后就可以实现以驾驶员为中心充分利用其视觉、听觉和触觉。

　　除美国外，其他国家在仿真与建模技术在航空仿真技术上也都取得了一些具有国际先进水平的成果。比如英国在计算流体力学与复杂通信网络建模方面、改进模型可靠性数据等方面居于国际领先地位，还有一些仿真器公司如雷迪飞森公司等也都生产出一批较先进的仿真器设备；加拿大在动态训练方面居世界领先地位。如其 LXH 直升机作战任务仿真器具有很高技术水平。它的 CAE 工业有限公司新近获得美国辛格公司的 5 个仿真分公司中的 4 个；法国及汤姆逊-CSF 公司在航空仿真器制造方面也具有很强能力，如研制出幻影 2000 全任务飞行仿真器等；德国在利用仿真技术研究自动化空对空作战所使用的综合火力自动导向装置，用来支持欧洲战斗机计划等；俄罗斯广泛使用仿真与建模技术进行军事演习和武器研究，在军事演习与知识库建立方面也居世界先进水平。

飞机仿真器

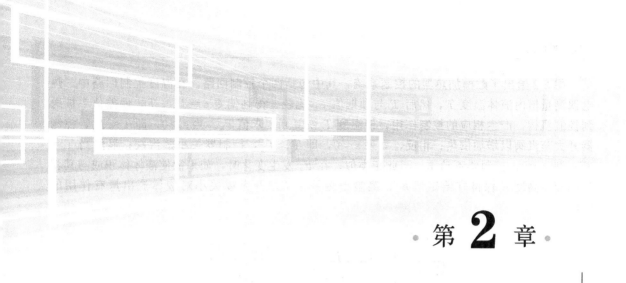

第 **2** 章

控制系统

2.1 化工工艺中的控制系统

2.1.1 概述

控制系统在化工生产中的作用可以概括为以下三个方面。

(1) 抑制外部扰动的影响

抑制外扰对过程的影响是过程控制系统最基本的作用。扰动意味着周围环境（外界）对反应器、分离器、热交换器和压缩机等设备有影响，它是客观存在的，不可避免的。因而，需要引入控制机构，使过程产生适当的变化，以消除扰动对化工生产可能造成的不良影响。

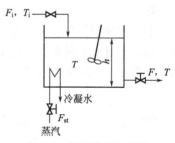

图 2-1 搅拌贮槽加热器

有一贮槽加热系统如图 2-1 所示。液体流入槽内流量为 F_i，温度为 T_i，槽用蒸汽加热，蒸汽流量为 F_{st}，F 和 T 分别为流出贮槽液体的流量和温度。假设槽内搅拌均匀，故可认为流出贮槽的液体温度与槽内液体的温度相等。

该加热器的操作目标为：

① 使流出贮槽的液体温度保持在预期值 T_s；

② 使槽内液体的体积量保持在预定值 V_s。

加热器受到进料流量 F_i 和温度 T_i 的变化等外界因素的影响。如果它们无任何变化，那么达到 $T=T_s$ 和 $V=V_s$，也就不需要对系统进行任何监视和控制。显然，这不符合实际情况，因为 T_i 和 F_i 总是要变化的，而且有时变化可能还很频繁。对于贮槽加热系统来说，T_i 和 F_i 的变化都属于来自外界的扰动，它们分别对贮槽内液体的温度和体积量有影响，因而需要某种形式的控制作用，以缓和扰动的影响，并使槽内液体的温度和体积量保持在预期值。

图 2-2 给出了贮槽加热器的控制系统，其中包括两个控制回路。在温度控制回路中，热电偶测量槽内液体温度 T，然后 T 与预期值 T_s 比较，得到偏差 $\varepsilon = T_s - T$，偏差值 ε 被送到控制机构，产生相应的控制作用，使温度 T 恢复到要求值 T_s。当 $\varepsilon > 0$，即 $T < T_s$，控制器开大蒸汽阀以增加供热；相反，如果 $\varepsilon < 0$，即 $T > T_s$，控制器关小蒸汽阀；显然当 $T = T_s$，即 $\varepsilon = 0$，控制器不动作。与此相类似，在 F_i 发生变化时，如果欲使液体体积或与其相当的液位高度 h 保持在给定值 h_s，测量槽内液位 h，开大或关小对液体流出量有作用的阀门。

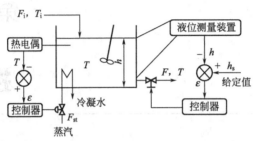

图 2-2　贮槽的控制系统

总之，在化工生产中，采用控制的主要原因之一是抑制扰动对工艺设备操作工况的影响。

（2）确保过程的稳定性

假定在时间 $t = t_0$ 时，系统由于受到某些外部因素的影响而使系统中的状态变量发生变化，如温度、压力、浓度等。如果随着时间的推移，在没有外界干预的情况下这些变量能够逐渐回复并最终稳定在 $t = t_0$ 时的数值，则我们就称这样的系统是稳定的或自平衡的，显然这样的系统是不需要控制机构来使系统保持稳定的。

与上述情况相比较，如果系统的状态变量不能自动回复到初始值，则这样的系统就称为不稳定系统，它需要外部的控制来保持系统的稳定。以下以一个实例来说明不稳定系统的控制问题。

有一连续搅拌反应釜。在釜内进行 A→B 不可逆放热反应，流过釜外夹套的冷却剂移去反应热。通过对连续搅拌釜的分析可知，描述放热反应所释放热量的曲线是釜温 T 的 S 形函数（图 2-3 中曲线 A）；另外，冷却剂移去的热量是釜温 T 的线性函数（图 2-3 中所示直线 B）。稳态时（即无任何变化）反应产生的热量应等于冷却剂移去的热量，所以图 2-3 的曲线 A 和直线 B 的交点 P_1、P_2 和 P_3 为稳态位置，稳态 P_1 与 P_3 是稳定的，而 P_2 是不稳定的。为了理解稳定性的概念，可用稳态点 P_2 来分析。

假定反应从 T_2 温度和相应的浓度 C_{A2} 开始。当进料温度升高时，反应混合物温度升高至某一点 T_2'。T_2' 时的反应放热量 Q_2' 大于被冷却时移去的热量 Q_2''（见图 2-3），这将导致釜温升高，继而反应速度加快，反应速度的加快使放热反应释放的热量增加，其结果又导致温

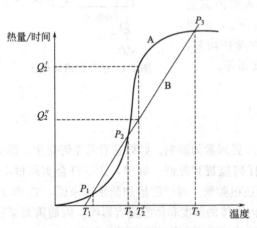

图 2-3　连续搅拌反应釜的三个稳态值

度进一步上升。可见，进料温度的升高将使釜温偏离稳态 P_2，最后达到稳态值 P_3；同样，当进料温度下降时，稳态点将从 P_2 变化到 P_1。相比较，如果在稳态 P_3 或 P_1 下操作，对反应釜干扰后，它将自然回复到 P_3 点或 P_1 点。

有时要在不稳定的中间稳态点 P_2 操作连续搅拌釜。原因是：①低温稳态 P_1 时的产量低，因为温度 T_1 很低；②高温稳态 P_3 的温度可能很高，会造成不安全的工况，破坏结晶，或产品质量变劣等。在此情况下，需要用控制器来保证在中间稳态点 P_2 操作时的稳定性。

本例生动地说明了在外扰使系统有可能偏离要求状态的情况下利用某种形式的控制来实现稳态操作的必要性。

(3) 使化工生产过程最优化

安全性和满足生产指标是化工厂的两个基本生产目标，一旦达到，下一个目标即是如何使工厂获得更多的利润。假定影响工厂生产的操作条件是变化的，显然就需要按经济目标（利润）总是最大值的方式去改变工艺操作参数（流量、压力、浓度和温度）。这项任务由工艺操作人员和自动控制装置来完成。

假定在一个间歇反应器中有如下两个连续反应发生：

$$A \xrightarrow{1} B \xrightarrow{2} C$$

假定两个反应皆为具有一级动力学过程的吸热反应。蒸汽流经反应器外的夹套以提供反应所需要的热量。B 是有用产品，C 是副产物。该反应器运行的经济目标是在整个工作周期 t_R 内获得最大利润 Φ，即

$$\max \Phi = \int_0^{t_R} \left[销售 B 产品的收入 - （购买 A 的费用 + 蒸汽费用）\right] dt$$

式中 t_R 是反应周期。

为了使利润最大，唯一可任意改变的变量是蒸汽流量 Q。蒸汽流量随时间变化，并影响该反应器温度。继而影响到希望的和不希望的反应的反应速度。问题是如何使 Q 随时间变化，以获得利润最大值 Φ。让我们观察有关 $Q(t)$ 的特殊情况。

① 如果 $Q(t)$ 是整个反应周期内的最大可能值，反应混合物温度也将是可能最大值。起初因反应物浓度 C_A 大，产生的 B 多，但同时消耗蒸汽也多。随着时间的推移和 B 浓度增加，C 产量也增加。因而，随着接近反应周期结束，必须减少蒸汽流量以降低温度。

② 如果在整个反应周期 t_R 内蒸汽流量保持最低值［即 $Q(t)=0$］，那么将无蒸汽消耗，但也没有 B 产生。

从这两种极端情况可知，在反应周期 t_R 内，$Q(t)$ 将在最大值和最小值之间变化。应如何变化才能使利润最大？这个重要问题就是以上提到的最优化求解问题。

为了使利润 Φ 最优，蒸汽流量可按图 2-4 所示的趋势变化，所以需要控制系统。其作用：①计算反应周期内每一时刻的最佳蒸汽流量；②调整阀门（置于蒸汽管线上）开度，使蒸汽流量取得最佳值。此类问题就是所谓最优控制问题。

该例说明，此处蒸汽流量的控制不是为了

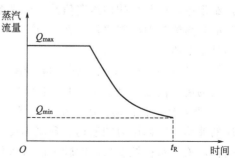

图 2-4　间歇式反应器的最优蒸汽流量

确保反应器的稳定性或消除外扰对反应器的影响，而是使其经济指标最优化。

2.1.2　基本控制系统的组成

以下将以经典的反馈控制为例来说明控制系统的组成。

图 2-5 给出了控制系统的方块图。由图 2-5 可知，自动控制系统由被控对象、调节器、测量原件和变送器、执行机构和调节阀等基本环节组成。现将这些组成控制系统的基本硬件介绍如下。

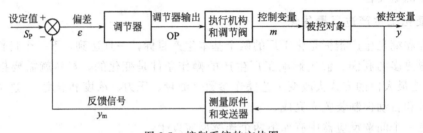

图 2-5　控制系统的方块图

① 被控对象（过程）：指需要自动控制其工艺参数的工业过程、设备或装置，如精馏塔，锅炉汽包等。它包括由输入信号到输出信号之间的整个工业过程区间。

② 测量原件和变送器：测量原件是用以测量过程工艺参数的真实值的部件，如热电偶、波纹管、孔板、气相色谱分析仪等。变送器用来将测量信号从感测原件送到调节器以及将控制信号从调节器传送至执行器。

③ 调节器：这是一个具有逻辑功能的单元（比较元件的功能也包括在内），决定控制变量应改变多少。它需要有设定值指标，根据测量值与设定值的偏差进行运算，产生一个输出值。调节器的输出值通常是 $0\sim100\%$ 的一个数，该数的大小决定了执行机构动作幅度的大小。

④ 执行机构：通常是调节阀或变速计量泵。该原件接受来自调节器的控制信号（输出值 OP），并通过具体地调节控制变量来执行控制作用。调节器的输出值 OP 大小决定了调节阀开度的大小，而后者决定了控制变量对过程的影响程度。

现将几个名词解释如下。

① 被控变量 y：指需要控制的工艺参数，如裂解炉的出口温度、锅炉汽包的液位等。它是被控对象的输出信号。在控制系统方块图中，它也是自动控制系统的输出信号，但它是理论上的真实值。测量变送器输出的信号是被控变量的测量值 y_m。

② 设定值 S_P：指生产过程中被控变量需要保持的值，当它由工业调节器内部给定时称为内给定值，最常见的内给定值是一个常数，它是被控变量需要保持的工艺参数值，如锅炉发生的过热蒸汽温度需要保持在 $440℃$。当设定值产生于外界某一装置并输入至调节器时，称为外给定值。

③ 控制变量 m：受控于调节阀、用于调节被控变量大小的物理量称为控制变量。它是调节阀的输出信号，例如图 2-1 中贮槽加热蒸汽流量。

④ 外界扰动：自动控制系统中，各个环节实际上或多或少会受到外界的扰动，如电源电压的波动、气源压力的波动、环境温度的波动等。但在自动控制中，除控制变量外，作用于被控对象并对被控变量影响较大的输入作用都称为干扰。

⑤ 偏差信号 ε：它是比较元件的输入信号，其值是设定值 S_P 和测量值反馈信号 y_m 之

差。在反馈控制系统中，调节器根据偏差信号的大小操纵控制变量。

此处介绍的控制系统，当测量值与设定值的偏差为零时调节器不动作，只有当扰动对控制变量的影响发生以后才开始动作，故称为反馈控制系统。

2.1.3 常见的控制结构

调节器把过程的测量值与设定值进行比较，确定偏差，并按照一定的规律产生一个使偏差为零的或使偏差为很小值的调节信号，调节器产生这种信号的作用叫调节作用，调节作用所遵循的数学规律称为调节规律。

（1）PID 控制

在实际的自动调节系统中，大量采用 PID 调节规律，即比例、积分、微分调节规律。常见的调节系统中大量采用 P（比例）调节器，PI（比例、积分）调节器和 PID（比例、积分、微分）调节器

① 比例调节：比例调节是最基本的调节规律，应用范围广，其特点是调节器输出与偏差成正比，对偏差的反应快。由于比例调节的调节作用是与偏差成正比的，所以当负荷变化时，调节的结果存在静偏差。要用人工再调整设定值，才能使被控变量重新等于原先设定值，以消除余差。

比例调节器的输出 $P(t)$ 与偏差信号 $e(t)$ 之间的关系为：

$$P(t) = K_C e(t)$$

② 比例、积分调节：所谓积分作用，就是调节器输出的变化量与偏差随时间的积分成比例的调节规律。亦即输出的变化速度与输入偏差值成正比。在一般调节系统中，比例积分调节规律（PI 调节规律）已能基本满足需要。PI 调节器既有偏差立即放大（或缩小）的规律，又有将偏差累积的规律，其输出值 $P(t)$ 和输入的偏差信号 $e(t)$ 之间的关系为：

$$P(t) = K_C e(t) + \frac{K_C}{T_i} \int_0^t e(t) \mathrm{d}t$$

式中 T_i 为调节器的积分时间。比例积分调节器的特点是调节的结果无余差，但由于引入积分作用，使系统的稳定性变差，振荡周期变长。

③ 比例、积分、微分调节：微分调节的规律是输出变化量 $P(t)$ 与输入偏差 $e(t)$ 的变化速度成正比，是一个纯微分环节。在比例积分调节规律的基础上引入微分调节规律，就构成了为比例积分微分调节规律：

$$P(t) = K_C e(t) + \frac{K_C}{T_i} \int_0^t e(t) \mathrm{d}t + K_C T_d \frac{\mathrm{d}e(t)}{\mathrm{d}t}$$

式中 T_d 为微分放大倍数。引入微分作用以后的特点为：对偏差反应的速度较比例作用还要快，适用于滞后大的对象，使系统的稳定性增加；微分作用不能消除系统余差。

（2）串级控制

图 2-6 为原油常减压装置中原油加热炉出口温度一种可能的控制方案。当负荷发生变化时，由温度变送器、调节器和调节阀组成一个单回路控制系统，通过改变燃料油的流量去克服由于负荷变化而引起的原油出口温度的波动，以保持原油出口温度在给定值。但是燃料油的流量受到燃料油供应系统影响，波动大且频繁，由于加热炉滞后较大，原油出口温度也就会出现大幅度波动。因此这不是一个好的控制方案。

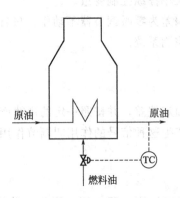
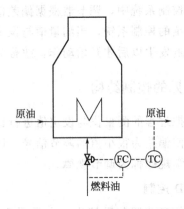

图 2-6 原油出口温度单回路控制　　　　图 2-7 原油出口温度的串级控制

为了更好地控制原油出口温度，可以先构成一个燃料油流量控制系统（回路Ⅱ），先稳定燃料油的流量，而把原油出口温度调节器的输出值作为燃料油流量控制回路的设定值，形成回路Ⅰ，使燃料油流量调节器随着原油出口温度调节器的需要而工作，这样就构成了图 2-7 所示的串级控制系统。在这一串级控制系统中，存在着两个控制回路。其方块图如图 2-8 所示。

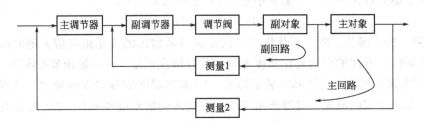

图 2-8 串级控制系统的方块图

在这个串级控制系统中，原油出口温度称为主被控变量，简称主变量；燃料油流量称为副被控变量，简称副变量；原油出口温度调节器称为主调节器；燃料油流量调节器称为副调节器；从燃料油调节阀后至原油出口温度这个温度对象称为主对象。调节阀后流量对象称为副对象；由副调节器、调节阀、副对象、副测量变送器所组成的回路称为副回路，而由主调节器、副回路等效环节、主对象和主变量测量变送部分称为主回路。

串级控制系统有如下特点：

① 由于副回路的存在，进入副回路的干扰影响大为减小。同时，由于串级控制系统增加了一个副回路，具有主、副两个调节器，大大提高了调节器的放大倍数，从而也就提高了对干扰的克服能力。尤其对于进入副回路的干扰，表现更为突出。

② 串级控制对克服容量滞后大的对象特别有效。

③ 串级控制的适应能力强。串级控制系统就其主回路来看，它是一个定值控制系统，但其副回路对主调节器来说，却是一个随动控制系统。主调节器能够根据对象操作条件和负荷的变化情况，不断纠正副调节器的给定值，以适应操作条件和负荷的变化。从这一点意义上来讲，串级控制系统的适应性较强。

（3）比值控制

在生产过程中往往需要两个或两个以上的流量之间满足一定的比值关系，为此目的构成的控制系统称为比值控制系统。例如合成氨厂中进入气化炉的氧气和重油流量应该保持一定比例；精馏塔的回流比保持恒定；吸收塔的液气比保持一定等等。这种比值关系的控制精度对于提高产品的质量和数量、降低消耗以及防止事故发生具有重要的意义。

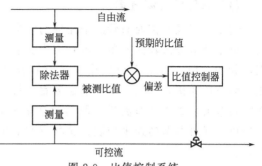

图 2-9　比值控制系统

比值控制系统主要用于控制两种物料之间的流量比，两流量皆被测量，但只对其中一个加以控制，流量未被控制的物料称为自由流。图 2-9 为一种单闭环比值控制。

在图 2-9 中，测量两流量，并求出其比值，将该比值与预期的比值（设定值）比较，被测比值与预期比值间的偏差作为作用于比值控制器的信号。

（4）分程控制

在反馈控制系统中，一般的情况是一台调节器的输出去控制一只调节阀。但是在某些工艺过程中，需要由一只调节器的输出同时控制两只或两只以上调节阀的开度。它的方法是根据调节器输出信号的不同范围，去分别控制不同的调节阀，所以称为"分程"。例如某调节器的输出信号范围是 0.02～0.1MPa 气压，要控制 A、B 两阀，那么只要在 A、B 上分别装上阀门定位器，A 阀上的阀门定位器调整为当输入为 0.02～0.06MPa 时输出为 0.02～0.1MPa，而 B 阀上的阀门定位器可调整为当输入为 0.06～0.1MPa 时输出为 0.02～0.1MPa。这样当调节器输出在 0.02～0.06MPa 时 A 阀动作，调节器输出在 0.06～0.1MPa 时 B 阀动作，达到了分程的目的。

在分程控制系统中，调节阀的开闭形式可以分两类。一类是几只调节阀同向动作；另一种是几只调节阀异向动作，见图 2-10。

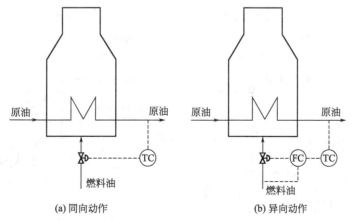

(a) 同向动作　　　　　　　(b) 异向动作

图 2-10　调节阀分程动作

采用分程的目的一般是为了扩大调节阀的可调范围或满足某种工艺上的特殊需要。

2.1.4 典型化工设备的控制方案

(1) 管路的控制方案

化工生产经常需要对管路中流体的流量进行调节，可用于流量、液位、压力等变量的控制。流量调节方式较为简单，若管路中安装有离心泵，则通常采用泵的出口阀门开度控制方案，如图 2-11 所示。若管路中安装有容积式泵，如往复泵、齿轮泵、螺杆泵和旋涡泵等，或安装有压缩机，则由于该类输送装置直接控制了管路中的流量，所以不能在出口管道上直接安装节流装置来调节流量，而是通常采用旁路调节，如图 2-12 所示。另外，压缩机的流量还可以通过调节转速来控制，这种方案效率高，在目前工业生产中的离心式压缩机中应用较多。

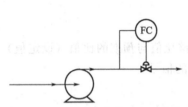

图 2-11 带离心泵的管路流量调节

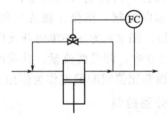

图 2-12 带容积式泵的管路流量调节

(2) 换热器的控制方案

用换热介质流体的流量来控制工艺流体的出口温度 [图 2-13(a)]，调节速度快，是一种应用最为广泛的调节方案。当换热的两股流体的流量都不允许改变时，可用其中一股流体部

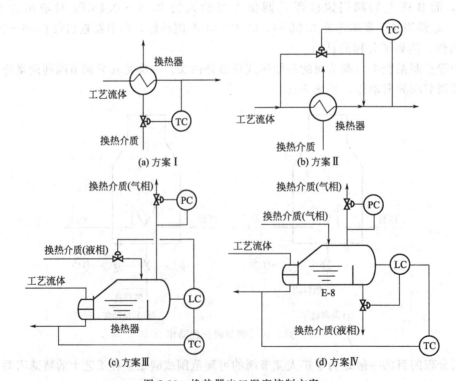

图 2-13 换热器出口温度控制方案

分走旁路的办法来调节温度，如图 2-13（b）所示。该方案实际上增加了一个系统的自由度，使得系统的可控性更好一些。

如果换热介质有相变，则需要控制液相的液位和气相的压力。对于换热介质为液相的情况（如液氨），则通过液相进料来控制液位，如图 2-13（c）所示。对于换热介质为气相的情况（如水蒸气），则通过液相出料来控制液位，如图 2-13（d）所示。这两种换热控制适用于冷凝器、蒸发器等设备的温度控制，以被控工艺物流的出口温度为主变量，以换热器的液位为副变量，进行串级控制（用温度控制器来修正液位控制器的设定值），通过液位的高低来改变有效传热面积，进而调整传热量。这种方案滞后大，而且还要有较大的传热面积余量。但使用这种方法调节时，传热量的变化比较和缓，可以防止局部过热，对热敏性介质有好处。

（3）精馏塔的控制方案

精馏塔是一种传质设备，用于组分间的分离，所以产品质量是其主要的控制指标。如果对产品质量要求不严，则只需控制回流量和塔釜加热量即可，如图 2-14 所示。如果要严格控制塔顶和塔釜的产品质量，则可以间接以精馏段和提留段灵敏板的温度为被控变量来调整回流量和塔釜加热量，见图 2-14 中的两个虚线圆框。实际上，上述的精馏塔质量控制系统的主要被控变量有 4 个：回流量 L、塔顶采出量 D、塔釜加热量 Q_R 和塔釜采出量 W。通常选 L 和 D 中较大者控制回流罐液位，较小者作为控制产品质量的手段来控制塔温度，而 W 则用来控制塔釜液位。

精馏塔的另一个重要被控变量为塔顶压力。塔顶压力的变化必将引起塔内气相流量和塔

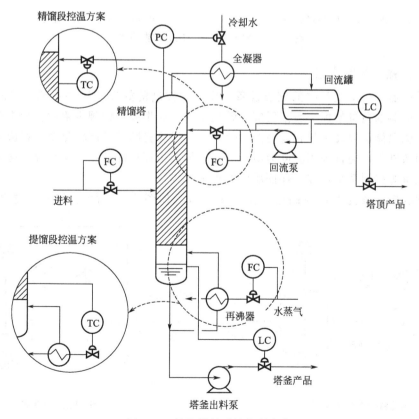

图 2-14 精馏塔的质量控制方案

板上气液平衡条件的变化，使操作条件改变，最终将影响到产品的质量。图 2-15 中的塔顶压力通过调节冷凝器热负荷来控制，适用于馏出物中不含或仅含微量不凝性气体的情况。该方案的优点是所用的调节阀口径较小，节约投资，且可节约冷却水，缺点是冷凝速率与冷却水量之间为非线性关系。在冷却水流量波动较大时，可设置塔压与冷却水量的串级控制，以克服冷却水量波动对搭压的影响。如果塔顶气体不能被全部冷凝下来，则按如下方案来设计：①如果塔顶气体含有大量的不凝气，则塔顶压力用塔顶线上的调节阀来调节，如图 2-15（a）所示；②如果塔顶气体仅含有部分不凝气时，则压力调节阀应装在回流罐出口不凝气线上，如图 2-15（b）所示。这两种方案的优点是压力调节快捷、灵敏，可调范围也大，缺点是所需调节阀的口径较大，而且在气相介质有腐蚀性时，需用价格昂贵的耐腐蚀性材质的调节阀。

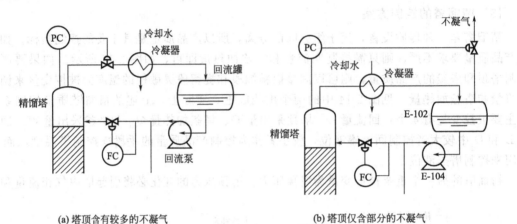

(a) 塔顶含有较多的不凝气　　　　　　　(b) 塔顶仅含部分的不凝气

图 2-15　精馏塔的其他压力控制方案

（4）反应器的控制方案

化学反应器是化工生产中的核心设备，反应器控制的好坏直接关系到生产的产量与质量。化学反应器的质量指标一般指反应的转化率或反应生成物的规定浓度。如果转化率不能直接测量，就只能选取几个与它有关的参数，经过运算去间接控制转化率。在成分仪表尚属薄弱环节的条件下，通常采用温度为质量的间接控制指标构成各种控制系统，必要时再附以压力和处理量等控制系统，即可保证反应器正常操作。

第一种温控方案为通过控制进料温度来完成，如图 2-16 所示。物料经过进料换热器

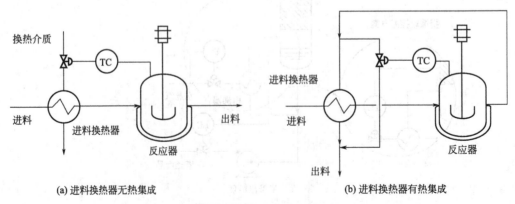

(a) 进料换热器无热集成　　　　　　　(b) 进料换热器有热集成

图 2-16　反应器温控方案 I

（加热或冷却）进入反应器，通过改变换热负荷来改变进入反应器的物料温度，从而达到控制反应器内物料温度的目的。该方案又分为两种情况：①换热介质来自公用工程；②换热介质来自反应器出料，即进行了热集成。其中第二种方案采用旁路调节方式，与图 2-13 所示的换热器温控方案类似。

第二种温控方案是控制反应器夹套传热量，如图 2-17 所示。由于大多数反应器均有传热面，以引入或移去反应热，所以用改变引入传热量多少的方法就能实现温度控制。当反应器内温度改变时，可用改变加热剂或冷却剂流量的方法控制釜内温度。这种方案结构比较简单，使用仪表少，但温度滞后严重。特别是当聚合反应过程中物料黏度大、热传递较差、混合又不易均匀时，较难达到严格的温度要求。

第三种温控方案是控制反应段间进入的冷气量。在多段固定床反应器中，可将部分冷的原料气不经预热直接进入段间，与上一段反应后的热气体混合，从而降低了下一段入口气体的温度，如图 2-18 所示。这种控制方案中，反应通常是经过多段的催化剂分步完成的。往中间的催化剂层加入一部分冷料，可以在有效降低反应温度的同时降低副反应的发生。比如在硫酸生产中，用 SO_2 氧化成 SO_3，由于冷的那一部分原料气少经过一段催化剂层，所以原料气总的转化率有所降低。另一种情况是在合成氨工业中，当用 H_2 与 N_2 变换 NH_3，原料气就是分三部分进入催化剂层的，其目的就是使该反应远离平衡点，以加快转化速率。

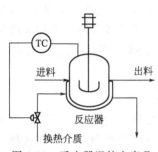

图 2-17　反应器温控方案 II

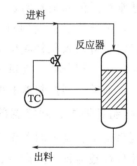

图 2-18　反应器温控方案 III

2.1.5　控制系统操作要点

（1）控制器操作要点

负反馈准则要求控制系统开环总增益为正。设置控制器正反作用的目的是保证控制系统成为负反馈。组成控制系统的各环节增益的正负由该环节输入输出之间的关系确定。当该环节的输入增加时，其输出也增加，则该环节增益为正，反之输出减小，该环节增益为负。开环总增益是组成开环各环节的增益之积。

确定控制器正反作用的步骤如下。

① 根据功能安全准则，从工艺安全性要求确定控制阀的气开和气关型式，气开阀增益为正，气关阀增益为负。

② 根据过程的输入和输出关系，确定过程增益的符号。

③ 根据检测变送环节的输入输出关系，确定检测变送环节增益的符号。

④ 根据负反馈准则，为保证开环总增益为正，确定控制器正反作用。

（2）串级控制的操作要点

➤ **串级控制系统主、副被控变量的选择**

① 根据工艺过程的控制要求选择主被控变量；主被控变量应反映工艺指标。

② 副被控变量应包含主要扰动，并应包含尽可能多的扰动。

③ 主、副回路的时间常数和时滞应错开，即工作频率错开，防止共振现象发生。

通常，主被控对象的时间常数与副被控对象时间常数之比在3：1或以上，防止副环工作频率进入谐振频率，造成共振现象。

④ 主、副被控变量之间应有——对应关系。

⑤ 主被控变量的选择应使主对象有较大的增益和足够的灵敏度。

⑥ 应考虑经济性和工艺的合理性。

➤ **串级控制系统主、副控制器控制规律的选择**

串级控制系统有主、副两个控制器。选择控制器控制规律应根据控制系统要求确定。

① 选择主控制器控制规律。根据主控制系统是定值控制系统的特点，为消除余差，应采用 I 控制规律；通常串级控制系统用于慢对象，为此，可采用 D 控制规律；据此，主控制器的控制规律通常为 PID。

② 选择副控制器控制规律。副控制回路既是随动控制又是定值控制系统。因此，从控制要求看，通常可无消除余差的要求，即可不用 I；但当副被控变量是流量，并有精确控制该流量要求时，可选用 I；当副对象时间常数小，为削弱控制作用，需选用大比例度的 P 控制作用，有时也可加入积分或反微分；当副回路容量滞后较大时，宜加入微分；当副环包含积分环节时，由于积分环节提供一90°相位差，使副环相位滞后减小，有利于提高系统控制品质。因此，通常，副控制器的控制规律选 PI。

➤ **串级控制系统主、副控制器正反作用的选择**

串级控制系统主、副控制器正反作用的选择应满足负反馈准则。因此，对主环和副环都必须满足总开环增益为正。假设主、副检测变送环节的增益都为正，具体选择步骤如下。

① 根据安全运行准则，选择控制阀的气开和气关型式（气开型，K_v 为正；气关型，K_v 为负）。

② 根据工艺条件确定副被控对象的特性。操纵变量增加时，副被控变量增加，K_{p2} 为正；反之为负。

③ 根据负反馈准则，确定副控制器正反作用（正作用，$K_{c2}<0$；反作用，$K_{c2}>0$）。

④ 根据工艺条件确定主被控对象的特性。副被控变量增加时，主被控变量增加，K_{p1} 为正；反之为负。

⑤ 根据负反馈准则，确定主控制器正反作用（正作用，$K_{c1}<0$；反作用，$K_{c1}>0$）。确定主控制器正反作用时，只需要满足 $K_{c1}K_{p1}K_{m1}>0$。

⑥ 根据负反馈准则确定在主控方式时主控制器正反作用是否更换。当副控制器是反作用控制器时，主控制器从串级方式切换到主控方式时，不需要更换主控制器的作用方式。当副控制器为正作用控制器时，主控制器切换到主控时，为保证主控制系统为负反馈，应更换原来的作用方式。

➤ **串级控制系统中控制器的参数整定和系统投运**

从整体看，串级控制系统是一个定值控制系统，控制品质的要求与单回路控制系统控制品质的要求一致。从副回路看，应要求能够快速、准确地跟踪主控制器输出变化。串级控制系统控制器参数整定有逐步逼近法、两步法和一步法等。逐步逼近法先断开主回路，整定副控制器参数，其次，闭合主回路，整定主控制器参数，最后，再整定副控制器参数、主控制器参数，直到控制品质满足要求。由于每次整定都向最佳参数逼近，因此，称为逐步逼近法。两步法是主控制器手动情况下，先整定副控制器参数，整定好后，主控制器切自动，整定主控制器参数。一步法是根据副被控对象的特性，按表 2-1 设置副控制器参数，然后整定主控制器参数。逐步逼近法用于对主、副被控变量都有较高控制指标的场合，两步法和一步法用于对副被控变量的控制要求不高的场合。

表 2-1 副控制器比例度的经验数据

副被控对象	流量	压力	液位	温度
增益 K_{c2}	1.25～2.5	1.4～3	1.25～5	1.7～5
比例度 δ_2/%	40～80	30～70	20～80	20～60

参数整定时应防止共振现象出现，一旦出现共振，应加大主控制器或副控制器的比例度，使副、主回路的工作频率错开，以消除共振。

串级控制系统的投运与参数整定的方法有关。两步法整定参数的系统投运步骤如下：

① 设置主控制器为"内给"，"手动"，设置副控制器为"外给"，"手动"；

② 主控制器手动输出，调整副控制器手动输出使偏差为零时，将副控制器切"自动"；

③ 整定副控制器参数，使副被控变量的响应满足所需性能指标，例如，衰减比指标；

④ 调整主控制器手动输出使偏差为零时，将主控制器切"自动"；

⑤ 整定主控制器参数，使主被控变量的响应满足所需性能指标，例如，衰减比指标、余差等。

串级控制系统的投运宜先副后主，由于设置副环的目的是提高主被控变量的控制品质，因此，对副控制器参数整定的结果不应作过多限制，应以快速、准确跟踪主控制器输出为整定参数的目标。当工艺过程对副被控变量也有一定控制指标要求时，例如，精确流量测量等，可采用逐步逼近法整定参数，使副被控变量也能够满足所需控制指标。

（3）复杂控制系统

在单回路控制系统的基础上，再增加计算环节，控制环节或者其他环节的控制系统称为复杂控制系统

随着生产的发展、工艺的革新必然导致对操作条件的要求更加严格，变量间的相关关系更加复杂，为适应生产发展的需要，产生了复杂控制系统。在特定条件下，采用复杂控制系统对提高控制品质，扩大自动化应用范围起着关键性作用。做粗略估计，通常复杂控制系统约占全部控制系统的 10%，但是，对生产过程的贡献则达 80%。

➤ **复杂控制系统的分类**

常用的复杂控制系统有串级控制系统、比值控制系统、均匀控制系统、分程控制系统、选择控制系统、前馈控制系统等。

➤ **比值控制系统**

凡是用来实现两个或者两个以上的物料按照一定比例关系关联控制，以达到某种控制目的的控制系统，称为比值控制系统。可分为单闭环比值控制系统、双闭环比值控制系统和变比值控制系统。

➤ **均匀控制系统**

用来解决前后被控量供求矛盾，保证它们的变化不会反应过于剧烈的一种控制方案。

➤ **前馈控制系统**

根据扰动或者设定值的变化按补偿原理而工作的控制系统，其特点是当扰动产生以后，被控量还未变化以前，根据扰动作用的大小进行控制，以补偿扰动作用对被控变量的影响。

➤ **分程控制系统**

一般而言，通过对一只调节阀的操作便能够实现对一台调节器的输出工作，如果通过一只调节器对两个或者是两个以上的调节阀进行控制，并且是通过对信号的分析根据不同的需求去对不同的阀门进行操作，这种控制方式就是分程控制。分程控制经常应用于 DCS 系统中，在化工行业获得了较为广泛的应用。在分程控制的作用下，将一个调节器的信号进行分段处理，信号被分为若干段以后，每段信号对应一个执行器进行控制工作，通过执行器的分段连续共同完成一个较为复杂的任务。例如在化工生产中，受到原料的物理或者是化学属性的影响，需要对其进行严密的控制，这就借助于分程控制。例如对于氮气而言，需要利用密封的方式对其进行储存，且氮气的压力需要维持在一定的范围内。在化工生产中，一些材料是通过利用氮气的压力作为动力进行传送的，在对氮气压力的维持下，实现了原料传送的稳定性。

2.2 DCS 系统

2.2.1 概述

20 世纪 60 年代以来，各个工业部门如石油化工、冶金、电力等普遍采用装置（或机组）规模的大型化、连续化来强化生产过程，其经济性远比小规模时高，并提高了劳动生产率，获得了少投入多产出的经济效果。而装置大型化必然与过程的检测、控制和管理集中化紧密联系。为了取得高的经济效益，提高集中化程度，在过程自动控制的发展进程中，曾出现过用一台计算机控制全装置的设想和实践。欧美一些石油化工装置相继装设了计算机。由于工业过程计算机的实时控制要求，对电子元器件的质量要求十分苛求，因为把整个生产过程的控制和监测系统都集中在一台计算机上完成，一旦计算机某个部件出现故障就会导致生产过程的停顿，进而使生产处于危险状态。因此这种过分集中的做法因受当时硬件技术的限制而没有得到推广普及。

集散控制（distributed control system，DCS）系统是 20 世纪 70 年代发展起来的。在总体设计上，集散控制系统采取了控制回路分散化和数据管理集中化的策略。它以数台、数十台甚至数百台微型计算机分散应用于过程控制，使一个控制回路发生的故障不会波及整体，万一有故障也不会影响到其他控制回路执行控制功能。集散系统的全部信息经通信网络由上位计算机监控，实现最佳控制，通过 CRT 装置、通信总线、键盘、打印机等又能高度集中地操作、显示和报警。整个装置继承了常规模拟仪表分散控制和计算机集中控制的优点，并且克服了单台计算机控制系统危险性高度集中以及常规仪表控制功能单一、人-机联系差的缺点。

集散控制系统设计的基本思想就是：分散控制和集中显示、操作、管理。

集散控制系统通常由过程控制单元、过程接口单元、CRT 显示操作站、管理计算机以及高速数据通路五个部分组成，其基本结构见图 2-19。

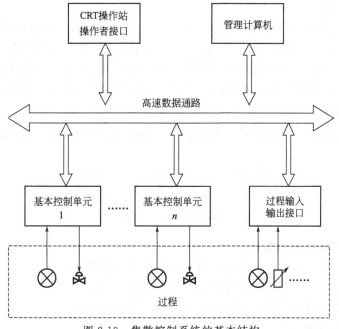

图 2-19　集散控制系统的基本结构

① 过程控制单元（PCU：process control unit）：亦称现场控制站或基本控制器，它可以控制一个或多个回路，具有较强的运算控制能力。

② 过程接口单元（PIU：process interface unit）：亦称数据采集装置，它的主要作用是采集非控制变量，进行数据处理。

③ 操作站（OPS：operating station）：是集散系统的人-机接口装置。一般配有高分辨率大屏幕的彩色 CRT、操作者键盘、工程师键盘、打印机、硬拷机和大容量存储器。操作站除了执行对过程监控操作外，系统的组态、编程工作也在操作站上进行。操作站还可以完成部分的生产管理工作，如打印班、日报表等。

④ 管理计算机：是集散系统的主机，又称为上位机。它综合监视全系统和各单元，管理全系统的所有信息，具有进行大型复杂运算的能力以及多输入、多输出控制功能，以实现全系统的最优控制和全厂的优化管理。

⑤ 高速数据通路（DH：data hiway）：它将过程控制单元、操作站、上位机等连成一个完整的系统，以一定的速率在各单元之间传输。

2.2.2　DCS 系统操作

（1）操作员控制站

操作员控制站位于工厂控制中。操作员可以通过控制站察看生产过程的流程图、动态数据、报警显示、趋势显示、回路细目显示。此外，操作员可通过键盘操纵变量，改变给定点的输出、控制器算法和操作方式。此外，可通过工程师键盘建立数据库和对画面及报表进行组态及修改。

（2）DCS 画面

是在控制站的 CRT 上显示的流程图及动态数据。操作员可通过 DCS 画面对装置运行情况进行多方面的监视。

实际生产中，很多操作是在控制室内通过 DCS 画面完成的，与此相对应，在仿真模拟软件中的这些操作将通过学员在模拟的 DCS 画面上来完成，如对调节器的操作，对遥控阀的操作等。实际生产中还有很多操作是在生产现场完成的，如开、停泵，调整手阀的开度等，与此相对应，在仿真模拟软件中的这些操作将通过学员在模拟现场视图上的操作完成这些动作。

（3）阀门的控制

物流管线上的阀门可以被多种元件所控制，因此阀门的叫法也有所不同，见图 2-20。

（a）开关阀　　　（b）手操阀　　　（c）调节阀

图 2-20　各类阀门

图 2-20 中各类阀门的含义为：

① 开关阀：由开关控制，这种阀只有全开和全关两种状态；

② 手操阀：由手操器控制，阀开度的变化范围为 0～100%；

③ 调节阀：由调节器控制，阀开度的变化范围为 0～100%。

（4）调节器的状态描述

① 测量值：即被控变量的测量值；

② 输出值：0～100% 之间的一个数，其大小决定了调节阀的开度；

③ 手动与自动状态：自动状态下，调节器将根据测量值与设定值的偏差自动改变输出值的大小，从而改变调节阀的开度；手动状态下，调节器不产生任何调节作用，操作员可以人为给定和调整调节器的输出值，从而改变阀的开度；

④ 设定值：调节器的设定值是工艺人员所期望的工艺参数的稳定值，可以由工艺人员人为设定；

⑤ 串级状态：只对串级控制系统中的副调节器有效。副调节器在串级状态下的设定值由主调节器给定，不能人为给定。摘除串级后，副调节器与普通调节器完全相同。

（5）气开、气关阀

以空气为动力源的调节阀称为气动调节阀。根据气源中断时阀门状态的不同，可以把气动调节阀分为两类：

① 气开阀：供气中断时，调节阀自动处于全关状态；

② 气关阀：供气中断时，调节阀自动处于全开状态。

某一控制回路采用气开阀还是采用气关阀主要从生产需要和安全角度考虑，取决于供气中断时阀处于全开还是全关才能避免损坏设备和保护操作人员。若阀处于全开位置危险性小，则应选气关阀；反之应选气开阀。

2.2.3　DCS 画面

（1）流程图画面

工艺流程模拟图画面见图 2-21。

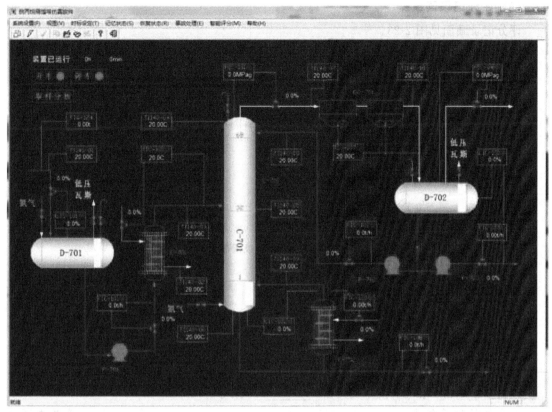

图 2-21　工艺流程模拟图画面

(2) 报警组画面

报警组画面见图 2-22。

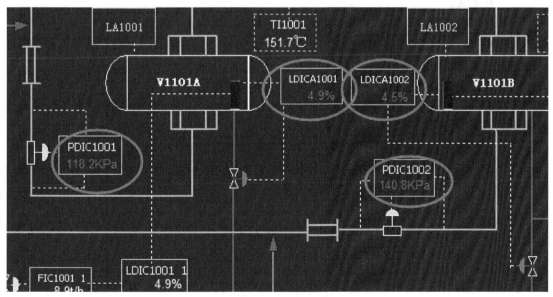

图 2-22　报警组画面

(3) 评分记录画面

评分记录画面见图 2-23。

学员训练开停车操作成绩单

```
姓    名:      学号:
单    位:
时    间:2017 年 12 月 2 日
操作科目:青岛石化催化裂化装置产品常减压系统仿真软件
总评成绩:  25.0(满分 100.0)
```

```
错误          扣                  错    误
代码          分                  原    因

01:    - 25.0 分   T1101塔釜未出料
02:    - 25.0 分   T1102塔釜未出料
03:    - 25.0 分   V1103油相未出料
```

图 2-23 评分记录画面

习 题

一、填空题

1. 调节器的输出值 OP 大小决定了_____的大小。

2. 自动控制系统由 _____、_____、_____、_____ 和 _____ 等基本环节组成。

3. 在反馈控制系统中,调节器根据_____操纵控制变量。

4. 为使合成氨厂中进入气化炉的氧气和重油流量保持一定比例,一般采用_____控制_____的方法。

5. 集散控制系统设计的基本思想是_____和_____。

二、简答题

1. 画出控制系统方框图。

2. 什么是串级控制?画出一般串级控制系统的典型方框图。

3. 利用串级控制原理解释为什么"副调节器在串级状态下的设定值由主调节器给定,不能人为给定"?

4. 从生产需要和安全角度分析应如何选用气开阀与气关阀?

5. 简述本节中三种反应器控制方案的优缺点。

推荐阅读材料

先进控制技术简介

先进控制是对那些不同于常规单回路控制,并具有比常规 PID 控制效果更好的控制策略的统称，而非专指某种计算机控制算法。先进控制的任务非常明确，即用来处理那些常规控制效果不好，甚至无法控制的复杂工业过程控制的问题。

随着我国经济体制的转变，国内的众多过程工业企业日益感受到国际间竞争所带来的压力和挑战。在这种大的背景下，积极开发和应用先进控制和实时优化以提高企业经济效益，进而增强自身的竞争力是过程工业迎接挑战的重要对策。现代控制理论和人工智能几十年来的发展，已为先进控制奠定了应用理论基础，而控制计算机尤其是集散控制系统（DCS）的普及与提高，则为先进控制的应用提供了强有力的硬件和软件平台。总而言之，企业的需要、控制理论和计算机技术的发展是先进控制（APC）发展强有力的推动力。

随着过程工业日益走向大型化、集成化、连续化、复杂化，对过程控制的品质提出了更高的要求，控制的目标已不再局限于对某一个变量，或几个变量的平稳操作，而是越来越多地加入了以经济效益为代表的其他控制要求，然而传统的以单变量技术为基础的控制技术已无法满足这些需求。控制与经济效益的矛盾日趋尖锐，迫切需要一类合适的先进控制策略。为了克服目前 DCS 存在的"高能低用"运行状态，国际上已经大量应用了先进控制技术（APC）和优化控制来提高效益，并有众多公司推出了先进控制及优化商品化工程软件包。国内石油化工等行业也认识到先进控制技术的重要性，并有一些单位开始了先进控制和优化控制的工程化软件包的研究与开发，也取得一些成果。目前，国家正在进行高新技术产业化的推行工作，而先进控制与过程优化工程化软件是"工业过程自动化高技术产业化"的重要组成部分。

先进控制的主要技术内容有如下几个方面。

① 过程变量的采集与处理。利用大量的实测信息是先进控制的优势所在。由于来自工业现场的过程信息通常带有噪声和过失误差，因此，应对采集到的数据进行检验和调理。

② 多变量动态过程模型辨识技术。先进控制一般都是基于模型的控制策略，获取对象的动态数学模型是实施先进控制的基础。对于复杂的工业过程，需要强有力的辨识软件，从而将来自现场装置试验得到的数据，经过辨识而获得控制用的多输入多输出（MIMO）动态数学模型。

③ 软测量技术，工艺计算模型。实际工业过程中，许多质量变量或关键变量是实时不可测的，这时可通过软测量技术和工艺计算模型，利用一些相关的可测信息来进行实时计算，如 FCCU 中粗汽油干点、反应热等的推断估计。

④ 先进控制策略。主要的先进控制策略有：预测控制、推断控制、统计过程控制、模糊控制、神经控制、非线性控制以及鲁棒控制等。到目前为止，应用非常成熟而效益极为显著的先进控制策略是多变量预测控制。其主要特点是：直接将过程的关联性纳入控制算法中，能处理操纵变量与被控变量不相等的非方系统，处理对象检测仪表和执行器局部失效等的系统结构变化，参数整定简单、综合控制质量高，特别适用于处理有约束、纯滞后、反向特性和变目标函数等工业对象。

⑤ 故障检测、预报、诊断和处理。这是先进控制应用中确保系统可靠性的主要技术。

⑥ 工程化软件及项目开发服务。良好的先进控制工程化软件包和丰富的 APC 工程项目经验，是先进控制应用成功、达到预期效益的关键所在。

先进控制是以分层方式实现的。先进控制给基本调节系统提供一组协调的最佳设定值，克服了常规单变量控制顾此失彼的本质缺陷。在约束控制下，过程在安全可靠的条件下和各种操作及设备的约束内，自动实现"卡边控制"，使目标产品产量最大，操作费用最小，最大限度地提高装置的经济效益。

◆ 参考文献 ◆

［1］ 厉玉鸣. 化工仪表及自动化. 第5版. 北京：化学工业出版社，2011.
［2］ 何衍庆，黎冰，黄海燕. 工业生产过程控制. 北京：化学工业出版社，2010.

· 第 **3** 章 ·

化工工艺操作

化工工艺操作主要涉及的内容是设备操作、管线操作和仪表操作等。工艺设计人员在工艺设计阶段对工艺中的设备、管线和仪表进行了操作条件（主要是温度、压力、液位、流量）和设计条件的设计，为了能够达到工艺设计和安全生产的要求，工厂操作人员必须使工艺中涉及的设备、管线以及仪表等达到设计时操作条件，同时不可超过各部分的设计条件。通过控制操作条件使工艺过程达到最优化操作。

本章主要介绍设备投运、仪表投用、操作安全等内容，通过这些内容的学习，可以了解化工生产中设备的运行程序，仪表投用和检修以及操作过程。

3.1 设备投运

化工设备是指化学工业生产中所用的机器和设备的总称。化工生产中为了将原料加工成一定规格的成品，往往需要经过原料预处理、化学反应以及反应产物的分离和精制等一系列化工过程，实现这些过程所用的机械，常常都被划归为化工设备。化工设备可以根据其在工艺流程中功能作用的不同大致分为化工容器类（如槽、罐等）、分离塔器类（填料塔、浮阀塔、泡罩塔等）、反应器类（管式反应器、流化床反应器、固定床反应器等）、换热器类（板式换热器、列管式换热器等）、加热炉（电加热炉、裂解炉、废热锅炉等）以及其他各种专用化工设备等。

化工设备是实现化工生产的必要硬件，化工设备的好与坏直接关系着产品质量和化工厂的效益。因此在开车过程中应按照国家规定或者行业规范的程序开始设备投运。

3.1.1 开车安全检查

工艺装置完成建设之后，在开车运行前要进行一次全面的安全检查验收。目的是检查工艺装置是否全部完工，质量是否合格，劳动保护安全卫生设施是否完善，设备、容器、管道内部是否全部吹扫干净、封闭，盲板是否按照要求抽加完毕，确保无遗漏，检修现场是否工完料尽，检查人员及工具是否撤出现场，达到开车条件。

开车前检查一般由质量管控部、生产部、技术部、设备部等多部门协同合作，并制定出装置生产开车前安全检查表，根据表格内容一一进行检查，并由相关责任人签字以确保设备运行安全。常见开车安全检查内容及格式见表 3-1。

表 3-1　常见开车安全检查表

序号	安全检查项目	检查实际情况	检查确认责任人
1	施工项目完工，验收合格		
2	现场工艺和设备符合设计规范		
3	设备、管道试压试漏完毕，空运转调试合格		
4	操作规程和应急预案已制定		
5	编制并落实开车方案		
6	操作人员培训合格		
7	分析仪器准备就绪，仪表调节器、调节阀、联锁系统调校试验合格		
8	安全防护、消防器材齐全、完好		
9	系统置换清洗合格，通信器材、照明设施准备就绪		
10	电气供电系统准备就绪，公用工程条件符合开车要求		
11	其他各种危险已消除或控制		

3.1.2　水运和汽运

化工设备是由具有生产制造资质的厂家进行生产和制造，然后经过不同运输方式运送到化工生产企业进行安装。目前运输方式有很多，包括水运、汽运、铁路运输和航空运输等。化工设备的运输主要是通过水运和汽运的形式运送到企业。本节主要介绍水运和汽运。

(1) 水运

水运是使用船舶运送客货的一种运输方式。水运主要承担大数量、长距离的运输，是在干线运输中起主力作用的运输形式。在内河及沿海，水运也常作为小型运输工具使用，担任补充及衔接大批量干线运输的任务。

水运是目前各主要运输方式中兴起最早、历史最长的运输方式。其技术经济特征是载重量大、成本低、投资省，但灵活性小，连续性也差。较适于担负大宗、低值、笨重和各种散装货物的中长距离运输，其中特别是海运，更适于承担各种外贸货物的进出口运输。

水路运输有以下四种形式。

① 沿海运输。是使用船舶通过大陆附近沿海航道运送客货的一种方式，一般使用中、小型船舶。

② 近海运输。是使用船舶通过大陆邻近国家海上航道运送客货的一种运输形式，根据航程可使用中型船舶，也可使用小型船舶。

③ 远洋运输。是使用船舶跨大洋的长途运输形式，主要依靠运量大的大型船舶。

④ 内河运输。是使用船舶在陆地内的江、河、湖、川等水道进行运输的一种方式，主

要使用中、小型船舶。

就当前形势分析，国内水路运输发展前景广阔。"十一五"期间中央将筹集至少 400 亿元的资金，重点用于内河和沿海航道、水上支持保障系统等项目的建设。

2008 年交通部在酝酿新一轮针对公路、水路、港口和码头建设的 5 万亿元投资计划。这个计划包括沿海港口、内河港口航道以及交通运输枢纽等附属设施的建设。交通运输部指导行业也制定了分类的发展规划，2009 年着重考虑沿海港口中大型化、专业化的深水泊位码头以及具有基础性、公益性作用的一些重要港口、主要港口出海航道的建设。内河方面也将是国家支持的一个重点领域。除了港口以外，中央政府支持的主要还是考虑需求量比较大、运输比较繁忙的航道的扩充，也包括航道网全面的改造。

所以说未来我国水运业发展前景整体上还是很明朗的。到 2020 年中国有望实现水运业的现代化，中国将实现由海洋大国、航运大国向航运强国的转变。

（2）汽运

公路运输（highway transportation）是在公路上运送旅客和货物的运输方式。是交通运输系统的组成部分之一。主要承担短途客货运输。现代所用运输工具主要是汽车。因此，公路运输一般即指汽车运输。在地势崎岖、人烟稀少、铁路和水运不发达的边远和经济落后地区，公路为主要运输方式，起着运输干线作用。

由于公路运输网一般比铁路、水路网的密度要大十几倍，分布面也广。公路运输在时间上机动性也比较大，车辆可随时调度、装运，各环节之间的衔接时间较短。尤其是公路运输对客、货运量的多少具有很强的适应性。而且汽车体积较小，中途一般也不需要换装，除了可沿分布较广的公路网运行外，还可离开路网深入到工厂企业，可以把货物从始发地门口直接运送到目的地门口，实现"门到门"直达运输。这是其他运输方式无法与公路运输比拟的特点之一。在中、短途运输中，由于公路运输可以实现"门到门"直达运输，中途不需要倒运、转乘就可以直接将客货运达目的地，因此，与其他运输方式相比，其客、货在途时间较短，运送速度较快。公路运输与铁、水、航运输方式相比，所需固定设施简单，车辆购置费用一般也比较低，因此，投资兴办容易，投资回收期短。据有关资料表明，在正常经营情况下，公路运输的投资每年可周转 1~3 次，而铁路运输则需要 3~4 年才能周转一次。但是汽运在运量、安全性方面与其他运输方式相比较要相应低一些。

化工过程中用到的公路运输的方式主要有集装箱汽车运输、笨重物件运输（指因货物的体积、重量的要求，需要大型或专用汽车运输的）、危险货物运输（指承运《危险货物品名表》列名的易燃、易爆、有毒、有腐蚀性、有放射性等危险货物和虽未列入《危险货物品名表》但具有危险货物性质的新产品）。

公路运输发展非常迅速。欧洲许多国家和美国、日本等国已建成比较发达的公路网，汽车工业又提供了雄厚的物质基础，促使公路运输在运输业中跃至主导地位。发达国家公路运输完成的客货周转量占各种运输方式总周转量的 90% 左右。

化工系统中经常用到的运输形式主要是水运和汽运，而选择哪种运输方式需要考虑的因素有很多，运输费用、运输货物的大小、形态、危险性、路途等等是主要因素，通常采用水运的情况下都会伴随汽运。

3.1.3　耐压试验

化工生产过程中的压力容器和压力管道都需要进行耐压试验，其中压力容器的耐压试验由生产企业负责，而压力管道的耐压试验在设备、管道、仪表以及其他安全措施等安装完成后由化工企业负责。

（1）设备耐压试验

设备的耐压试验包括液压试验（又称水压试验）和气压试验，两种耐压试验方法略有不同，但其目的均是检验容器的强度。实际化工过程中主要用到的是水压试验，气压试验一般用作气密性试验。作耐压试验时主要是满足 GB 150—2011《压力容器》、TSG R0004—2009《固定式压力容器安全技术监察规程》等规范要求。设备在进行耐压试验前要满足以下几点：

① 确保容器各部件连接正常，紧固妥当；

② 设备上设置两个及以上相同的压力表；

③ 临时受压组件要采取相应的保护措施保证其强度和安全性；

④ 试验时要有可靠地安全防护设施，并经过单位技术负责人和安全管理部门检查认可，并派监检人员现场进行监督检验，无关人员不得在现场。

满足了以上要求以后，开始进行耐压试验。设备的耐压试验主要是设备生产厂家进行，设备生产厂家试验合格后运输到化工企业进行安装。化工企业在接受设备时应检查设备是否有损伤。

（2）管道耐压试验

化工装置在试生产之前需要进行管道耐压试验，检验设备、管道及附件、管道与设备连接、管线仪表及设备仪表等能否正常工作。通常在试验前需要编制耐压试验说明书，耐压试验需要遵循《工业金属管道工程施工规范》（GB 50235—2010）、《工业金属管道工程施工质量验收规范》（GB 50184—2011）、《压力管道安全技术监察规程-工业管道》（TSG D0001—2009）等国家或者行业的标准规定。

耐压试验工作流程一般分为试验前的检验工作、试验前的准备工作、强度试验及中间检查、严密性试验及中间检查、泄漏量试验或真空试验、拆除盲板、临时管道及压力表并将管道复位，最后填写试压记录。其中管道系统强度及严密性试验的试验压力情况详见表 3-2。

表 3-2 管道系统强度及严密性试验的试验压力

管道分类	执行标准	管道敷设方式及管材		设计压力/MPa	强度试验及压力/MPa		严密性试验及压力/MPa	
					水压试验	气压试验	水压试验	气压试验
工业管道	《工业金属管道工程施工规范》GB 50235—2010	真空		$p<0$	0.2		0.1	
		地上管道	钢管	$p<0.6$	$1.5p$ 且 <0.4	$1.15p$	p	p
				$p \geqslant 0.6$	$1.5p$	由设计方或甲方定	p	p
			承受外压管道	$p \leqslant 0.6$	$1.5(p_内-p_外)$ 且 $\leqslant 0.2$	$1.15p$	p	p
				$p>0.6$	$1.5(p_内-p_外)$	—	p	—
		地下管道	钢管	任意	$1.5p$	—	p	—
			铸铁管	$p \leqslant 0.5$	$2p$	—	p	—
				$p>0.5$	$p+0.5$	—	p	—

管道耐压试验一般情况下进行的是水压试验，在压力过高或者水压试验不能实现时可由气压试验代替，但必须满足替代条件。同时不是所有管道都需要进行气密性试验，根据标准规范的规定：管道内输送的物料为有毒、易燃易爆物料，且设计压力达到规定的压力值时才进行气密性试验。

3.1.4　吹扫与置换

化工装置在耐压试验结束后需要对检验合格的全部工艺管道和设备进行吹扫、置换。目的是保证工艺系统在正常开车的过程中能够安全运行。

（1）吹扫

吹扫采用的介质通常是空气，首先空气经过压缩机压缩加压（压力在 0.6～0.8MPa），对输送气体介质的管道吹出残留的杂物。这也是吹扫的目的：将管线内杂物清除出化工系统，防止杂物在开工后可能堵塞管道、阀门、污染催化剂等。

采用空气吹扫时需要有足够的气量，使吹扫气体的流动速度大于正常气体流速，一般 ≥20m/s，以使其具有足够的能量吹扫出管道和设备中的残余附着物，保证装置顺利试车和安全生产。装置进行空气吹扫时空气消耗量一般都很大，并且要有一定的吹扫时间。因此在进行吹扫时通常使用装置中最大的空气压缩机或者使用装置中可压缩空气的大型压缩机。对于不能提供大量连续吹扫空气的中小型化工装置，可以采用分段吹扫法，即将整个化工装置系统分成多个部分，每个部分再分成几小段，然后逐步吹扫，吹扫完成一段后关闭此段与装置的连接，进行下一段的吹扫。通过此法可以在气源量小的情况下保证吹扫质量。

化工装置中会遇到比较难除或者其他特殊情况。对于大管径或者杂物不易去除的管道，可以选择爆破吹扫法吹除杂物。忌油管道和仪表空气管道要使用不能含油的空气吹扫。

氮气也可作为吹扫介质，但是由于氮气来源和费用等原因，一般不用作普通管道和设备的吹扫气源。通常作为空气吹扫、系统干燥合格后管道和设备的保护置换。

（2）置换

置换是在吹扫之后进行的，一般用的介质是氮气，也可以选择其他惰性气体。一般易燃易爆物料、有毒物料管道需要进行置换操作。置换操作是将管道或设备内的空气或者其他可燃物排出系统外，防止开车升温后发生爆炸等事故。氮气置换操作和空气吹扫大致相同，在此不再赘述。

3.1.5　抽加盲板

盲板设置一般是在石油化工装置间、装置与贮罐之间、厂际之间有许多管线相互连接输送物料，因此生产装置在试压、停车检修，进行置换时需要增加盲板以切断物料，防止物料进入检修区，那么在化工装置进行耐压试验时为了保证试验的顺利进行会在管线上加一些临时盲板，如安全阀前加盲板防止在试验时试验压力超过安全阀起跳压力影响耐压试验的进行。

化工装置系统中临时抽加的盲板，在装置正式开车前应及时更换，并做好更换记录，记录表格情况见表 3-3，确保临时加的盲板全部更换，以保证化工装置顺利开车。

表 3-3 系统试压临时盲板拆装表

序号	盲板编号	盲板尺寸	安装记录		拆除记录		备注
			安装人	安装日期	拆除人	拆除日期	

化工装置临时抽加盲板时应符合相应的规定和程序。

① 抽加盲板作业，必须按规定办理检修作业证。

② 抽加盲板作业，必须指定专门负责人和监护人。作业前负责人要带领工作人员和监护人察看现场，交待清楚作业要求和安全措施。

③ 抽加盲板作业前，管线、设备系统应先卸压、排料、降温。卸压时，系统内应保持略大于大气压力的余压，防止空气窜入系统内形成爆炸性混合气体。作业时应头部偏离法兰，防止余压呲伤。

④ 抽加盲板作业前，要画出盲板抽加系统的示意图；抽加部位及盲板要编号、登记，要明确每块盲板的负责人，盲板部位要挂上编号与盲板相一致的醒目标牌，防止漏加漏抽。

⑤ 盲板的尺寸、材质必须保证能够承受运行系统设备、管线的工作压力；系统内物料为腐蚀性介质时，盲板的材质必须保证能够承受介质的腐蚀。严禁使用石棉板、橡胶板、铁皮等材料代替盲板。

⑥ 盲板应加在靠近设备、容器、贮罐一侧便于拆卸的法兰处；盲板两侧均应有密封垫片，盲板加入后要用螺栓紧固，法兰密封处不得泄漏。

⑦ 介质为易燃易爆物料时，抽加盲板作业点半径 25m 范围内不准动火，所用工具应为不产生火花的工具；介质为有毒有害物料时，作业人员要戴好防毒面具，必要时要派气防人员监护。

⑧ 带有害气体抽堵盲板时，应按《带有害气体抽堵盲板安全规程》操作。

3.2 仪表使用

化工生产是一个大的系统工程，化工过程之所以能够实现产品的生产，主要是工艺过程中操作参数的控制。化工生产过程中主要的控制参数包括液位、温度、压力、流量，而这些参数的测量是通过测量仪表来实现的，可以说仪表的正常使用保证了工艺过程的实现。

随着自动化技术智能技术的发展，当代化工企业生产自动化水平进一步提高。自动化水平的提高直接体现就是仪表的智能化。在工艺设计阶段正确设计仪表及仪表选择恰当能够大大降低生产事故、提高生产效率。因此化工生产过程中仪表的正确使用也关乎化工企业的经济效益。

3.2.1 液位计的投用与检查

在容器中液体介质的高低称为液位。测量液位的仪表称为液位计。液位计在化工生产中主要用于各种塔器类、贮罐、槽、球形容器、锅炉以及有液位要求的换热器等设备的介质液位检测。

液位计种类繁多，主要有差压式、连通式、容积式、超声波式、浮力式液位计等。液位计的选择应考虑很多因素，主要因素有液位计工作原理，所测介质的物化性质，液位计参数、特点、适用范围、技术指标等。因此选择液位计时应该找专业的技术人员进行。

（1）液位计选择与安装

液位计的选择与安装要求应满足以下几点。

① 液位计要求结构简单、安全可靠，测量数据要准确，精度高，液位指示醒目，操作维修方便。

② 大型容器或者储存的介质危险性比较大的容器，应设置集中控制的设施和警报装置，液位计上最高和最低安全液位应作出明显的标志。液位计不仅设计有现场只读式外，还应装设能够进行远传控制报警功能的液位测定装置。当液位达到或者超过警告线时能够自动报警，提醒操作人员作出反应，避免事故的发生。

③ 液位计安装完毕并经调校后，应在刻度盘上用红色油漆画出最高、最低液位，方便操作人员巡查，保持液位计的清洁，谨防泄漏。在储存有毒、易燃易爆介质时，应该将介质排放到密闭收集系统，切记不可就地排放。

④ 液位计应安装在便于观察的位置。如果液位计安装位置不理想，则需要增加其他辅助设施。通常情况下液位计安装距离地面高于 2m 或者是大型容器时多采用多段连接，同时为了便于观察和操作，应在规定位置安装操作平台或者工作梯。

⑤ 对于盛装易燃易爆、有毒的液化气体容器，应采用玻璃板式液位计或自动液位指示器，且指示器上应设置防止液位计泄漏的装置。对于防爆区域内的液位计应符合安全规定，必须达到防爆、隔爆的要求。

（2）液位计检查

液位计监测仪表需要定期进行维护和更新，且需要专业仪表技术人员参与并做好检查记录表。液位计的常规检查主要内容有：

① 切勿用高于 36V 电压加到变送器上，否则会导致变送器损坏；

② 切勿用硬物碰触膜片，否则会导致隔离膜片损坏；

③ 液位传感器测量的介质不允许结冰，否则将损伤传感器元件隔离膜片，导致变送器损坏，必要时需对变送器进行温度保护，以防结冰；

④ 在测量蒸汽或其他高温介质时，其温度不应超过液位传感器使用时的极限温度，高于液位传感器使用的极限温度时必须使用散热装置；

⑤ 测量蒸汽或其他高温介质时，应使用散热管，使液位传感器和管道连在一起，并使用管道上的压力传至变压器。当被测介质为水蒸气时，散热管中要注入适量的水，以防过热蒸汽直接与液位传感器接触，损坏传感器；

⑥ 在压力传输过程中，应注意以下几点，液位传感器与散热管连接处，切勿漏气；开始使用前，如果阀门是关闭的，则使用时，应该非常小心、缓慢地打开阀门，以免被测介质直接冲击液位传感器膜片，从而损坏传感器膜片；管路中必须保持畅通，管道中的沉积物会弹出，并损坏传感器膜片。

3.2.2　压力表的投用与检查

压力表用于测量系统的压力，它是指以弹性元件为敏感元件，测量并指示高于环境压力的仪表，应用于各行各业和科研领域。在工业过程控制和技术测量过程中，应用较为广泛的是机械式压力表。

压力表在选用的时候应该考虑压力表类型、测量范围、精度等级等因素的影响。综合考虑选出适合于工业生产的压力表。

(1) 压力表投用

压力表在使用的时候应注意以下几方面：

① 仪表必须垂直安装，同时避免运输时碰撞；

② 仪表使用温度范围宜在－25～50℃；

③ 压力表工作环境振动频率＜25Hz，振幅≤1mm；

④ 使用过程中如果温度过高，仪表指示不回零或者出现示值超出，可将表壳上部密封胶塞剪开，使仪表内腔和大气相通；

⑤ 仪表使用范围，应在上限的1/3～2/3之间；

⑥ 在测量腐蚀性介质、可能结晶的介质、黏度较大的介质时应加隔离装置；

⑦ 仪表应经常进行检定（至少每三个月一次），如发现故障应及时修理；

⑧ 仪表自出厂之日起，半年内若在正常保管使用条件下发现因制造质量不良失效或损坏时，由仪表制造公司负责修理或调换；

⑨ 需用测量腐蚀性介质的仪表，在订货时应注明要求条件。

(2) 压力表检查

压力表和化工系统中其他仪表一样需要定期检查，通常需要检查的内容如下。

① 经过一段时间的使用和受压，压力表机芯可能出现变形和磨损，这样就会产生误差和故障，因此为保证压力值的准确应及时更换仪表。

② 压力表要定期进行清洗。因为压力表内部不清洁，就会增加各机件磨损，从而影响其正常工作，严重的会使压力表失灵、报废。

③ 检定周期一般不超过半年。关系到生产安全和环境监测方面的压力表，检定周期必须按照检定规程，只可小于半年；如果工况条件恶劣，检定周期必须更短。

④ 测压部位介质波动大，使用频繁，准确度要求较高，以及对安全因素要求较严的，可按具体情况将检定周期适当缩短。

3.2.3 温度计的投用与检查

化工生产的特点之一就是一定温度和压力，使原料发生一定的化学反应或者变化，因此对生产中温度控制是不可避免的。一般情况需要指示的温度范围为－200～1800℃，方式一般为接触式测量。化工企业中应用最多的是热电阻、热电偶。将它们的信号直接接入DCS或者其他温度采集仪表、一体化的温度变送器等，使温度控制实现自动化。

(1) 温度计的投用

一般工业中温度计的使用应注意的内容如下。

① 注意温度计量程，分度值和0点，所测液体温度不能超过量程。

② 正确选择测温点，有利于热交换，温度计不应装于死角区域。

③ 测温元件应与被测介质充分接触。

一是要有足够的插入深度，若是水银温度计，应使水银球中心置于管中心线上；双金属温度计插入长度必须大于敏感元件的长度；压力式温度计的温包中心应与管中心线重合；热电偶温度计保护管末端应过管中心线5～10mm；热电阻温度计插入深度应为保护管直径，插入深度300mm已足够。

二是要保证充分的热交换。测温元件应迎着流向插入，至少与流向正交，不得顺溜安装。如图 3-1 所示。管径较细时（DN＜80），安装温度计要加扩大管；选择测温元件插入深度时，应考虑安装连接头长度。

(a) 正交　　　　　　(b) 斜插　　　　　　(c) 插入弯头处

图 3-1　测温元件安装示意图

④ 避免热辐射、减少热损失。温度过高的环境测温点加装防辐射罩或者保温层。

⑤ 安装应正确、安全可靠。高温条件下的热电偶温度计尽可能垂直安装；有压力的设备上安装必须保证温度计的密封性。

（2）温度计的检查

工业中温度计的检查也是由专人负责，定期进行校准维修，检查内容有：

① 显示仪表指示值是否正常；

② 测量线路绝缘是否有破损，避免短路或接地；

③ 接线柱处螺丝是否拧紧，保证与测温元件接触正常；

④ 检查测温元件是否受腐蚀变质；

⑤ 保护套管中是否有金属屑、灰尘或其他脏污、水等，防止短路。

3.2.4　流量表的投用与检查

流量的测量是化工生产中最多的控制环节，也是温度、压力、液位、流量四大参数中内容最丰富的。在工业生产中，我们所说的流量不是流体的流速而是单位时间内流体流经有效截面的体积或者质量。针对不同场合，工艺对流量测量的要求也不同，比如大口径流量，微小流量，高、低温介质流量，高黏度介质流量等。

流量测量原理大致分为速度法、容积法测量体积流量，直接法、推导法测质量流量。流量计细分的话可以分为节流式或差压式（孔板、文丘里流量计等）、速度式（涡轮、涡街、质量流量计等）。

（1）流量计的使用

安装好流量计后，要正确使用和及时维护，只有正确使用流量计才能使流量计在规定的准确度范围内工作。在使用过程中特别注意环境、操作、安装等因素，这些因素往往会影响测量精度。在使用过程中应注意以下问题。

① 首先根据不同流量计安装要求的不同，有的要求垂直安装，有的要求水平安装，应正确安装流量计以免影响测量准确度。

② 安装流量计之前一定要将管道内的焊渣、杂物清理干净。

③ 为了确保流量计的测量准确性，流量计前后一般会留出一定长度的直管段，根据不同流量计测量原理的不同直管段长度也不尽相同，应按照说明进行预留。

④ 应根据流量计所处环境选择合适的流量计。若被测介质含杂质较多或含有导磁颗粒

时，应在流量计的上游安装过滤器或磁过滤器；若为脉动流或两相流，建议流量计最好使用阻尼型的。

⑤ 流量计的安装应能适当支撑管道的振动或减少流量计的轴向负荷，否则应增加固定流量计的支撑。

⑥ 流量计在使用前，打开仪表盖，按接线图示正确接线。

⑦ 管道内没有压力或系统还未达到仪表正常使用的工作压力，必须缓慢开启控制阀，直到系统正常，仪表方可使用，否则容易造成指针跳动或转子的突然撞击而损坏的现象。

⑧ 为了便于流量计的保养维修，磁过滤器的清洗以及用户管路的定期维护保养，建议使用旁路管道。

⑨ 用户使用时，若被测流体的密度与水不同时，或被测气体的参数和工作状态与制造厂家规定不同时应对流量计示值读数进行换算。

(2) 流量计的检查

工业中使用流量计时，为了保证流量计长期正常工作，必须经常检查流量计的运行情况，做好维护工作，发现问题及时排除。检查内容如下。

① 整机零点检查。要求流量传感器测量管充满液体且无流动，这在许多企业现场不具备条件而放弃整机的零点检查和调整，但可对转换器做单独的零点检查和调整。

② 连接电缆检查。检查信号线与励磁线各芯导通和绝缘电阻，检查各屏蔽层接地是否完好。

③ 转换器检查。用通用仪表以及与流量计型号相匹配的模拟信号器代替传感器提供流量信号进行调零和校准。

④ 流量传感器检查。通过对励磁线圈的检查和检查转换器所测得的励磁电流以间接评价磁场强度是否变化；测量电极接液电阻以评估电极表面受污秽和衬里附着层状况；检查各部位绝缘电阻以判断零件劣化程度以评估是否会引入干扰。对能停止介质流动条件的管线则可观察和测量电极和衬里附着层厚度，以估算清洗附着层前后因流动面积变化引入的流量值变化。

3.2.5 调节阀失灵的判断和处理

在现代化工企业的自动控制中，调节阀起着十分重要的作用。工厂的高效生产取决于流体介质的正确分配和控制，而这些变化都需要控制元件——调节阀去完成。调节阀是过程控制系统中动力操作改变流体流量的装置。调节阀接收来自调节器的信号，并将该调节信号转换成相应的角位移或者直线位移量，从而控制介质的流量改变，使调节参数符合工艺要求。化工过程中常见的调节阀失灵及解决方法如下。

① 阀门定位器有输入信号但是调节阀不动作，产生的原因大多是电磁铁组件发生故障或是供气压力不对；处理措施一般是换电磁铁组件或检查气源压力。

② 阀门定位器没有输出压力。产生原因可能是空气中的灰尘，杂质没有过滤彻底，导致节流孔堵死，或者是喷嘴挡板位置不正确，继动器有缺陷等；通常的处理办法用 0.2mm 钢丝疏通节流孔，或更换继动器等。

③ 输出压力缓慢或不正常。这是由于日常生产运行中，调节阀不断动作，可能导致调节阀的膜头受损或漏气，造成有输入信号但调节阀动作缓慢的故障，使调节阀达不到及时调节的效果；处理办法是检查膜室，及时更换膜片。

3.3　操作安全

单元操作在化工中占主要地位，决定整个生产的经济效益，在化工生产中单元操作的设备费用和操作费用一般可占到 80%～90%，可以说没有单元操作就没有化工生产过程。同样没有单元操作的安全，也就没有化工生产的安全。

本节主要从安全角度介绍化工单元操作过程中应注意的安全问题，内容包括设备运行前的安全处理技术、设备启停过程中的安全、阀门使用安全、管线安全以及其他的安全生产措施等。

3.3.1　设备运行前的钝化防爆技术

设备是化工生产正常运行不可缺少的部分，设备的正常运转直接影响整个化工生产过程。化工装置在运行前通常对设备先进行"钝化"，钝化的对象一般是指生产过程中涉及有易燃易爆的物料，物料包括原料、产品、副产品以及中间产品。钝化目的主要是降低设备中空气的含量（主要是氧含量），通常使其在 0.5% 以下，使空气和物料形成的气体爆炸混合物浓度低于爆炸混合物的下限，降低设备发生爆炸的概率。

设备钝化防爆技术根据设备的运行情况（通常考察的因素是压力）分为真空钝化、压力钝化以及吹扫钝化。

（1）真空钝化

真空钝化技术主要针对的是化工生产过程中设计压力为负压的设备。通过真空机组作用于设备上，设备内气体被抽出，设备压力小于大气压，形成负压的操作技术。

真空钝化技术根据真空压力的不同可以分为粗真空（101.3kPa～1333Pa）、低真空（1333～0.1333Pa）、高真空（0.1333～1.333×10^{-6}Pa）、超真空（<1.333×10^{-6}Pa）。化工行业中常用到的是粗真空技术，主要用来抽出空气和其他具有腐蚀性、不溶于水、允许含有少量固体颗粒的气体。

（2）压力钝化

压力钝化防爆技术是指利用惰性组分（如氮气）经加压处理进入设备排除空气，使设备无法形成爆炸性混合物的操作技术。压力钝化防爆技术在设备运行前、设备生产运行过程中以及检修过程中都有应用，是设备钝化防爆技术应用最多的一种。压力钝化防爆技术应用的场合可以是带压设备或者是真空设备，压力钝化防爆技术使用时是带压操作，所以在使用时需要注意安全，一般会在设备或者管线上加装安全防护措施（如安全阀等）。

（3）吹扫钝化

吹扫钝化防爆技术主要用在不易发生爆炸或者压力不是很高的场所。应该算压力钝化防爆技术中的一种。

3.3.2　设备的启停

化工装置中设备的启停有两种：一种是正常情况下的启停，比如原始开车和生产检修时的设备启停；另一种是紧急状态下或者事故状态下设备的启停。两种情况下设备的启停方式是相同的，步骤上略有差异，像原始开车时设备开启步骤比较复杂，开车前需要编制开车程序说明，包含的内容有检查、水压试验和气密性试验要求、吹扫及干燥、注意事项等等。检修及事故时的设备启停不需要编制开车说明，程序相对简单一些。

化工设备根据其功能划分为输送设备、储存容器、换热器、塔器、反应器等，不同设备的启停方式各有不同。具体开停方式如下。

3.3.2.1　输送设备

输送设备：输送液体的设备称为泵，输送气体的设备称为风机，风机根据设备输出压力的大小分为：通风机（全压小于 11.375kPa）、鼓风机（11.375～241.6kPa）、压缩机（全压大于 241.6kPa）。离心泵是化工生产中应用最广泛的输送设备，以离心泵为例讲解输送设备的启停过程。

（1）泵的开启

① 泵的检查　检查离心泵安装是否稳固，轴承能否正常转动，确认正常后进行灌泵，查看轴封装置密封腔内是否充满液体。

② 泵出口管线检查　检查泵进出口管线上的阀门、压力表、流量计等管件的法兰连接是否正常，检查无误后关闭进出口管线上的压力表。

③ 启动泵　泵及进出口管线检查完之后，启动电动机。刚开始时采用手动，点动开启，查看泵的运转，防止电机倒转。泵启动后打开进出管线的压力表，并缓慢调节出口阀门开度，调节离心泵流量，流量稳定后检查泵进出口压力表、出口管线流量指示是否正常。

（2）停泵

离心泵的关闭比较简单，关闭出口阀门以后关闭泵的开关即可。但是在停泵时应注意：若长时间停泵，在关闭出口阀门之后需要打开泵进口管线设置的排凝阀放净泵壳体及管线中的料液。

3.3.2.2　换热设备

换热设备按照结构划分主要有管壳式换热器和板式换热器，化工生产中最常见的换热器结构是管壳式换热器。换热器的启停可概括如下。

（1）换热器的开启

① 首先将换热器设置的放空阀、排净阀打开，将换热器内的气体或者液体排净，以免因气体或者液体的存在引起水击或者气堵现象，然后关闭排净阀门，打开排空阀。

② 先通入冷流体，如果冷流体是液体，缓慢注入，待液体充满整个换热器时，关闭放气阀，然后再缓慢地通入热流体，以免因为热效应造成管束的断裂或破损。

③ 在换热器温度上升过程中，对外部连接的螺栓应重新进行紧固，防止密封不严产生泄漏。

（2）换热器的停用

一般先切断热物料进料，经过一段时间换热使温度降低到一定范围内，然后再切断冷物流的进料，这样可以保证换热器的停用安全。如果是长时间的停用应打开换热器上的排净阀门、排空阀门将物料全部排净，为检查做准备。

3.3.2.3　分离设备

现代化工分离设备主要还是塔类，用于分离气、液或者液、液混合物。根据塔内气、液接触构件的形式，塔类设备可以分为板式塔和填料塔。对于两种不同形式的塔，其启停过程也不一样。

(1) 板式塔的开启

① 先进料，并控制塔釜液位在 1/3～2/3 左右，达到液位后切断进料，停止进料；

② 开启塔顶冷凝器，通入冷流体循环，然后对塔釜物料进行加热，往塔釜再沸器通入热物料（通常为饱和蒸汽），使塔内有上升的气体，蒸汽阀门的开度不要太大，因为刚开始阶段要求全回流，不出料。

③ 待塔的各项参数指标稳定后，产品合格后打开进料，慢慢调节出料，使塔设备正常运转，当达到稳定的连续进料和连续采出合格产品时塔设备才算正常开启。

(2) 板式塔的停车

首先切断进料，在塔内循环的物料合格后，塔顶、塔釜排出塔内物料，塔釜再沸器在排料的过程中慢慢减少蒸汽用量，在塔釜物料排净后切断蒸汽进料，随着塔釜蒸汽的减少，上升气相越来越少，当塔顶无气相物流时，切断塔顶冷凝物流的进料，将冷凝的物料全部排入事故槽，待塔顶塔釜物料全部排完，一般还要将塔内压力释放到常压，压力释放完成后板式塔停车完毕。总体的停车顺序是停进料、停出料、停加热、停冷凝、泄压。

(3) 吸收塔的启动

吸收塔的启动首先需要将吸收塔内压力提升起来，随后将吸收剂循环起来，一般吸收剂的循环都是利用吸收剂循环泵完成的。然后调节塔顶吸收剂的量至规定的要求，严格按照液气比要求进料。同时注意塔釜液位，调节塔釜液位至规定的要求。待吸收塔各监测参数正常后通入混合气相，开始时气相量不要开太大，防止排放太多不合格尾气，气相量调节至规定要求，当吸收塔顶尾气符合规定要求后，按此流量进行生产。吸收塔的启动完成。

(4) 吸收塔的停车

吸收塔停车前需要将塔上设置的连锁控制改为手动控制，首先是切断进料，待到无上升气相时切断吸收剂进料及其他的辅助进料，最后泄压至常压状态。

3.3.2.4　反应器的启停

反应器是化工生产的关键设备，由于化学反应多样化，工业生产上反应器的类型及分类方式也有很多，比如按照操作方式的不同分为连续式反应器和间歇反应器，按结构的不同分为釜式反应器、管式反应器、塔式反应器、固定床、流化床反应器等，按物料相态又分为均相和非均相反应器等。不同反应器的启停方式各有不同，本文以最常见的釜式反应器为例叙述反应器的启停方法。

(1) 釜式反应器的启动

反应器启动前检查设备仪表及管线是否正常，设备是否完好，检查完成后开始进料，按照开车程序里的进料速度进料，当釜内液位达到搅拌要求后开启搅拌装置，若是吸热反应，需要打开蒸汽或者导热油介质进行升温，切记不可急速升温，以免造成反应失控的局面；若反应是放热反应将冷凝介质打开，移走反应放出的热量。两种方式都需要控制反应温度并维持，反应釜各项参数正常后反应一段时间，物料合格后反应器成功启动。

(2) 釜式反应器的停车

停车时首先切断进料管线的阀门停止进料，维持反应釜规定的反应时间要求使反应结束，判断标准一般是看温度的变化。对于放热反应冷却介质需要继续冷却至常温，然后关闭冷却介质的进料阀门，停止搅拌器打开放料阀，待放料结束后再关闭放料阀。对于吸热反应，反应结束后停止加热，釜温慢慢降低，降低至规定温度后停搅拌开始放料，放料结束关闭放料阀。

化工生产中涉及的典型设备主要是离心泵、反应釜、换热器、精馏塔等，设备的正常启停如上所述。生产过程中会遇到一些紧急情况，如某个设备损坏、电气设备电源发生故障，或者仪表失灵不能正常显示要测定的各项指标，这时的设备停车称为紧急停车，它与正常停车不同，会影响到整个装置的生产任务，甚至发生危险。遇到紧急停车的情况应按照事先编制的事故紧急处理措施进行处置，装置在设计时设置的安全措施可以有效降低紧急停车造成的损失。处理措施如下：

① 重要的压力设备设置有安全阀门，压力超压后自动开启泄压；

② 设置有紧急停车按钮，重要仪表仍能正常显示，冷却介质正常进料，加热介质切断进料，装置停车后关闭电源排除遇到的问题。

3.3.3 设备运行中阀门的使用和维护

阀门是在流体系统中用来控制流体的方向、压力、流量的装置，是使配管和设备内介质流动或者停止并能控制其流量的装置。在化工装置中，阀门起着控制全部生产设备和工艺流程正常运转的作用。因此对阀门的选用、安装、使用、保养等都必须进行认真负责地工作。阀门的选用可以参考实用阀门设计手册。

阀门的功能有很多，阀门可以接通或者截断介质，防止介质倒流，调节介质压力、流量，分离、混合或分配介质，防止介质压力超过规定数值，保证管道或者设备安全运行等功能。实现不同功能需正确选择阀门类型。

阀门分类繁多，根据用途和作用可以分为截断类阀门（如闸阀、截止阀、球阀、蝶阀、旋塞阀、隔膜阀等）：主要用于截断或者接通介质流；止回类（各种结构的止回阀）：用于阻止介质倒流；调节类（减压阀、调压阀、节流阀）：调节介质的压力和流量；安全类（安全阀）：主要用于保证管道系统和设备的安全运行；特殊用途阀门如疏水阀、放空阀、排污阀等。按压力分真空阀、低压阀、中压阀、高压阀、超高压阀。按温度分高温阀、中温阀、常温阀、低温阀、超低温阀。按材料分非金属阀、金属材料阀。通用分类法分为闸阀、截止阀、隔膜阀、仪表阀、柱塞阀、节流阀、球阀、止回阀、底阀、蝶阀、减压阀、安全阀、疏水阀、调节阀、过滤阀等。其中通用分类法是目前国际、国内最常用的分类方法。

表征阀门的主要参数有公称压力和公称直径、工作温度和工作压力，其他参数还有适用介质、试验压力、阀门密封副、阀门填料函等，其中公称压力用字母加数字表示如 PN25，表示公称压力 2.5MPa，公称直径用"DN"表示。阀门的标识以说明阀门类别、驱动形式、连接方式、结构形式、密封面和衬里材料、公称压力及阀体材料 7 个单元组成，阀门具体编号参见阀门型号编制方法、阀门标号说明。

(1) 阀门的使用

① 识别阀门的操作方向。一般规定：手轮的逆时针方向为开，顺时针方向为闭。

② 开关旋塞阀、球阀和蝶阀时，必须看清楚阀芯所处状态，避免操作失误。

③ 开关暗杆闸阀时，应按标记进行操作。

④ 开启蒸汽阀门时，应先微开，以汽缓热设备与管路，并排放冷凝水，以免产生水锤现象和发生爆破事故。

⑤ 开启设有旁通阀的大口径阀门时，应先开旁通阀，而后再开主阀。

⑥ 开启长期未用阀门时，应先擦拭阀杆和松动填料压盖，然后加润滑油。再以缓慢速度旋转手轮，切忌用锤敲击。以防零件损坏或介质喷出伤人。

⑦ 开关大直径阀门时，应由两人操作，操作时应用扳手，不能用大锤敲击，以免零件损坏或卡死。

⑧ 关闭高温阀门时，操作人员不要立即离去，待一段时间后，再去紧闭一下，这样可使密封面严紧不留缝隙，否则高速气流会冲刷坏密封面而造成泄漏。

⑨ 当阀门全开时，应将手轮倒转少许，使螺纹之间严紧，以免松动损坏。

(2) 阀门的维护

阀门与其他机械产品一样，也需要维护保养，这项工作做得好可以延长阀门的使用寿命。具体维护内容如下。

① 经常擦拭阀门的螺纹部位，保持清洁和润滑良好，使传动零件动作灵活，无卡涩现象。阀杆螺纹经常与阀杆螺母摩擦，要涂一点黄甘油、二硫化钼或石墨粉，起润滑作用。

② 阀杆，特别是螺纹部分，要经常擦拭，对已经被尘土弄脏的润滑剂要换成新的，因为尘土中含有硬杂物容易磨损螺纹和阀杆表面，影响阀门使用寿命。

③ 经常检查填料处有无泄漏，如有泄漏，应适当拧紧压盖螺母，或增添填料，如填料硬化变质，应更换新填料。

④ 齿轮传动阀门，要按时对变速箱添加润滑油，要经常保持阀门的清洁，要经常检查并保持阀门零部件完整性。

⑤ 对于减压阀应经常观察减压性能，减压值变动大时，应解体检修。

⑥ 对于安全阀要经常检查是否泄漏和挂污，发现后及时解决，每年校验其灵敏度。

⑦ 不经常启闭的阀门，也要定期转动手轮，对阀杆螺纹添加润滑剂，以防咬住。

⑧ 安装在露天或无防寒措施场所的阀门，应注意防寒保暖。冬季要检查保温阀门保温层是否完好。停用阀门要将内部积存介质排净，以防冻坏。

⑨ 室外阀门，要对阀杆加保护套，以防雨、雪、尘土锈污。

⑩ 不需保温阀门要定期进行防腐。

⑪不要依靠阀门支持其他重物，不要在阀门上站立。

3.3.4　设备中的排液（水）

化工生产中涉及排液的设备主要有容器、泵及换热器。设备排液目的主要是为了安全和设备功能以及检修的需要考虑，另外是装置运行前的水压试验中水的排出，不同类型设备排液口一般都设计在设备底部排液。

(1) 容器

化工容器是指化工生产中所用的各种设备外部壳体的总称。如反应釜、塔器、热交换器、各类贮罐、贮槽等均具有外壳，这个外壳就是容器。化工行业中许多容器设置有排液口（或者为排污口），这个主要与容器储存的物料物理化学性质有关以及容器出料口位置有关。

反应容器：反应容器是物料进行化学物理反应的场所。若反应容器为底部出料，一般不设计排污口，反应后的产物及杂质从出料口排出，反应容器不作处理。若反应容器出料口位置设计在容器顶部，此时在容器底部设计排污口，主要排出物料反应后生成水及其他物质。当产品比重比水轻且不溶于水，产品由反应釜上部出料（通常是负压操作），底部设置排污口用于排出反应生成的水，目的是减少后续分离过程的负荷。反应结束后开启排污口阀门排出水及其他物质。

贮罐：贮罐按照物料性质分原料罐、中间产品罐、产品罐，分别用于储存原料、中间产品和产品。贮罐类容器底部一般设计有排液口，其位置低于出料口。用于排出贮罐内沉淀下来的杂质，另外在设备或管线及附件出料需要检修时需要排净贮罐中物料。

（2）泵

泵是指输送液体的设备的总称。在泵的进出口管线均设计有排液口，这主要是出于安全和检修考虑。泵属于动设备，在生产过程中容器发生泄漏或者损坏，在发生事故后需要进行维修，维修前需要将泵体内的物料排净，排净的方法是在泵进口管线下部设计排液口，可以排净泵内物料。泵出口管线设置有止回阀防止物料倒流，设置有压力表监视泵的运行状态，若压力表失灵需要检修需排净出料口物料，这是在止回阀后安装排液口的目的。检修时一定是在泵停止运转后进行。

（3）换热器

换热器是用来进行物料热量交换的设备。涉及的物料是气相或者液相，在设计换热器时都设计有排凝口。目的主要是为了保证换热器的换热效率。换热器排凝阀一般设计时管径不是很大，DN20～40 之间占大多数。换热器进出口管线一般设计温度监测，温度异常时说明换热效果降低，此时可以打开排凝阀和换热器上部的排空阀释放物料，可以提高换热效果。

3.3.5　设备运行中管线跑料的处理

管线跑冒滴漏是指工艺介质在空间泄漏或者一种介质通过连通的管道或者设备进入另一种介质内的异常状况。化工生产中管线的跑冒滴漏问题经常发生，这主要与化工生产特点和物料性质有关。化工生产涉及高温高压的管线非常多，造成跑冒滴漏在所难免，还有就是管线输送物料有的具有腐蚀性，也会造成管线泄漏。

化工生产涉及的物料大多是易燃易爆、有毒有腐蚀性，易燃易爆物料发生跑冒滴漏可能导致火灾、爆炸等恶性事件；有毒有害物质"跑冒滴漏"可引起职业病、中毒、窒息、死亡等事故，因此被化工企业非常重视。针对不同情形的"跑冒滴漏"处理措施应因地制宜。

（1）跑

指的是化工物料从容器或者管道中溢出。表现形式主要是管道或者设备破裂、进出口阀门开关失灵。针对这种情形的处理措施：

① 涉及的物料危险性小且泄漏不严重，可在装置检修时进行维修或者更换；

② 涉及的物料是危险物料时，通常需要停车更换管线、设备或者是阀门。

（2）冒

主要是指容器里的物料冒出来。主要表现形式是容器进出口流量调节阀门没有控制好，盛装物料时阀门该关闭的没有关闭，应该开启的阀门没有开启，致使物料溢出设备。针对这种情形的处理措施：

人工开或者关阀门，然后检查确认阀门状态是否损坏，损坏的阀门进行更换，未损坏应加强维护。若是人为事故需要加强安全教育。

（3）滴

在化工生产过程中，管道与管道、管道与容器、管道与阀门等接口处，以及管道、容器、阀件等自身密闭性能差造成物料渗漏。针对这种情形的处理措施：

① 如果是法兰紧固件松动或者密封垫片损坏，需要拧紧紧固件或者更换垫片；

② 如果是设备或者管线及附件自身密闭性造成，需更换。

（4）漏

一般是指容器的密闭性不好或者是阀门开关未到位、阀体存在缺陷，导致液体或气体从缝隙或裂口处流出。针对此情形的处理措施：

① 如果是容器密封性不好引起的，需更换设备；

② 如果是阀门开关不到位，人工关或者开启阀门，并加强安全管理；

③ 如果阀门存在缺陷，需更换阀门。

3.3.6　劳保用品的正确使用

劳动防护用品是指由生产单位为从业人员配给，使其在劳动过程中免遭或者减轻事故伤害及职业危害的个人防护装备，它是保护劳动者在生产过程中的人身安全与健康所必备的一种防御性装备，对于减少职业危害起着相当重要的作用。

化工装置配备防化服、空气呼吸器、防毒面具、滤毒罐和安全防护眼镜等劳动防护用品见表3-4；在处理或检修有可能有酸、碱物质喷溅的场所，必须穿戴全身防护衣，戴耐酸碱手套，同时佩戴防护面罩或防护眼镜。凡有可能泄漏可燃物料的部位设置固定式危险气体检测报警器。

表 3-4　个人防护用品配置情况一览表

序号	配备人员	防护品名称	配备数量
1	生产车间操作工	过滤式防毒面具	1套/月
		安全帽	1顶/年
		防尘口罩	1套/月
		防毒口罩	1套/月
		防静电工作服	1套/12月
		防酸工作服	1套/12月
		防寒服	1套/12月
		防噪音耳塞	1副/3月
		耐酸碱胶靴	1双/年
		脚面防砸安全鞋	1双/30月
		防护手套	2套/月
		防化学护目镜	1副/年
		保护脚趾安全鞋	1双/年

序号	配备人员	防护品名称	配备数量
2	电工人员	防静电工作服	2套/半年
		绝缘手套	1双/月
		安全帽	1顶/年
		防静电鞋	1双/月
3	制冷机操作人员	防寒服	2套/年
		安全帽	1顶/年
		耳塞	2副/月
4	罐区检修装卸工	全正压密闭空气呼吸器	2套/年
		防化服(耐浓酸)	2套/年
		防护手套	2套/月
		防酸雨衣(隔离服)	2套/年
		过滤式防毒面具	2套/年
		防护靴	2双/年
		安全帽	1顶/年
		防毒口罩	1套/月
5	仓库管理人员	过滤式防毒面具	1套/年
		防护手套	2套/月
		防护靴	1双/月
		防护服	1套/半年

3.3.7　安全生产措施的应用

安全生产措施从系统安全角度分析，安全措施主要有三项内容：预防事故措施、控制事故措施、减少与消除事故影响设施。

安全生产措施设计的原则如下。

① 清除：采用无危害工艺技术和遥控自动化技术。

② 预防：当清除危害有困难时，采用预防措施。

③ 减弱：无法消除和难以预防危害时，采用减少危害的措施。

④ 隔离：无法消除、预防、减弱危害的情况下，应将人与危害因素隔开，把不允许共存的物料分开。

⑤ 联锁：操作失误、仪表失控、突发设备事故，应通过联锁装置终止危险、危害因素的发生。

⑥ 警告：易发生危险、危害的场所，应设置安全标志及声光报警装置。

3.3.7.1　预防事故措施

工艺过程采取防泄漏、防火、防爆、防尘、防毒、防腐蚀等主要措施。

(1) 防泄漏措施

易燃易爆物质，防泄漏措施按以下原则实施：管道、设备选材合理。根据物料性质、操作温度及压力等因素选择合适的材料；危险物料及其余物料管道除阀门、设备管口等处用法兰连接外，其余均采用焊接，根据《工业金属管道设计规范》（GB 50316—2008）要求对焊接部位进行无损检测。各单元安装完毕后，均严格按照规范进行水压或者气压以及防泄漏试验，一旦发现泄漏问题，立即检修，杜绝输送介质的设备、管路发生跑、冒、滴、漏现象。

（2）防火、防爆设施

① 易燃易爆放空管道设置阻火呼吸阀。

② 压力设备一般设计液位计、温度计、压力表、低液位报警器、高液位报警器和高高液位自动联锁切断进料装置，设备出入口管道设置了紧急切断阀。

③ 根据装置设置蒸汽灭火和氮气吹扫措施。

④ 涉及易燃易爆危险物料的装卸采用万向节充装系统。

⑤ 对于各设备、管路上的法兰、密封垫等均严格按照规范要求选用。管道除阀门、设备管口等处法兰连接外，其余均采用焊接。杜绝输送爆炸危险介质的设备、管路发生跑、冒、滴、漏现象。设备及其基础，管道及其支、吊架和基础，采用非燃烧材料；设备和管道的保温层，采用岩棉等非燃烧材料。管道法兰设置跨接导线。放空、安全阀管口高出10m范围内的平台或建筑物3.5m以上，同时位于排放口水平10m以外斜上45°的范围内不布置平台或建筑物。

⑥ 生产装置区为框架结构露天布置，以自然通风为主。若生产装置为厂房且属于甲、乙类厂房，除基本通风外，应按照国家标准规范设置机械通风或者事故通风。

装置机柜室、空气制氮机、变配电所应按 GB 50019—2003 第5.3.10设置机械通风设施，排风量不应小于每小时1次换气。空压制氮站通风换气次数按照 GB 16912—2008 第4.11.3条执行，并设置氧含量检测报警装置。

⑦ 对可燃液体输送管道进行防静电接地和跨接。

⑧ 距生产装置、罐区30m以内的管沟、电缆沟、电缆隧道，采取防止可燃气体窜入和积聚的措施，并用砂填埋充实等；电缆沟通入变配电室、控制室的墙洞处，进行填实、密封。厂区排水沟进出各装置区设置水封，水沟进出厂界设置水封等设施，防止因厂外火源、火花等沿地沟造成起火，引发重大恶性事故。

（3）防毒、防尘

① 生产过程中原料涉及氮气等窒息性气体、有毒介质时，事故状态可造成有毒、窒息环境，应重点防范。

② 在生产过程中，工艺参数最好选择常压或低压操作条件，减少有毒物料的泄漏。为防止腐蚀，使泄漏的可能性降至最低，对于设备材质的选择非常严格。对输送有毒物料的设备、管路上的排液、排气管设置盲板、丝堵，杜绝跑、冒、滴、漏现象。

③ 重点工艺参数采用报警及安全联锁，使反应温度、压力、液位等始终处于自动监控状态，生产过程采用自动控制，使作业人员不接触或少接触有毒物料，防止误操作造成中毒事故。

④ 在易产生及使用粉尘的工段均佩戴防尘口罩和防护眼镜。在这些场所设置机械排风装置，并设置淋洗洗眼器。

除了以上这些针对性的措施，在生产过程中还应该注意安全管理措施，必须对员工进行全面的、系统的安全维护培训，并执行良好的管理、监督。再完美的设计也不可能避免人为的疏忽、错误引起的损害，不断提高操作人员的素质是降低危险性、避免事故发生和扩大的有效措施之一。安全管理对策措施，简而言之就是建立安全管理制度、提高操作人员和管理人员的素质。具体的内容包括安全培训、检查和维修制度、定期安全检查、建立救护组织机构、制定事故应急计划等。

(4) 防腐蚀措施

涉及液碱、硫酸等腐蚀性介质，所有涉及腐蚀性介质的建、构筑物均应按照《工业建筑防腐蚀设计规范》GB 50046—2008 进行防腐设计。

根据其生产环境、作用部位、对建筑材料长期作用下的腐蚀程度等条件，并根据《工业建筑防腐蚀设计规范》、《化工建筑涂装设计规定》的要求进行防腐设计。

(5) 正常工况下危险物料的安全控制措施

① 依据《重点监管的危险化学品名录》（2013 年完整版）判定，化工装置中哪些物料属于重点监管危险化学品，按照重点监管的危险化学品进行管理。

② 蒸馏工艺按照《关于印发蒸馏系统安全控制指导意见的通知》（鲁安监发〔2011〕140 号）、《关于推进化工企业自动化控制及安全联锁技术改造工作的意见》（鲁安监发〔2008〕149 号）相关规定设置自动控制及安全联锁系统，按规定设置相应的仪表、报警讯号、自动联锁保护系统或紧急停车措施。

③ 危险工艺应按照《重点监管危险化工工艺目录》（2013 年完整版）、鲁安监发〔2009〕108 号、鲁安监发〔2010〕35 号等相关规定设置自动控制及安全联锁系统，按规定设置相应的仪表、报警讯号、自动联锁保护系统或紧急停车措施；设计重点控制的工艺参数和安全控制方案。

3.3.7.2 控制事故设施

主要是泄压和止逆设施。

① 在塔器、反应器、回流罐、球罐、分液罐等压力容器上应设置安全阀，防止设备超压。

② 对连续使用的氮气管线应设置止回阀，防止物料反窜。在可燃液体、压缩机的出口管道上均设置止回阀，防止物料倒流造成事故。

③ 离心打料泵出口均设止回阀，防止物料倒流冲击叶轮。所有放空管道的设置均严格执行《石油化工企业设计防火规范》GB 50160—2008 第 5.5.11 条：放空管的高度（见图 3-2）符合下列规定。

a.连续排放的排气筒顶或放空管应高出 20m 范围内的平面或建筑物顶 3.5m 以上，位于排放口水平 20m 以外斜上 45°的范围内不宜布置平台或建筑物；

b.间歇排放的排气筒顶或放空管口应高出 10m 范围内的平台或建筑物顶 3.5m 以上，位于排放口水平 10m 以外斜上 45°的范围内不宜布置平台或建筑物；

c.安全阀排放管口不得朝向临近设备或有人通过的地方，排放管口应高出 8m 范围内的平台或建筑物顶 3m 以上。

3.3.7.3 减少与消除事故影响设施

(1) 防止火灾蔓延设施

① 根据装置火灾危险性，确定装置内是否应设置框架及各层设有软管站？软管站的保护半径不大于 15m，各软管站应配置氮气、蒸汽、工业水及装置空气管线，以便于设备吹

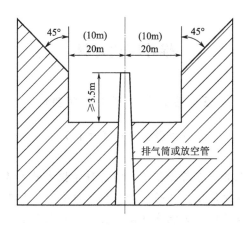

图 3-2　可燃气体排气口、放空管高度示意图

注：阴影部分为平台或建筑物的设置范围

扫、置换和灭火。

② 为了防止火灾蔓延，在建筑物等排水出口设置水封井，出装置设水封、出罐区设置水封井及阀门井，水封高度不小于 250mm。

③ 通过对生产工艺过程中所涉及主要物料（原料、中间产品及产品）的危险有害因素的分析。按标准设计厂区各装置建、构筑物耐火等级、防火间距及防火、防爆措施。

(2) 灭火设施

根据《石油化工企业设计防火规范》（GB 50160—2008），确定装置的火灾危险性分类，根据危险程度相应设计消防，确定是否设计水消防、蒸汽消防、移动灭火器材和火灾报警系统等必要设施。

习　　题

1. 装置开车前，一般会进行安全检查，安全检查内容有哪些？

2. 设备运输方式有哪些？主要考察的因素有哪些？

3. 吹扫、置换的作用是什么？

4. 化工生产过程中涉及的仪表（温度计、压力表、液位计、流量计等）投用后检查内容有哪些？

5. 调节阀门失灵的判断依据及处理措施？

6. 设备运行前的钝化防爆技术包括哪些？

7. 不同设备启停过程？

8. 化工生产中经常遇到的阀门有哪些？其使用原则注意什么问题？

9. 化工生产中阀门是怎么维护的？

10. 化工生产中出现管线或者设备跑冒滴漏现象怎么处理？

11. 化工行业中用到的劳保用品有哪些？作用是什么？

12. 安全生产措施的分类？不同安全生产措施具体内容包括哪些？

推荐阅读材料

安全在化工生产中的重要性

（来源：安全管理网）

一直以来，生产都是人类生存所必需的。随着科学技术的发展，人们的生产越来越生活化，而人们也越加认识生命的价值，从而更加重视生命安全。但即便如此，仍有大量事故发生。其实很多的事故，如果我们当时能多注意一些，事故就不会发生。但时间不容许我们重来，没有如果。而我们需要面对的往往是那些小小的不注意、尝试所带来的严重后果，而我们也为此付出了沉重的代价。

安全是人类最重要、最基本的需求，是人民生命与健康的基本保证，一切生活、生产活动都源于生命的存在。如果失去了生命，生存也就无从谈起，生活也就失去了意义。安全是民生之本、和谐之基。安全生产始终是各项工作的重中之重。在化工生产过程中安全更是重中之重。

化工生产的原料和产品多为易燃、易爆、有毒及有腐蚀性，化工生产特点多是高温、高压或深冷、真空，化工生产过程多是连续化、集中化、自动化、大型化，化工生产中安全事故主要源自于泄漏、燃烧、爆炸、毒害等，因此，化工行业已成为危险源高度集中的行业。由于化工生产中各个环节不安全因素较多，且相互影响，一旦发生事故，危险性和危害性大、后果严重。所以，化工生产的管理人员、技术人员及操作人员均必须熟悉和掌握相关的安全知识和事故防范技术，并具备一定的安全事故处理技能。

下面从四方面谈一下安全在化工生产中的重要性。

（1）安全意识

安全意识在化工生产中尤为重要，初生牛犊不怕虎，只是因为无知。生产中绝不允许有这样的无知。必须做到从业人员有明确的安全意识。在生产过程中，安全管理做得再好，也可能发生意想不到的安全事故。只能说预防工作做得越好越细，安全事故发生的概率及其造成的损失越小。但这绝不是说就可以轻视或忽视工程安全管理工作。所有的从业人员必须高度重视安全施工，牢固树立"安全第一，以防为主"的意识，这种意识应该是全员的。为了保障生产安全，减少或避免事故的发生，就必须认真贯彻落实安全工作方针：坚持"以人为本"的理念和"安全第一、预防为主、综合管理"的安全生产方针。

要具备一定的安全意识，就得多了解一些化学物质的性能特征等。任何化学物质都具有一定的特点和特性。如酸类、碱类，有腐蚀性，除能给装置的设备造成腐蚀外，还能给接触的人员造成化学灼伤。有的酸还有氧化的特性，如硫酸、硝酸。又如易燃液体，它们的通性是易燃易爆，它们的另一个通性是具有一定的毒性，有的毒性较大。另外，处于化工过程中的物质会不断受到热的、机械的（如搅拌）、化学的（参与化学反应）多种作用，而且是在不断的变化中。而有潜在危险性的物质耐受（外界给予的能量，超过其参与化学反应的最低能量，也导致激活）能力是有限的，超过某极限值就会发生事故。因此了解参与化工生产过程的原料的物化性质极其必要，只有掌握它们的通性及特性才能在实际生产中做好安全预防措施，否则就会发生意想不到的后果。

(2) 安全管理

安全文化在安全生产中有极其重要的地位，管理更是其中的核心，加强安全管理，防范和减少安全事故的发生，及时妥善处理安全事故，减低因安全事故造成的人身伤亡和经济损失，从而使工程顺利进行到底，是工程管理中不可忽视的一个重要环节。安全管理的主要内容是为贯彻执行国家安全生产的方针、政策、法律和法规，确保生产过程中的安全而采取的一系列组织措施。其实安全管理就是要坚持以人为本，贯彻安全第一、预防为主的方针，依法建立健全具有可操作性、合理、具体、明确的安全生产规章制度，使之有效、合理、充分地发挥作用，及时消除事故隐患。

保障项目的施工生产安全。说起来容易，但事实证明，它做起来很难，尤其是坚持，因为它与雇主的利益和人们的思想惯性、惰性等有很大抵触，以致人们对安全管理的重要性认识，经常是"说起来重要、干起来次要、忙起来不要"，从而造成了很多安全隐患问题出现。

有不少厂家，尤其是中小型民营企业，对其使用的化工原料的物化性质、危险特性、健康危害、急救方法、基本防护措施、泄漏处理、储存注意事项等方面知识了解甚少，或干脆不清楚。如一硫酸生产厂家，对使用的催化剂五氧化二钒（V_2O_5），了解甚少，以致不知道该物质为剧毒品，当然在实际使用过程中，更谈不上对其的管理和防护，由此管理给生产造成了安全隐患。

工艺规程、安全技术规程、操作规程是化工企业安全管理的重要组成部分，在化工厂称其为"三大规程"，是指导生产、保障安全的必不可少的作业法则，具有科学性、严肃性、技术性、普遍性。这一项是我们衡量一个生产企业科学管理水平的重要标志，然而有的企业就认为有没有一个样，只要能生产就行，这是一个典型的化工生产"法盲"，殊不知这"三大规程"中的相关规定，是前人从生产实验、实践中得来，以致用生命和血的代价编写出来的，具有其特殊性、真实性。在化工生产中人人不能违背，否则将受到惩罚。有的企业领导曾说："我们以前就是这么干的（这种做法实际上是违章的），没出过什么事，不要紧"。这种麻痹思想绝对要不得，尤其是作为企业的负责人。违章不一定出事故，但是相反，出现事故的必然是违章而造成的。通俗地讲，多次违章必然会发生事故，多次小的事故发生，必然酝酿着重大事故的萌芽，所以在生产中应做到安全工作超前管理，超前控制。

(3) 安全措施

管理方在施工前要采取必要的安全措施，比如设置安全标志等。针对不同的生产过程要采取不同安全防范措施。如设置专、兼职安全管理员，配备专用放火消防器材，架设安全护网护栏，树立安全警示标志，根据需要配置安全帽绝缘衣鞋，按要求修建爆破材料仓库，配备必要的医疗和急救人员、药品和设施，采取适当措施保证饮用水的安全。还要根据工程的施工期和结构的特殊性，专门采取必要的安全防范措施。

(4) 事故后处理

事故处理方面，也应做到以下几点：①注意把握现场急救的机会；②尽快处理安全问题后遗症，恢复施工；③及时调查事故原因，追究责任，杜绝下次事故的可能；④及时上报安全事故，对事故原因一定不能隐瞒。

一化工厂在检修浓硫酸计量槽的作业中，由于不懂浓硫酸的特性，对该计量槽进行水洗后，动焊，结果造成爆炸事故，后果是一死群伤，厂房部分受损。其原因是浓硫酸对钢材不腐蚀，在其表面形成氧化膜，起到保护作用，而用水稀释后，浓硫酸转化为稀硫酸与计量槽的钢材发生化学反应，产生氢气，而引发事故的发生。其预防措施：应彻底清洗，动火前进行气体取样分析。

(5) 安全技术

生产过程中存在着一些不安全或危险的因素，危害着工人的身体健康和生命安全，同时也会造成生产被动或发生各种事故。为了预防或消除对工人健康的有害影响和各类事故的发生，改善劳动条件，而采取各种技术措施和组织措施，这些措施的综合叫作安全技术。

安全技术是劳动保护科学的重要组成部分，是一门涉及范围广、内容丰富的边缘性学科。

安全技术是生产技术发展过程中形成的一个分支，它与生产技术水平紧密相关。随着化工生产的不断发展，化工安全技术也随之不断充实和提高。

安全技术的作用在于消除生产过程中的各种不安全因素，保护劳动者的安全和健康，预防伤亡事故和灾害性事故的发生。采取以防止工伤事故和其他各类生产事故为目的的技术措施，其内容包括：

① 直接安全技术措施，即使生产装置本质安全化；

② 间接安全技术措施，如采用安全保护和保险装置等；

③ 提示性安全技术措施，如使用警报信号装置、安全标志等；

④ 特殊安全措施，如限制自由接触的技术设备等；

⑤ 其他安全技术措施，如预防性实验，作业场所的合理布局，个体防护设备等。

从上述情况看，安全技术所阐述的问题和采取的措施，是以技术为主，是借安全技术来达到劳动保护的目的，同时也要涉及有关劳动保护法规和制度、组织管理措施等方面的问题。因此，安全技术对于实现化工安全生产，保护职工的安全和健康发挥着重要作用。

作为化工工人应该怎样实现安全生产？备齐安全设施，并保持完好正常可用；强化员工培训，提高安全意识；按程序标准操作，生产任务再重也要把安全放在首位；制定安全预案，一旦发生安全问题要冷静迅速处理并报有关专业部门救助，不得有任何侥幸心理。

中 篇

典型化工工艺虚拟仿真

第 **4** 章

DSAS虚拟仿真软件

4.1 仿真软件简介

动态模拟与分析系统（dynamic simulation & analysis system，简称为 DSAS），为青岛科技大学历经十数年逐步开发完成的。早期的版本为 DOS 程序，使用 Watcom C++32 位编译器和 Turbo C++编辑器开发。随着 Windows 操作系统的普及，本软件系统及时升级到了 Windows 程序，并对原有版本的不足之处进行了改进。在长期的使用过程中，开发人员不断反映出该软件存在的一些问题，如维护困难，编程思路不清晰等，给开发过程带来了一些不便。在这种情况下，DSAS（MFC 版本）诞生了。它采用了目前流行的 Visual C++2005 作为编译环境，采用了面向对象编程（OOP）思路的 MFC（microsoft foundation class）编程。这样，所有系统文件的管理由 Visual C++的 Class Wizzard 来完成，程序员不必直接接触源程序文件，查找和生成类、成员变量、成员函数等只需轻松地点击鼠标即可完成，非常方便。更为重要的是，Microsoft 为 MFC 开发了丰富的 Windows 程序类，包括 Windows 系统中可利用的各种资源，为 Windows 编程提供了众多方便。DSAS 工艺平台遵循大型系统软件开发原则，依据一定的规则，将所要模拟的化工过程切分成为相互间没有或只有较少交互作用的各个独立部分（对象），主要包括有组分、物流、设备、仪表、调节器、开关、手操器、阀等，分别用相应的特定类予以描述。针对某一具体的工艺流程，运用工艺平台，开发人员只需通过一定的方式将流程的各个组成部件正确地搭接起来，经过调试工作即可完成整个流程的动态模拟工作。工艺平台的编译环境使用 Visual C++ 2005，编译出的软件为标准的 Win32 应用程序，可在 Windows XP/7 等操作系统上运行。

4.2　化工过程动态模拟系统结构

4.2.1　软件功能说明

（1）软件结构

化工过程动态模拟系统由动态模拟与分析系统 DSAS、仿集散控制系统 VDCS、学员台 SStation 和教师台 TStation 五部分组成，如图 4-1 所示。其中，DSAS 为核心组件，包含了工艺计算的所有动态模型、算法及参数，为后台的计算引擎；VDCS 为仿 DCS 操作环境，负责显示 DSAS 计算得到的数据，并将用户的操作命令传递给 DSAS；SStation 负责接收 TStation 发送的命令，启动 DSAS 和 VDCS，为学员台上的总控面板；TStation 为教师台上的总控面板，负责向学员发送命令，查看学员操作情况等。

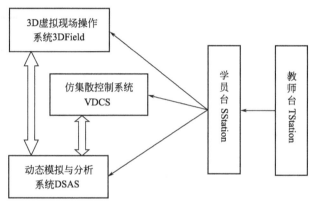

图 4-1　化工过程动态模拟系统结构

（2）系统的启动

化工过程实习动态模拟系统具有单机和网络两种运行模式。在单机模式下，学员在 Windows 环境下，用鼠标对准"学员台"这一快捷方式，双击左键，软件系统将被启动，同时在任务栏右下角出现学员台托盘图标 学 。通过该图标右键菜单即可启动化工过程实习动态模拟系统中的对应仿真模块。在网络模式下，除了要启动学员台组件 SStation 外，还要在教师机上启动 TStation，通过 TStation 向 SStation 发送相关命令，运行工艺仿真模块。

4.2.2　学员台 SStation

SStation 启动后，在其托盘图标上点击右键，弹出如图 4-2 所示的菜单。其中，"显示信息提示窗"负责显示教师台发来的信息，在接收到信息后提示窗将自动弹出，如图 4-3 所示，点击"关闭"则隐藏该窗口，之后可以通过图 4-2 中的右键菜单来显示。SStation 右键菜单中"运行仿真软件"可以启动 DSAS 和 VDCS 组件，"关闭打开的仿真软件"则关闭这些已经打开的组件。在与 TStation 网络连接后，可以由教师台遥控 SStation 直接启动上述组件。

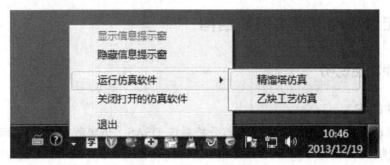

图 4-2　SStation 菜单

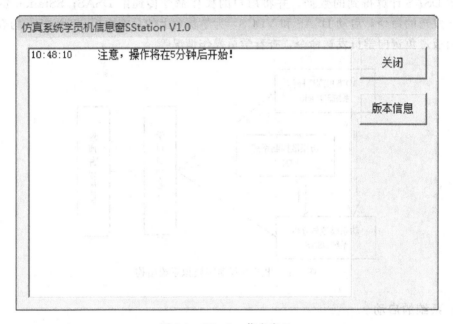

图 4-3　SStation 信息窗口

4.2.3　教师台 TStation

　　TStation 的界面如图 4-4 所示。该界面下半部分的列表框中列出了局域网中已有的操作台 SStation 的运行情况，红色代表没有连接，绿色代表已连接。通过鼠标点击选择某一操作台，按下 Ctrl 键的同时用鼠标点击选择多个操作站。具体的学员台个数、已连接的个数、已选中的个数在界面上均有显示。点击"运行"按钮，就可以启动已选择并已连接的操作台上的 DSAS 和 VDCS 组件，点击"停止"按钮则终止这些组件的运行。在编辑框中输入命令文字，点击"发送命令"按钮，则 TStation 向所有已选择并已连接的操作台发送该命令，那些操作台则自动弹出消息窗显示该命令，如图 4-4 所示。

　　在某一绿色学员台图标上右击，弹出菜单，如图 4-4 所示。点击"查看此学员的操作画面"，则在教师台上启动一个 VDCS 实例，自动连接到该学员台的 DSAS 上，从而达到教师查看学员操作情况的目的，而此时的学员台并不知道这一情况。通过这一异地连接的 VDCS，教师还可以向学员设置预先未知的故障，并查看操作成绩。

图 4-4　TStation 界面

4.2.4　动态模拟与分析系统 DSAS

DSAS 为化工过程实习动态模拟系统的核心组件，为后台的计算引擎。它包含了工艺计算的所有设备模型和流程结构参数，负责进行动态流程模拟。它接收来自 VDCS 的控制变量值，并将经过计算后的可测变量值输送到 VDCS 界面上。

4.2.5　仿集散控制系统 VDCS

系统启动后将弹出主界面，上面显示一个主菜单，如图 4-5 所示。想选择主菜单的哪一项，只需将鼠标箭头移到相应位置，即可弹出一个下拉菜单，然后可向下移动鼠标进行（蓝条向下移动）进一步的选择，按下鼠标左键选中。

VDCS 的主要菜单功能如下。

① 时标设定　本软件系统允许学员自己选择运行速度的快慢，此即为时标设定的功能。共有八个时标可供学员选择，从时标 1 到时标 8，运行速度依次减半。

② 状态记忆　本软件系统具有记忆系统运行状态的功能，即把系统的当前状态记忆到微机的硬盘上，这些被记忆的状态可以在下次运行系统时被调出。本软件可记忆七个状态。

本软件除了可以人为记忆系统运行状态外，还可自动记忆状态，即系统每运行一段时间将记一次状态。被自动记忆的状态只能有一个，即本次记忆的状态将把上一次记忆的状态覆盖掉。学员可以自己选择系统两次自动记忆状态的时间间隔。

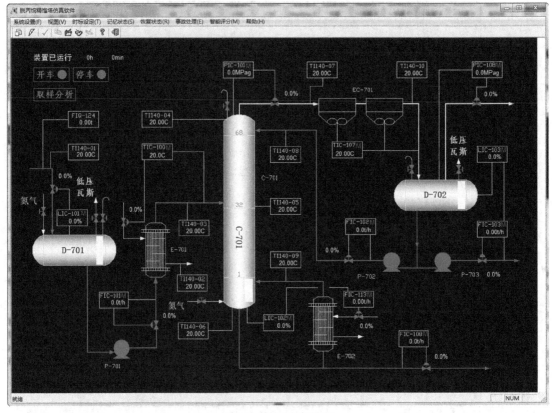

图 4-5 VDCS 主界面

③ 状态恢复 这一功能可使学员把已记忆的状态从硬盘上调出，这样学员就能够接着从原先的操作进程开始继续对模拟流程进行操作，而不必从头开始。"状态恢复"共能恢复八个状态，前七个状态与"状态记忆"中的七个状态一一对应，可被恢复的第八个状态是上一次系统运行过程中自动记忆的状态。

④ 事故训练 本软件具有事故训练的功能，即对每一个正在运行的单元模型，教师都可以人为地设定生产事故，以训练学员处理突发性生产事故的能力。此外，还可以人为地解除事故，如"停电"是一个事故，选择"事故解除"就是恢复供电。一个事故训练完毕，必须进行事故解除，才能设定别的事故。

⑤ 成绩 本软件能对学员的整个操作过程进行定量的评价，按百分制给出成绩，并逐一列出扣分原因。生成成绩的步骤是：

a. 进行装置的开车操作；

b. 进行装置的正常操作和产品质量调节；

c. 进行装置的停车操作；

d. 选择"成绩"菜单中的"生成成绩"，系统提示"生成成绩暂停程序"、"生成成绩继续运行"、"生成成绩终止程序"和"取消"四项，学员可按需要进行选择，系统将在硬盘上生成一个记载学员操作成绩和扣分原因的文件。但只有选择"生成成绩终止程序"时才给出操作过程的最终评分，如图 4-6 所示。

e. 选择"成绩"中的"查看成绩单"，则上述记载成绩和扣分原因的文件将被系统从硬盘上调出，以供学员查阅。

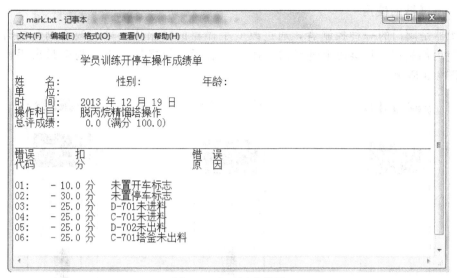

图 4-6　自动评分结果

4.3　VDCS 操作方法

在动态模拟与分析系统中，VDCS 模拟的 DCS 类型为 CENTUM-CS3000。CS3000 系统是日本横河公司推出的基于 Windows-XP 的大型 DCS 系统。该机型继承了以往横河系统的优点，并增强了网络及信息处理功能。操作站采用通用 PC 机，控制站采用全冗余热备份结构，使其性能价格比最优，是目前世界上最先进的大型 DCS 系统之一。

CS3000 的人机界面比较好。它选用 Windows NT 作为操作系统，采用 X-Windows（多画面）技术，类似一般的 PC 机。可根据工艺的要求，实现各种友好的控制监测画面。比如它可以用棒图动态显示液/界位的变化；采用颜色、闪烁、声音等手段提醒操作人员发生过程报警及高低级别；单点操作采用的面板类似于常规仪表的柱状液晶显示，监视及操作较直观。

VDCS 的具体操作方法如下。

（1）画面切换

学员可以通过键盘上的 PgUp 和 PgDn 来前后翻页，也可以通过 Home 和 End 键来直接跳到第一页和最后一页。此外，每幅图上又有转向其他画面的按钮，用以向其他画面切换。

（2）开关的使用

此处说的开关可以是电动设备的按钮，如泵的启动按钮，也可以是阀门的一个控制者，它只能使阀门处于两种状态，要么是全开，要么是全关。在流程图画面中，开关所在位置为红色时表示该开关处于关的状态，绿色时表示处于开的状态。开和关两种状态的切换是通过用鼠标点按开关所在位置实现的。

点击流程图中的泵图标，就可以弹出如图 4-7 所示的开关面板。该面板上显示了泵的名字和状态（PV），而且 PV=0 表示泵已关闭，PV=1 表示泵已打开。用户操作时，可分别点击面板中的"打开"或"关闭"按钮，来打开或关闭泵，系统自动将用户刚点击过的按钮置为红色。

（3）手操器的使用

手操器是阀门的一种控制者，通过改变手操器的输出值，可以改变阀门的开度。手操器的使用都是在现场画面上进行的：在手操器所在位置按一下，则会弹出手操器对话框，如图 4-8 所示。

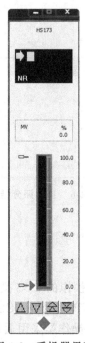
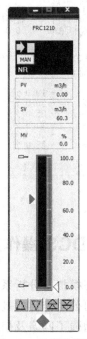

图 4-7　开关界面　　　图 4-8　手操器界面　　　图 4-9　调节器界面

手操器面板上显示的信息包括手操的名字和输出值（MV）。手操器的输出值是 0～100％之间的一个数，一个输出值对应着它所控制的阀门的一个开度，因此改变手操器的输出值就可改变阀门的开度。点击面板下部的四个按钮，就可以以细调或粗调的模式来改变手操器的输出值。

（4）调节器的使用

调节器是阀门的另一种控制者。对调节器的查看和使用是在控制室画面上进行的。在调节器所在位置按一下，则会弹出调节器对话框，如图 4-9 所示。调节器面板上包括调节器的名字、单位，调节自动状态按钮"MAN"，"PV"（测量值）、"SV"（设定值）、"MV"（输出值）。

前已述及，调节器有手动和自动状态之分，可以相互切换。由手动到自动的方法点击"MAN"按钮，弹出选择对话框，如图 4-10 所示。图中的三个按钮分别为"MAN"（手动）、"AUTO"（自动）或"CAS"（串级）按钮。自动状态下，调节器将根据设定值和当前测量值的大小自动改变调节器的输出值，以力图使测量值等于设定值。如果点击图 4-9 下部的四个按钮，则在 MAN 模式下可修改 MV 值，在 AUTO 模式下可修改 SP 值。

此外，无论是手操器还是调节器，点击控制面板上的 MV 和 SV，均弹出数值修改对话框，如图 4-11 所示。用户可以直接在文本框中输入数字，也可以点击右侧的上下箭头来增加和减小文本框中的数字。关闭该对话框后，系统将用户输入的数字直接替代原控制面板上的数字。

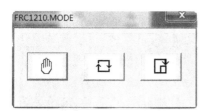
图 4-10　调节器手自动状态切换

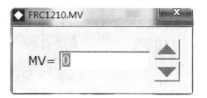
图 4-11　数值修改对话框

4.4　3D 虚拟现场操作系统 3DField

系统启动后将弹出主界面（图 4-12）。点击"开始"按钮进入操作模式，如图 4-12 所示；点击"选项"按钮，可以设置视角的一次移动速度和移动角度，还可以指定是否需要开启背景音乐（需要配置音箱或耳机）；点击"帮助"按钮，显示操作说明；点击"退出"按钮，则终止该软件，但 DSAS 和 VDCS 仍然处于运行状态，所以不影响再次启动该软件。

图 4-12　3DField 主界面

在 3DField 操作环境中，使用鼠标选择操作目标（包括泵和阀门），以及点击按钮实现相应的操作功能。使用键盘上的"A"和"D"键实现人物视角的左右旋转；"W"和"S"键实现前进和后退（使用鼠标的中间滚轮也可以实现前进和后退功能）；键盘左侧 Shift＋A 和 D 键实现左右平移；键盘左侧 Shift＋W 和 S 键实现上升和下降。操作过程中，可以随时按下键盘上的"Esc"键，返回主界面（图 4-12）。图 4-13 为虚拟操作现场的界面，点击左上角的"开/关泵列表"按钮，则弹出所有泵的列表，选择某一泵名称，则自动将镜头移动到该泵附近，如图 4-14 所示。点击左上角的"开/关阀列表"，可以同样将镜头移动至某一阀门附件，如图 4-15 所示。点击右下角的"快速移动"，可以进行快速/

慢速移动速度切换。

图 4-13　3DField 操作环境界面

　　虚拟现场操作环境中，泵的操作画面如图 4-14 所示。将鼠标放置在泵开关盒上，颜色变为蓝色，按下鼠标左键，屏幕左上角出现操作对话框。点击"打开"按钮，则启动泵，泵开关状态变为 1，开关盒中的绿色按钮变亮；点击"关闭"按钮，则停止泵，泵开关状态变为 0，开关盒中的红色按钮变亮。

图 4-14　3DField 操作环境中的泵操作界面

虚拟现场操作环境中，阀的操作画面如图 4-15 所示。将鼠标放置在阀手轮上，颜色变为红色，按下鼠标左键，屏幕左上角出现操作对话框。点击"开大"按钮，则开大阀门开度，每次增加 5%，手轮逆时针旋转；点击"关小"按钮，则关小阀门开度，每次减少 5%，手轮顺时针旋转。这两种情况下，"阀门开度"部分都准确显示现在的阀门开度（0~100%）。

图 4-15　3DField 操作环境中的阀操作界面

习　题

一、填空题

1. 化工过程动态模拟系统由_____、_____、_____、_____和_____五部分组成。

2. 化工过程实习动态模拟系统的核心组件是_____。

3. 在动态模拟与分析系统中，VDCS 模拟的 DCS 类型为_____。

4. 通过改变手操器的输出值可以改变_____。

5. 调节器将根据设定值和当前测量值的大小自动改变调节器的输出值，其目的是_____。

二、简答题

1. 简述化工过程动态模拟系统结构及组成该系统的各部分的作用。

2. 如何借助 DSAS 工艺平台完成化工过程动态模拟？

3. 简述 VDCS 的主要菜单功能。

4. 在 3DField 操作环境中可以实现哪些功能？

5. 谈谈你对 3D 虚拟现场技术在化工领域应用的展望。

推荐阅读材料

虚拟三维仿真技术

虚拟现实技术（virtual reality technology，简称VRT）的出现是计算机图形图像学、人机接口技术、传感器技术以及人工智能等技术交叉综合的结果。虚拟现实技术使得计算机操作界面从以视觉感知为主发展到包括视觉、听觉、触觉乃至嗅觉等多种感知方式；人机交互方式从键盘、鼠标扩展出包括语音、手势、姿势和视线等多种形式。随着计算机技术的进步和应用领域的拓宽，虚拟现实的内涵有了进一步的扩展，至今尚没有严格的定义。可以理解为：采用以计算机技术为核心的现代高科技生成逼真的视、听、触觉一体化的特定范围的虚拟环境，用户借助必要的设备（如特制的衣服、头盔、手套和鞋等）以自然的方式与虚拟环境中的对象进行交互作用、相互影响，从而产生"沉浸"于等同真实环境的感受和体验。

虚拟仿真系统需要将过程仿真与虚拟现实计算机技术结合起来，建立一套能够模拟操作或培训等功能的计算机软硬件系统。即采用计算机实时三维图形化方法，模拟实际操作的环境和场景并提供交互操作环境、用严格的数学模型模拟对象行为过程，为使用者带来近似真实的现场操作感受。虚拟培训是基于虚拟现实技术的培训。利用虚拟现实技术可以再现无法实际展示的内容，也可以营造一个虚拟的真实环境，受训人员能够沉浸在虚拟情景中，进行学习和培训。

现代教育理念与虚拟现实技术相结合产生了"虚拟实验室"的概念。虚拟实验室能够实现通过网络对实验仪器进行远程操作，或者完全在虚拟环境中使用虚拟工具、仪器做实验。科研工作者都能在同一个系统下进行研究和工作，共享仪器、设备、实验数据及图书馆的数字资源，有效地提高工作效率。

虚拟三维仿真系统具有细致的三维环境，这是目前化工类虚拟现实装置系统所缺乏的。可以利用这个特点将虚拟三维仿真系统与企业的安全应急指挥系统、物资管理系统乃至地理信息系统和系统相连接，为这些现存的软件扩展出新的应用方式。企业的安全应急演练可以在虚拟三维系统中模拟进行，使得各种事故的模拟（如火灾、爆炸、有毒气体或液体的泄漏等）更加逼真，参与人员在虚拟三维系统中按照应急预案进行操作，不但可以提高演练的真实性，还能有效增强各岗位之间的协调性。目前在煤炭领域已经开始应用，数字化矿井系统为应急预案演练、事故救援、搜寻带来便利。虚拟三维仿真在物资管理上也有独特的优势。它能够清晰、快速、准确地显示需要维修、更换的仪表、阀门、管线的位置，提高管理人员的工作效率。如果提供接口，虚拟三维系统可以从数据库读取当前装置的操作信息，各仪表点的信号都可以显示在三维模型中，这样一来在三维装置中就能查询设备与管道中的温度、压力、阀门开度等重要操作信息。

◆ 参考文献 ◆

赵刚. 化工仿真实训指导. 北京：化学工业出版社，2008.

第 **5** 章

脱丙烷精馏塔仿真软件操作

5.1 脱丙烷精馏工艺流程描述

该流程的总体结构如图 5-1 所示。

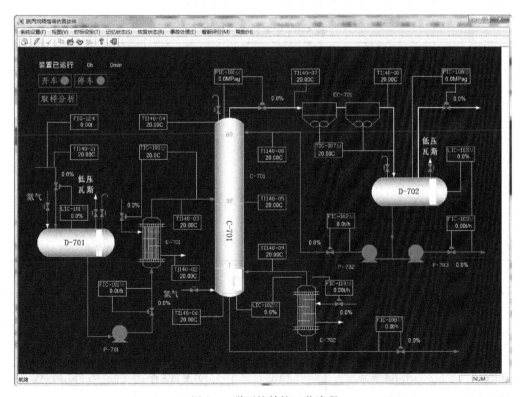

图 5-1 脱丙烷精馏工艺流程

本岗位是气体分馏装置的一部分，作用是将液化石油气中的 C2、C3 组分与 C4 组分分离开来。

来自催化裂化装置的液化石油气经脱硫醇处理后进入本岗位，这一液态原料规格如下：

组成（摩尔分数/%）：乙烷 1.57%、丙烯 55.28%、丙烷 8.64%、异丁烷 11.53%、异丁烯 8.18%、丁烯-15.84%、正丁烷 1.85%、反丁烯-24.38%、顺丁烯-22.73%。压力：2.45MPa；温度：40℃。

来料首先进入贮罐 D-701，然后用脱丙烷塔进料泵 P-701A/B 抽出，流经脱丙烷塔进料加热器 E-701 时，用来自催化裂化装置吸收-稳定系统的稳定汽油加热至 79℃，然后进入脱丙烷塔 C-701。

脱丙烷塔 C-701 内设 68 块浮阀塔板。该塔的主要作用是将进料中的 C2、C3 与 C4 分离开来，从塔顶得到 C2 和 C3 的混合物，从塔釜得到各种 C4 的混合物。

C-701 塔顶气相物料经脱丙烷塔顶空冷器 EC-701 冷凝后进入脱丙烷塔回流罐 D-702，罐内的液体一部分用脱丙烷塔回流泵 P-702 抽出作为回流送回 C-701 塔顶；另一部分用采出泵 P-703 抽出送至脱乙烷塔，以将其中的 C2 和 C3 组分分离开来。

C-701 塔底液相物料一部分流经再沸器 E-702，被低压蒸汽加热汽化后返回 C-701；另一部分液相物料则作为塔釜产品依靠塔自身的压力被送往脱丁烷塔，以将其中的轻 C4 和重 C4 分离开来。

5.2　主要设备、主要调节器及仪表说明

主要设备见表 5-1，主要调节器见表 5-2，显示仪表见表 5-3。

表 5-1　主要设备一览表

位号	名称	说明
C-701	精馏塔	将原料混合物中的 C2、C3 与 C4 分离
D-701	贮罐	来自上一工序的原料在此储存
D-702	回流罐	收集 C-701 塔顶冷后物料
E-701	换热器	从 D-701 送往 C-701 的物料先在此预热
EC-701	空冷器	将 C-701 塔顶气相冷凝
E-702	再沸器	将 C-701 塔底部分物料汽化
P-701	离心泵	C-701 塔进料
P-702	离心泵	C-701 塔顶回流
P-703	离心泵	C-701 塔顶采出

表 5-2　主要调节器一览表

位号	被控制变量	设定值	控制变量	备注
LIC101	D-701 液位	50%	D-701 进料量	
LIC102	C-701 液位	50%	E-702 蒸汽量	与 FIC108 串级
LIC103	D-702 液位	50%	C-701 塔顶采量	与 FIC103 串级
TIC100A	进料温度	79℃	稳定汽油流量	

续表

位号	被控制变量	设定值	控制变量	备注
TIC107	EC-701 冷后温	35℃	EC-701 空气量	
PIC101	C-701 顶压	1.92MPa	C-701 塔顶气量	操作上限
PIC108	D-702 罐压	1.9MPa	D-702 高压瓦斯	操作上限
FIC101	进料量	18.75t/h	C-701 进料量	设计负荷
FIC102	回流量	23t/h	C-701 回流量	
FIC103	C-701 顶采量	—t/h	C-701 顶采	设定值 LIC103 给定
FIC108	C-701 釜采量	—t/h	C-701 釜采	设定值进料量决定
FIC113	E-702 蒸汽量	—t/h	E-702 蒸汽量	设定值 LIC101 给定

表 5-3　显示仪表一览表

位号	显示变量	单位
TI140-01	本岗位来料温度	℃
TI140-02	出 E-701 稳定汽油温度	℃
TI140-03	C-701 进料温度	℃
TI140-04	C-701 塔顶温度	℃
TI140-05	C-701 进料板温度	℃
TI140-06	C-701 塔釜温度	℃
TI140-07	EC-701 冷前温度	℃
TI140-08	C-701 回流温度	℃
TI140-09	C-701 塔底沸后温度	℃
TI140-10	EC-701 冷后温度	℃
FIQ124	原料处理量累计	t
取样分析 1	D-701 液相组成	(摩尔分数)%
取样分析 2	C-701 塔顶产品组成	(摩尔分数)%
取样分析 3	C-701 塔釜产品组成	(摩尔分数)%
取样分析 4	D-701 含氮、氧量	(摩尔分数)%
取样分析 5	C-701 塔顶含氮、氧量	(摩尔分数)%

5.3　装置开车程序

(0) 置开标志（不执行此步骤将被扣分）

(1) 系统进行氮气置换

① 全开 D-701 放空管线上的手阀，同时打开 D-701 充氮气管线上的手阀，对 D-701 进行氮气置换。当 D-701 中氧气含量小于 1%，关闭充氮气管线上的手阀，并关闭放空管线上的手阀。

② 手动状态下全开 PIC101（这一调节阀在操作过程始终全开，且始终不设自动），全开 D-702 放空管线上的手阀。打开 C-701 塔充氮气管线上的手阀，对 C-701 塔和 D-702 进行

氮气置换。当 D-702 中氧含量小 1％时，关闭充氮气管线上的手阀，并关闭 D-702 放空管线上的手阀，关闭 PIC101。

（2）贮罐 D-701 进料

① 打开 D-701 上低压瓦斯管线上的手阀。

② 在手动状态下打开 LIC101 向 D-701 进料。可以看到，D-701 中氮气含量逐渐下降。这是由于原料进入 D-701 后在低压下部分闪蒸变成了气相。开通低压瓦斯管线就是为将闪蒸后的气相排放至低压瓦斯管网。

③ 当 D-701 中氮气含量降至 1％以下时，关闭 D-701 低压瓦斯管线上的手阀。

④ 当 D-701 中的液位上升至 50％左右，将 LIC101 投入自动状态。

（3）脱丙烷塔 C-701 进料

① 启动泵 P-701。

② 手动打开 FIC101，以 10t/h 的速度向 C-701 进料（可以在将设定值定为 10 后将该调节器投入自动状态）。

③ 开始向 C-701 进料的同时打开 TIC100A，将稳定汽油引入 E-101，预热 C-701 塔进料。手动调整 TIC100A 的输出，当进料温度稳定在 79℃左右时，将该调节器投入自动状态。

④ 开始向 C-701 进料的同时打开 PIC101 和 D-702 低压瓦斯管线上的手阀，向低压瓦斯管网排瓦斯气。当 C-701 顶部氮气含量降至 1％以下，关闭低压瓦斯管线上的手阀。

⑤ 进料一段时间后，C-701 塔釜开始出现液位。

（4）脱丙烷塔 C-701 升温

① 手动状态下打开 TIC107，向 EC-701 供冷空气，将其输出值定为 20％。

② 当 C-701 塔釜液位上升至 15％以上，手动状态下打开 FIC113 向再沸器 E-702 供蒸汽。蒸汽量开始时要小一些，逐渐提升。

这段时间内蒸汽供给量以使塔釜液位缓慢上升为宜。

③ 开始加热后不久，回流罐 D-702 中将见到液位，并随着过程的进行液位逐渐上升，当液位升到 15％以上，启动回流泵 P-702 向塔内打回流。回流量开始要小一些，逐渐提升（可以把 FIC102 投入自动，通过增加其设定值来增大回流量）。

此时的回流量大小以使回流罐液位缓慢上升为宜。

④ 注意冷后温度 TIC107 的变化，当其上升 35℃左右，手动调整 TIC107，使其稳定在 35℃左右后投入自动。

（5）脱丙烷塔 C-701 出料并使之运行平稳

① 这段时间内，如果塔釜中 C2 和 C3 含量之和小于 0.2％，则塔釜产品已经合格，可以适当出料。

出料量的增加意味着塔釜液位可能要降低，此时需要适当减少塔釜蒸汽供给量以使液位不至于急剧降低。

② 当塔釜液升至 50％左右，手动调节塔釜加热蒸汽量使液位稳定下来。

③ 先将 FIC113 的设定值设为当前的测量值，然后将该调节器投入自动状态。

④ 将 LIC102 投入自动状态，并将塔釜液位调节系统投入串级状态。

⑤ 起动泵 P-703。手动调节 FIC103，将塔顶产品送出。当回流罐液位稳定后，将 FIC103 的设定值设为当前的测量值，然后将该调节器投入自动状态。

⑥ 将 LIC102 投入自动状态，并将回流罐液位调节系统投入串级状态。

注意：原则上讲，只有当塔顶物料中 C4 组分的含量小于 2% 后塔顶方能采出，但有时在组成达到要求以前回流罐的液位已经较高，不得不出料。这种情况下塔顶适当采出一些物料也是可以的，不必等到组成合格后再采出，其时回流罐可能早已装满物料。

装置运行平稳后，开车过程结束。

5.4 装置停车程序

(0) 置停车标志（不执行此步骤将被扣分）

(1) 停止进料

① 手动状态下关闭 LIC101，停止向 D-701 进料；但此时由 D-701 向 C-701 塔的进料应继续进行，直到 D-701 内的物料排尽为止。

② 手动状态下关闭 FIC101，并停泵 P-701。

(2) 停塔釜加热

① 一旦 D-701 的物料全部排尽，立即在手动状态下关 FIC113，停止塔釜加热。

② 手动状态下关闭 FIC102 并停泵 P-701，停塔顶回流。

(3) 排尽塔内物料

① 手动状态下全开 FIC108，将塔釜物料排尽。

② 手动状态下全开 FIC103，将 D-702 回流罐内的物料排尽。

③ 手动状态下关闭 TIC107，停止向 EC-701 供冷风。

(4) 系统泄压

① 打开 D-701 上低压瓦斯管线上的手阀，使 D-701 泄压一段时间后关闭。

② 打开 D-702 上低压瓦斯管线上的手阀，使 C-701 和 D-702 泄压。当 PIC108 降至常压后将该手阀关闭。

(5) 系统进行氮气吹扫

① 打开 D-701 放空管线上的手阀，然后打开其充氮气管线上的手阀对 D-701 进行氮气吹扫，当 D-701 内瓦斯含量低于 1% 后停止氮气吹扫并关闭放空阀。

② 打开 D-702 放空管线上的手阀，然后打开 C-701 充氮气管线上的手阀对 C-701 和 D-702 进行氮气吹扫，当 C-701 顶瓦斯含量小 1% 后停止氮气吹扫并关闭放空阀。

5.5 异常工况及事故处理

(1) E-702 加热蒸汽供应暂时中断

事故现象：塔釜液位上升；塔温下降；塔压下降；塔釜 C2 和 C3 含量上升。

处理方法：

① 停止向 C-701 塔进料；

② E-701 进料加热器停稳定汽油；

③ 手动状态下关 FIC113；

④ EC-701 停供应冷风；

⑤ 等待来汽；

⑥ 按开车步骤重新进行进料、升温等开车过程。

（2）仪表风暂时中断

事故现象：气开阀全关，气关阀全开；各调节阀停止动作；塔的进料及采出停止；塔釜液位上升；高压瓦斯线开通，塔压下降。

处理方法：

① E-701 停供稳定汽油；

② E-702 停供加热蒸汽；

③ 停进料泵、回流泵和采出泵；

④ 等待来风；

⑤ 按开车步骤重新开车。

（3）进料组成发生变化，C4 含量升高

事故现象：塔顶产品中 C4 含量上升，C2 和 C3 含量下降。

处理方法：

① 增加塔顶回流量；

② 降低塔顶冷后温度；

③ 增加塔釜采出量。

（4）LIC-102 调节器故障

事故现象：该调节器不能进行自动调节；塔釜液位上升。

处理方法：

① 降低 C-701 塔进料量和回流量；

② 摘除 LIC102-FIC113 串级调节系统；

③ 手动改变 FIC113 的设定值，维持塔釜液位稳定。

（5）LIC-101 传感器失效

事故现象：液位传感器故障，导致液位读数始终为一个固定的数值，不能反映真实液位的变化。在该读数的误导下，导致真实液位上升，最终物料充满整个贮罐，导致冒罐，物料外溢，引起燃烧和爆炸的严重后果。

处理方法：

① 根据 FIQ-124 的累计读数评估真实液位的变化，判别液位计的失效；

② 一旦发现冒罐，马上停止贮罐进料；

③ 精馏塔紧急停车。

习　题

一、填空题

1. 本节所述的工艺流程的作用是_____。

2. 脱丙烷塔 C-701 升温过程中蒸汽供给应注意_____。

3.当 LIC-102 调节器发生故障，事故现象是_____。

4.D-701 中低压瓦斯管线的作用是_____。

5.装置停车过程中，D-701 的物料全部排尽后应立即进行的操作是_____。

二、简答题

1.画出脱丙烷精馏工艺流程图。

2.如何实现 C-701 的液位控制？

3.简述装置开车程序。

4.简述在脱丙烷精馏工艺仿真操作中出现进料组成发生变化，C4 含量升高的异常工况现象及事故处理方法。

5.根据本节的装置开车程序从安全的角度谈谈你对化工装置开车过程的理解。

推荐阅读材料

我国石油化工仿真培训技术 20 年成就与发展

仿真技术辅助训练在我国石油化企业是发展较早、成果突出的领域。1987 年在中国石化公司的投资、合作与全力支持下，我国第一个石油化工仿真培训系统研发成功，为大型引进装置开车可行性分析和操作工人的培训发挥了重大作用，项目获中国石化科技进步二等奖。20 年来我国石油化工仿真培训事业在企业教育培训部门的积极推动下取得令人瞩目的成就和长足的发展。其发展经历了两个阶段，技术研发阶段和推广应用与产业化发展阶段。

技术研发阶段重点解决了我国石油化工仿真技术研究与开发体系的建设，技术体系主要包括：大中型合成氨厂流程动态建模、大型乙烯厂流程动态建模和大型炼油流程的动态建模，这是石油化工三大主流生产装置；复杂动态模型实时运行支撑平台技术；基于规则的仿真训练评分标准和教师仿真训练监控技术；多种仿集散型控制系统（DCS）的组态和操作平台技术；基于微机网络的多操作站分布式仿真软件运行技术；模拟仪表盘型和 DCS 型系列仿真器设计与批量制造技术等。研发阶段的成果为我国石油化工仿真培训系统的产业化奠定了坚实的人才基础、应用理论和开发技术基础。图 5-2 是石化企业技术人员正在仿真器上论证进口装置开车方案。

推广应用与产业化发展阶段从 1993 年开始，石化仿真系统得到企业的普遍认同，仿真培训系统在全国范围推广应用。一方面国内石化企业对仿真的需求增大、提高，同时中国石化总公司对仿真系统的认可程度更高；另一方面国内的仿真系统产业化开发公司成立，并推出商品化、工程化的开发方法，项目实施队伍扩大、能力增强。这一阶段国内石化企业对仿真系统的认识达到了新水平，也促进国内仿真技术开发商开发水平不断提高，进入了良性循环的发展。其重要特点之一是在新建装置开工之前，开发投用针对性的国产全流程工艺仿真软件，采用 DCS 国产操作站为主的学员操作站。这个时期的开发应用特点也可以归纳如下：

① 有竞争力的开发公司的各类专业人员逐渐齐全，形成规模；

② 仿真器硬件系统规模不断扩大；

③ 工艺仿真软件扩展为全流程为主，特别是以设计数据开发工艺模型软件，满足开工前岗位培训操作人员和工艺技术人员的方法得到企业认同；

图 5-2　技术人员应用仿真器论证开车方案

　　④ 技术开发已形成商品化软硬件开发体系，特别是软件开发采用模块化结构、工程化实施方法，具有易于开发、维护等特点；

　　⑤ 已形成较完整的软件开发工具和平台；

　　⑥ 仿真软件开发已脱离"手工作坊式"开发方法，形成各专业、多人协调配合的软件工程化模式，可以实现超大流程工艺过程的开发；

　　⑦ 开发周期不断缩短，能充分满足用户的不同要求；

　　⑧ 仿真系统功能不断完善，能够满足国内用户的特殊要求。

　　从 1999 年开始，石化仿真系统的开发与应用进入了一个新的发展阶段。用户方面，国内石化企业对仿真的需求进一步增大，不仅是针对新建和改造装置，已经在役生产的装置也要求开发仿真系统；用户结合国内企业自身的特点，对仿真系统的功能提出了特有的需求，如：仿真系统要具备符合"职业标准"的技能考核功能，对"事故"的仿真要有灵活性和可扩展性等。中国石化总公司委托北京东方仿真控制技术有限公司和长岭炼化总厂联合开发"过程系统仿真平台（PSSP）"，这是国内第一套石化仿真的系统开发平台，该平台的推出提高了仿真系统的开发效率、质量保障，用户可以深入地参与仿真系统的开发、升级，为用户改进仿真系统、更好地应用仿真系统，提供了技术保障。

　　仿真系统已经成为不可或缺的职业训练手段，目前石化企业全面应用仿真系统新建或改造装置操作技能培训、在岗人员技能提升培训、系统操作员的技能培训、新入厂操作人员与技术人员的操作技能培训。各企业结合自身的管理模式建立了相应的培训管理办法和仿真系统应用模式。近年来越来越多的企业将仿真系统应用于技能鉴定，例如用于初级工、中级工和高级工的技能等级鉴定。中国石化的四个高级技师基地都采用了仿真系统用于技师培训与考核。较大的石化企业都建立了仿真基地，并配备相应的专业教师和技术人员，仿真基地配备了相应的软件平台和硬件环境，积极培养配套人才，掌握仿真系统的开发、维护、升级等技术，使已经建立的仿真系统随着实际生产装置的变化和企业培训、考核的要求，自行进行升级改造，延长了仿真系统的使用生命期和仿真系统的应用效果。在"全国石油石化职业技能竞赛"活动的带动下，许多大型企业开始进行本企业的"操作技能竞赛"，普遍采用仿真系统作为竞赛方式之一。2006 年由国资委主持，中国石化、中国石油和中海油三大集团联合举办的第三届"全国石油石化行业职业技能竞赛"应用了仿真系统。

国产仿真培训系统的推广应用，为我国化工、石油化工和炼油职业技术训练开辟了一条新的有效途径。可以预料，随着仿真培训技术在我国进一步推广应用，将在保障安全生产、降低操作成本、节省开停车费用、节能、节省原料、提高产品质量、提高生产率、保障人身安全、保护生态环境、延长设备使用寿命、减少事故损失和非正常停产的损失等方面发挥有效作用。

◆ **参考文献** ◆

赵刚. 化工仿真实训指导. 北京：化学工业出版社，2008.

第 6 章

催化裂化吸收塔仿真软件操作

6.1 催化裂化吸收工序流程描述

本工序是重油催化裂化装置中吸收-稳定系统的一部分，主要作用是从富气和粗汽油中回收 C3 和 C4 组分。工序流程图如图 6-1 所示。

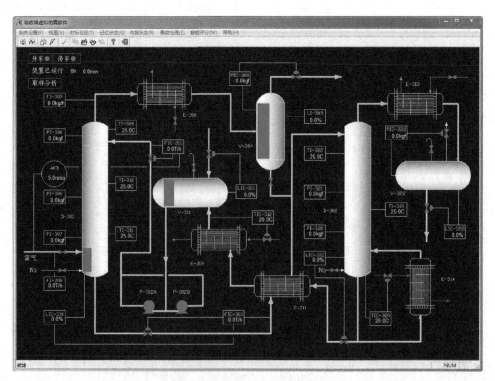

图 6-1 吸收工序 DCS 画面

自上一工序来的富气（含 2.53％的 C2、6.16％的 C3、16.38％的 C4、64.45％的 N_2、0.53％的 O_2、3.56％的 CO_2、2.90％的 CO、3.49％的 H_2）自吸收塔 D-301 底部进入吸收塔，与自上而下的吸收油（贫油）接触，富气中的 C3 和 C4 组分被吸收下来，未被吸收的不凝气（贫气）由塔顶排出，在换热器 E-306 中经冷冻水冷却后进入尾气（液）分离罐 V-304，回收冷凝下来的烃类后排至放空总管进入大气。

贫油被泵 P-302A/B 自贮罐 V-311 抽出，在吸收塔内吸收 C3 和 C4 成为富油后从塔底排出，被送往解吸塔 D-302。在解吸塔中富油中的 C3 和 C4 被蒸出而成为贫油，贫油自塔底出来，经 E-312 被冷冻水冷却，又被送回 V-311。

解吸塔底有换热器 E-314，其中通入水蒸气，此为解吸操作所需热量的来源。

自吸收塔出来的富油与从解吸塔出来的贫油在 E-311 中进行热交换。

装置运行过程中，吸收塔 D-301 的压力比解吸塔 D-302 高，D-302 压力又比贮罐 V-311 高，V-311 中的贫油用泵送至吸收塔顶。因此，在操作过程中存在一个油循环：

V-311→D-301→E-311 壳程→D-302→E-311 管程→E-312→V-311

循环油的最初来源是上一工序的粗汽油（含 3.48％的 C3、7.13％的 C4、17.52％的 C5、71.87％的 C6）。

6.2　主要设备、主要调节器及仪表说明

主要设备见表 6-1，主要调节器见表 6-2，显示仪表见表 6-3。

表 6-1　主要设备一览表

位号	名称	说　明
D-301	吸收塔	用贫油吸收富气中 C3、C4 组分,得富油、贫气
D-302	解吸塔	用加热的方法将富油中 C3、C4 蒸出,得贫油
E-306	换热器	用冷冻水将贫气中的烃类物质冷凝
E-311	换热器	来自吸收塔的富油与来自解吸塔的贫油热交换
E-312	换热器	来自 E-311 的贫油进一步被冷冻水冷却
E-313	换热器	用冷水将解吸塔顶出来的蒸汽冷凝
E-314	换热器	解吸塔 D-302 塔底再沸器
V-304	分离罐	贫气经 E-306 冷却后在此进行气、液分离
V-311	贮罐	解吸后的贫油和补充粗汽油在此储存
V-322	分离罐	解吸出的组分经冷却后在此进行气、液分离
P-302A/B	泵	将贫油由 V-311 送至 D-301

表 6-2　主要调节器一览表

位号	被控制变量	设定值	控制变量	备　注
FIC-311	D-301 贫油量	13.5t/h	D-301 贫油量	与 AKB 成比值调节
LIC-310	D-301 液位	50.0％	D-301 釜采量	与 FIC-310 串级调节

位号	被控制变量	设定值	控制变量	备　注
FIC-310	D-301 釜采量	-t/h	D-301 釜采量	设定值由 LIC310 给定
PIC-308	V-304 压力	10.9kgf/cm²	V-304 放空气量	D-301 压力控制
TIC-312	循环油温度	5.0℃	E-312 冷却水量	
LIC-312	D-302 液位	50.0%	D-302 釜采量	
PIC-322	V-322 压力	6.0kgf/cm²	V-322 瓦斯气量	D-302 压力控制
LIC-322	V-322 液位	50.0%	V-322 液采出量	
TIC-320	D-302 釜温	130.0℃	E-314 加热蒸汽量	
AKB	贫油/富气量	2.7	D-301 贫油量	与 FIC311 比值调节

表6-3　显示仪表一览表

位号	显示变量	单位
FI-308	D-301 富气流量	t/h
FI-309	D-301 贫气流量	t/h
TI-309	D-301 顶部温度	℃
TI-310	D-301 中部温度	℃
TI-311	D-301 底部温度	℃
TI-321	D-302 中部温度	℃
TI-322	D-302 顶部温度	℃
LI-309	V-304 液位	%
PI-306	D-301 顶部压力	kgf/cm²
PI-307	D-301 底部压力	kgf/cm²
PI-308	D-301 中部压力	kgf/cm²
PI-320	D-302 底部压力	kgf/cm²
PI-321	D-302 中部压力	kgf/cm²
取样分析 1	富气组成	(摩尔分数)%
取样分析 2	D-301 塔顶贫气组成	(摩尔分数)%
取样分析 3	D-301 塔底富油组成	(摩尔分数)%
取样分析 4	D-302 塔顶气相组成	(摩尔分数)%
取样分析 5	D-302 塔底贫油组成	(摩尔分数)%
取样分析 6	V-311 贫油组成	(摩尔分数)%
取样分析 7	V-322 液相组成	(摩尔分数)%
取样分析 8	V-322 气相组成	(摩尔分数)%

6.3　装置开车程序

(0) 置开标志（不执行此步骤将被扣分）

(1) 氮气置换及升压

① 打开 D-301 充氮气管线上的手阀，向 D-301 塔充氮气。同时在手动状态下打开 PIC-308 排氧。

② 当分析仪表显示 D-301 塔内氧含量小于 5%时，关小 PIC-308 使塔升压。当 PIC-308 压力升至 10.0kgf/cm^2 左右时，将 PIC-308 的设定值定在 10.9 并投入自动，同时关闭 D-301 充氮气管线上的手阀。

③ 打开 D-302 充氮气管线上的手阀，向 D-302 塔充氮气，同时打开 V-322 放空管线上的手阀排氧。

④ 当分析仪表显示 D-302 塔内氧含量小于 5%时，关小放空管线上的手阀使塔升压。当压力升至 6.0kgf/cm^2 左右，关闭充氮气管线上的手阀，同时关闭放空管线上的手阀以保持塔内压力。

(2) 各换热器给冷冻水

① 全开 E-306 冷冻水管线上的手阀，通冷冻水。

② 全开 E-313 冷冻水管线上的手阀，通冷冻水。

③ 在手动状态下将 TIC-312 的输出值置为 70%，向 E-312 通冷冻水。

(3) 粗汽油循环的建立

① 在手动状态下打开 LIC-311 向 V-311 注入粗汽油，当其液位升至 50%左右时将 LIC-311 投入自动状态。

② 启动泵 P-302A。

③ 在手动状态下打开 FIC-311，以 10.0t/h 的速度向 D-301 内加入粗汽油，等待塔釜出现液位。

④ 当 D-301 塔釜液位升至 40%左右时在手动状态下打开 FIC-310，将粗汽油引入 D-302 塔。注意调整 FIC-310 的输出值，使 LIC-310 稳定在 50%。

⑤ 当 LIC-310 稳定在 50%时，将其投入自动状态，然后将 FIC-310 的设定值设为其当前测量值并投入自动，然后再投入串级。

⑥ 当 V-322 见瓦斯后（气相中氮气含量低于 95%）在手动状态下打开 PIC-322 将气体引入瓦斯管网。注意调整 PIC-322 的输出值使压力稳定在 6.0kgf/cm^2 左右，然后投入自动。

⑦ 当 D-302 塔釜液位升至 40%左右时，在手动状态下打开 LIC-312，将粗汽油送回 V-311。注意调整 LIC-312 的输出值，使 D-302 液位稳定在 50%，然后投入自动。

⑧ 手动调节 TIC-312 的输出值，使循环粗汽油温度稳定在 5.0℃左右，然后投入自动；

⑨ 打开 TIC-320 向再沸器通入蒸汽使塔釜升温。

⑩ 当 V-322 液位升至 50%时在手动状态下打开 LIC-322 放料，调整液位至 50%后投入自动。

当各液位和压力调节器的测量值均基本稳定时，则粗汽油循环建立完毕。此时塔釜温度在继续上升。

(4) 接收富气

① 打开 D-301 富气管线上的手阀，将富气引入 D-301，逐渐增大富气流量使 AKB 比值下降至 2.7 左右，稳定后投入自动。

② 将 FIC-311 的设定值设为其当前的测量值并投入自动，然后再将它与比值器 AKB 串接起来。

③ 手动调节 TIC-320 使 D-302 塔温度稳定在 130.0℃ 左右，然后投入自动。

至此，开车过程进行完毕。

6.4 正常操作

(1) 产品质量的调节

本岗位对吸收塔 D-301 吸收后的尾气（贫气）组成和解吸塔 D-302 解吸后的贫油组成有严格的要求：

① 贫气含量：C3＋C4<0.8％（摩尔分数）；

② 贫油含量：C3＋C4<2.0％（摩尔分数）。

为达到上述要求，首先要保证：

① 循环油温度（TIC-312）要稳定在 5.0℃；

② V-304 压力（PIC-308）要稳定在 $10.9kgf/cm^2$；

③ 贫油/富气流量比（AKB）稳定在 2.7；

④ V-322（PIC-322）压力稳定在 $6.0kgf/cm^2$；

⑤ D-302 塔釜温度（TIC-320）稳定在 130℃。

若想进一步提高产品质量，可通过增加贫油/富气流量比、降低循环油温度和提高解吸塔釜温度等方法来实现。

(2) V-304 物料的排放

随着生产的进行，V-304 中回收的烃类物料逐渐增多，其液位（LI-309）逐渐上升，这些物料要定期地排放至解吸塔中去，以使该液位不致过高。

(3) 装置负荷提升

本装置的富气最大处理量 5.0t/h，当装置在较小流量下运行平稳并且产品质量合格时，可以将进入吸收塔 D-301 的富气流量逐渐提升至这一数值。如果富气流量太大，则将不能得到质量合格的产品。

(4) 工况监视

装置运行过程中要密切注视各工艺参数和取样分析结果的变化，遇有突变情况要尽快判断事故原因，并及时做出处理。

6.5 装置停车程序

(0) 置停车标志（不执行此步骤将被扣分）

(1) 停富气

① 将 AKB 置为手动状态；

② 逐渐减少富气流量直至停富气。

（2）停油，解除油循环

① 将 FIC-311 置为手动状态，逐渐减小贫油流量直至停贫油；

② 关贫油泵 P-302A 或 B；

③ 将 LIC-310 和 FIC-310 置为手动状态并全开 FIC-310，将吸收塔塔釜的物料全部送入解吸塔中；

④ 全开 V-305 排料管线上的手阀，将其中的物料全部送入解吸塔中；

⑤ 将 TIC-320 置为手动并全关，停塔釜加热；

⑥ 将 LIC-312 置为手动状态并全开，将解吸塔塔釜物料全部送入 V-311。

（3）泄压

① 将 PIC-308 置为手动状态并全开，吸收塔泄压；

② 将 PIC-322 置为手动状态并全开，解吸塔泄压，塔压降至常压时关闭 PIC-322。

（4）停各换热器冷冻水

① 全关 E-306 冷冻水管线上的手阀，停冷冻水；

② 全关 E-313 冷冻水管线上的手阀，停冷冻水；

③ 将 TIC-312 置为手动状态，停 E-312 冷冻水。

（5）氮气吹扫

① 在 PIC-308 手动且全开的情况下打开吸收塔 D-301 充氮气管线的手阀，对塔进行氮气吹扫，至塔顶氮气含量大于 95% 时为止；

② 全开 V-322 放空管线上的手阀，在 PIC-322 手动且全开的情况下打开解吸塔充氮管线上的手阀，对塔进行氮气吹扫，至塔顶氮气含量大于 95% 时为止。

6.6　异常工况及事故处理

（1）P-302A 或 B 泵坏

事故现象：吸收塔贫油流量（FIC-311）突然降为零；富油流量（FIC-310）急剧减小；吸收塔温度升高；贫气中 C3、C4 含量上升；解吸塔塔顶气相中 C3、C4 含量上升。

处理方法：

① 吸收塔停进富气；

② 关泵 P-302A 或 B；

③ 在手动状态下关闭 FIC-311 并断开比值调节；

④ 启动备用泵；

⑤ 按开车步骤建立油循环并接收富气。

（2）短时间停电

事故现象：P-302 停止运转，吸收塔贫油流量（FIC-311）突然降为零；富油流量（FIC-310）急剧减小；吸收塔温度升高；贫气中 C3、C4 含量上升；解吸塔塔顶气相中 C3、C4 含量上升。

处理方法：

① 吸收塔停进富气；

② 关泵 P-302A 和 B；

③ 在手动状态下关闭 FIC-311 并断开比值调节；

④ 在手动状态下关闭 LIC-310 和 LIC-312 以保持两塔液位；

⑤ 各换热器停冷冻水；

⑥ 等待来电；

⑦ 按开车步骤给各换热器供冷冻水、建立油循环并接收富气。

(3) 富气温度升高

事故现象：吸收塔温度升高；贫气中 C3、C4 含量升高；吸收塔温度升高；解吸塔塔顶气相 C3、C4 含量上升。

处理方法：

① 提高液气比，即贫油/富气流量比（AKB）；

② 如 TIC-312 超调，则减少富气进料量，这样贫油量（循环油量）也就相应减少。

(4) TIC-312 调节器坏

事故现象：TIC-312 不能进行正常调节；循环油温度上升；吸收塔温度上升；贫气中 C3、C4 含量上升；解吸塔温度上升；解吸塔塔顶气相 C3、C4 含量上升。

处理方法：

① 将 TIC-312 置为手动状态；

② 手动调节 E-312 的冷冻水的流量，将循环油温度维持在 5.0℃；

③ 通知仪表工。

(5) 解吸塔蒸汽供应暂时中断

事故现象：解吸塔温度下降；解吸塔底液相 C3、C4 含量上升；V-311 液位（LIC-311）上升；吸收塔贫气 C3、C4 含量上升；TIC-312 可能超调。

处理方法：

① 吸收塔停进富气；

② 手动状态下关闭 FIC-311 并断开比值调节；

③ 在手动状态下关闭 LIC-310 和 LIC-312，以保持两塔液位；

④ 各换热器停冷冻水；

⑤ 等待来汽；

⑥ 按开车步骤给各换热器供冷冻水、建立油循环并接收富气。

习 题

一、填空题

1.本节中重油催化裂化装置中的吸收-稳定系统，主要作用是_____。

2.换热器 E-311 的作用是_____。

3.若想进一步提高产品质量，可通过_____和_____等方法来实现。

4.将进入吸收塔 D-301 的富气流量逐渐提升至最大处理量 5.0t/h，需要满足的前提条件是_____。

5.当出现富气温度升高的事故时，出现的现象是＿＿＿＿＿＿＿＿，处理方法是＿＿＿＿＿＿＿＿。

二、简答题

1.简述本节中重油催化裂化装置中吸收-稳定工序流程。

2.本节所述工艺在装置正常操作情况下需要关注哪些指标？

3.操作过程中的贫油如何循环？

4.根据本节评分信息表中的错误原因分析在实际生产中这些错误可能会导致哪些后果？

5.简述装置停车步骤。

推荐阅读材料

中国炼油催化裂化技术起步的故事

——陈俊武

陈俊武被誉为我国催化裂化工程技术的奠基人，曾与炼油工业的多项"共和国第一"息息相关。1948 年 7 月，22 岁的陈俊武从北京大学化工系毕业后，几经辗转，于 1949 年 12 月来到辽宁抚顺矿务局，参加了人造石油工厂修复的工作。

1961 年冬天，石油工业部在北京香山召开了炼油科技工作会议，决定开展炼油新技术（即后来被誉为"五朵金花"的流化催化裂化等五项炼油新工艺）技术攻关。34 岁的陈俊武受命担任了我国第一套流化催化裂化装置设计师。

20 世纪 60 年代初期，古巴革命成功，将国外公司的炼油厂收归国有，陈俊武有机会赴古巴考察流化催化裂化技术，尽力收集了当时国外比较先进的炼油技术资料。回国后，石油部又组织了专人进一步整理和翻译，极大地提高了我国炼油工业的技术。以下是陈俊武院士的记录片段。

第一阶段：自主研发起步和国外技术考察

20 世纪 60 年代初，在苏联老大哥帮助下建成的兰州炼油厂的催化裂化技术是移动床催化裂化，催化剂仍然是无定型硅铝小球，而当时西方国家已经有了流化催化裂化技术，催化剂已经是微球分子筛，无论轻油收率还是选择性均比苏联高出一大截。

我们发现，苏联的技术比西方技术落后大约二十年，相当于美国 40 年代的水平。所以，如何赶上 60 年代的国际先进技术，是当时国内炼油工业面临的一个大问题。

当时美国对中国实施技术封锁，所以中国只能考虑自主开发，只能靠自己去摸索和创新，这就是石油部 1961 年 12 月在北京召开炼油新技术开发科技会议的初衷。

可是，我们在兰州炼油厂做的一些实验都不成功，催化剂的损失太大，非常期望能够到国外去考察先进催化裂化技术。正好 1961 年年底，石油部有几位专家应邀到古巴去考察，石油部领导在古巴考察了两个炼油厂，一个是美国建的，一个是英国建的。其中就有当时最先进的流化催化裂化装置，该技术正是石油部香山会议确定要开发的新技术，并确定由我任装置设计师。

　　石油部的领导感觉到，去古巴考察是千载难逢的机会。古巴的炼厂里高层次的技术人员都是外国人，古巴革命成功后，这些人大部分都走了。古巴方面很慷慨地给了我们许多资料，但怎么把它消化呢？资料不是拿来就能解决问题的，得消化变成自己懂得的技术，需要下很大的功夫才行。石油部领导决心再派五位不同专业的技术人员到古巴实地考察，我是工艺专业的并且是国内抚顺装置的设计师，肩负着国内开展工程设计和国外考察相结合的重任，其他几位同志来自设备、机械、仪表等专业。

　　在古巴学习的大量流化催化裂化资料，不仅能够解决流化催化裂化技术问题，而且还涉及炼油工艺的其他相关技术。我们考察组以催化裂化技术为主，同时兼顾学习常减压、催化重整方面的技术资料，在半年时间内，我们尽量把资料进行了复制或书面整理。

　　当时核心的问题是要把工艺和设备问题弄清楚，以便指导国内的工程设计和设备制造，幸好我们去古巴的几个人也挑起了担子，把该看的都看了，该记的都记了。所以回来以后把中国的催化裂化技术从无到有、从零开始搞起来了。从1962年9月到1963年2月及1964年9月至1965年2月前后两年半的时间里，我们基本掌握了该技术的核心，许多方面做到了不仅知其然，而且还知其所以然。

第二阶段：从"照猫画猫"到"照猫画虎"

　　在抚顺、大庆建设的60万吨/年流化催化裂化装置可以说是"照猫画猫"，后来石油工业部决定在山东的胜利炼油厂，设计建设规模大一倍的120万吨/年流化催化裂化装置，这就是"照猫画虎"了。这套装置由北京设计院负责具体设计，我担任技术指导。

　　在"照猫画虎"的过程当中就出了问题，问题主要还是我们技术水平不行。照抄照搬可以，但规模放大一倍，装置能力放大一倍就出问题了，而且当时领导也要求要做一些创新，在这些前提下，我们设计的东西就出了点毛病。

　　1967年年底，120万吨/年流化催化裂化装置投料试车阶段操作基本平稳，但催化剂日损耗量达30吨左右，装置被迫停工。一天跑损三十吨催化剂肯定受不了，因为当时国内正在研究这种催化剂（也属于"五朵金花"开发任务之一），但还不能工业化生产，国内使用的都是英国进口的3A微球分子筛催化剂，价格也非常贵。这就要求我们必须研究好流态化基础理论，找出工业装置催化剂跑损的原因所在。

　　但是这又不是在哪个研究所的实验室就可以做的，必须要到大型工业装置实地进行测试。热态运行的工业装置的再生器直径大约九米，不像实验室简单地可以重复进行，要求制定好测试和研究方案。

　　我被任命为专题调查组组长，带领调查组多次往返抚顺和大庆现场，对大庆正常运行的流态化数据和120万吨/年催化裂化装置再生器设计的催化剂密度和分布数据进行分析对比后，确认流化床气流分布不均匀是胜利炼油厂催化剂跑损的关键原因。

　　工业装置暴露的问题促进我们从理论上更深入地研究流态化机理，先从60万吨/年装置调查研究并测试，测试以后又到120万吨/年大装置上进行局部测试，然后全面测试，反反复复多次，终于找出一些规律成为后来流化催化裂化装置的测试规则和设计规范。测试就是要掌握我们原来不太清楚的规律和数据，经过新的测试又不断得到新的数据，整理后又有新的提高。测试不是那么简单，一个大装置反应器或再生器直径放大十倍以后，要把里面的疑难点弄透也不容易，既要理论分析，还要结合一些流态化测试技术。

　　后来我们的炼油厂加工规模越来越大，60万吨/年流化催化裂化装置规模就嫌小了，要求放大到120万吨/年。规模大了以后，流态化方面必然暴露出很多问题，就是通过理论分析和测试诊断相结合的办法予以解决的，我们总结出一套测试诊断方法后，工业装置操作水平和设计水平都上了一个大台阶，流化催化裂化装置的设计规模就再上了一个新台阶。

1962 年开始学习国外的 60 万吨/年催化裂化技术是"照猫画猫"，在 1965 年建成投产；120 万吨/年的催化裂化则是"照猫画虎"，在 1968 年投产，出现了一些问题后不断地改进，到 1969 年就基本都成功了，也就是说我们"照猫画虎"也成功了。

第三阶段：设计院建设炼油实验厂

1972 年燃料化学工业部批复同意在洛阳设计研究院建设炼油实验厂，以系统开发炼油技术的新工艺、新材料和新设备。1975 年实验厂建成后，开展了一系列的催化裂化方面的实验，创建了工程设计与技术开发紧密结合的技术创新新模式。

20 世纪 70 年代以前，国外催化裂化原料中不掺炼渣油，我们考虑到中国大庆原油中对催化剂有害的镍和钒含量很少，因此组织实验厂进行了掺炼大庆常压渣油的催化裂化试验，在不需取热的条件下实现了平稳生产。与此同时，石油化工科学研究院也在牡丹江炼油厂实验成功，从此催化裂化掺炼渣油的禁区开始打破。

1983 年，中石化集团的前身中国石化总公司成立。为了使我国的炼油技术跻身国际先进行列，决定组织炼油技术攻关，我和闵恩泽院士分别担任属于国家"六五"攻关课题的催化裂化攻关组的组长和副组长，目标是开发大庆常压渣油催化裂化新工艺和新型催化裂化催化剂。

我将攻关课题分解为九个子课题，将再生器床层取热分为内部盘管取热与外部取热器取热（外部取热器又细分为"上流式"与"下流式"）两个系列。在外部取热器结构设计上，我提出了纵向翅片管高效取热方案，提高了传热效率，使取热器结构更加紧凑化。同时还组织进行了一些过去属于空白的应用基础研究，如安排石油大学进行烧焦动力学研究，中国科学院过程工程研究所进行流态化专题研究。

1985 年，大庆常压渣油催化裂化项目在石家庄炼油厂取得成功。这些攻关成果使中国在渣油催化裂化加工领域处于世界领先地位。

国外催化裂化装置的反应器和再生器一直有同高并列式、高低并列式和同轴式等布置型式，而中国早些年建设的催化裂化装置均是同高并列式一种型式，我接受公司焦连陛副总工程师的建议，在公司洛阳实验厂开发了占地面积少、操作灵活的同轴式催化裂化装置，重点突破了塞阀、工艺控制和两段再生的难点，投产了 5 万吨/年规模的同轴式催化裂化装置，经中石化组织专家鉴定后，又指导陈道一同志为设计师的团队在兰州建设了放大 10 倍的 50 万吨/年同轴式催化裂化装置，于 1984 年和 1985 年分别获得了国家设计金奖和国家科技进步一等奖。

1988 年，上海高桥石化炼油厂的朱人义总工程师向我提出在高桥新建的 100 万吨/年催化裂化装置既要有同轴式的紧凑，又要有烧焦罐的高效再生的要求。我们接受了这一挑战，提出了更为新颖的在烧焦罐上部设置大孔分布板，分布板上设置高速湍流床的方案，并在公司设备研究所进行了流态化验证，在高桥石化公司炼油厂顺利投产。

如今，我们已经可以根据企业的工艺流程需要，灵活设计生产规模小到 5～10 万吨/年，大到 350～400 万吨/年的流化催化裂化装置了。催化裂化的工程设计已经由"照猫画虎"上升到"生龙活虎"的境界。如果说当年抚顺催化裂化装置开发成功是金花独放，现在已经是锦绣满园了。我作为中国流化催化裂化工程技术的开发者之一，见证了中国炼油技术的发展和壮大，感到无比的自豪。

◆ 参考文献 ◆

陈俊武，许友好. 催化裂化工艺与工程. 北京：中国石化出版社， 2015.

第 7 章

电石法生产乙炔工艺仿真操作

7.1 乙炔工艺流程描述

7.1.1 乙炔生产方法简介

乙炔（ethyne），分子式为 C_2H_2，俗称风煤和电石气，是炔烃化合物系列中分子量最小的一员。乙炔在室温下是一种无色、极易燃的气体。纯乙炔是无臭的，但工业用乙炔由于含有硫化氢、磷化氢等杂质而有一股大蒜的气味。乙炔可用以照明、焊接及切断金属（氧炔焰），也是制造乙醛、氯乙烯、醋酸、苯、合成橡胶、合成纤维等的基本原料。

乙炔的生产方法分碳化钙法和烷烃裂解法两种，又称煤炭路线和石油路线。

（1）碳化钙法

由石灰石和焦炭在高温电弧的作用下生产碳化钙，进而生产乙炔。碳化钙法的主要缺点是电能消耗高（1kg 乙炔约消耗电 10kW·h），装置笨重而且生成的副产物难以处理。但该法所得的乙炔纯度高（经净化脱除杂质后纯度可达 99.9%），故仍被广泛应用，而且还在发展成大型化成套装置。

（2）烷烃裂解法

由烃类裂解合成乙炔的关键是向反应系统中引入大量的热量，由于乙炔在 1200℃ 下不稳定，易发生分解反应，所以必须将反应产物迅速冷却或及时引出反应区降温。根据给热方式的不同，其所用反应器的结构也不同，在工业生产中采用下列几种方式生产乙炔：蓄热炉裂解法、电弧裂解法、烃类氧化裂解法。

7.1.2 电石法生产乙炔工艺描述

乙炔通常由电石（碳化钙）与水作用制得，工艺流程的总体结构如图 7-1 所示。

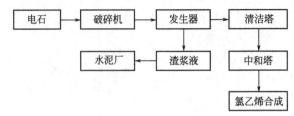

图 7-1　乙炔工艺流程框图

（1）破碎岗位

大块电石经粗破机 A-B 破碎成小块进入 1♯大倾角皮带机，输送至破碎新增缓冲料仓，经过振荡给料机 A-D 分别向细破机 A-D 加电石破碎成合格电石后，经 1♯皮带机、提升机、2♯皮带机送入筒仓储存。

（2）发生上料岗位

破碎好的电石进入料仓后，由往复式给料机加入到 2♯大倾角皮带机上，由 2♯大倾角皮带机将电石输送至发生楼顶缓冲料仓内，通过振荡器将电石加入到盘式输送机，最终向发生器小加料斗加料，并依次进入上储斗和下储斗。通过调节发生器电机振荡器电流使电石连续稳定地加入发生器中，电石遇水发生如下反应：

$$CaC_2 + 2H_2O \longrightarrow Ca(OH)_2 + C_2H_2$$

由于工业品电石含有不少杂质，在发生器水相中也同时进行一些副反应，生成相应的 PH_3、H_2S 等杂质气体，因此发生器生成的是由乙炔气和杂质气体共同组成的粗乙炔气。粗乙炔气经渣浆分离器废水喷淋洗涤，再经正水封进入水洗塔冷却。

（3）发生排渣岗位

发生器溢流液流入渣浆槽由渣浆输送泵送入渣浆工序处理，发生器底部电石渣浆定时排入渣浆池由渣浆泵打入渣浆槽。

（4）清净岗位

从冷却塔来的乙炔气，在保证乙炔气柜至一定高度时，进入升压机组加压后，通过三台清净塔与次氯酸钠接触，除去粗乙炔气中的 S、P 等杂质。反应方程式如下：

$$PH_3 + 4NaClO \longrightarrow H_3PO_4 + 4NaCl$$
$$H_2S + 4NaClO \longrightarrow H_2SO_4 + 4NaCl$$

再经中和塔（并联使用）中和处理，除去清净过程中产生的酸性物质，反应方程式如下：

$$H_3PO_4 + 3NaOH \longrightarrow Na_3PO_4 + 3H_2O$$
$$H_2SO_4 + 2NaOH \longrightarrow Na_2SO_4 + 2H_2O$$

最后进入氯乙烯合成系统。

（5）渣浆巡检

从浓缩池上部溢流的上清液经流槽进入到上清液池，由上清液冷却泵将清液打到冷却塔进行冷却，冷却完的清液由上清液清液泵输送到乙炔发生器循环使用。

（6）渣浆压滤岗位

由乙炔发生器溢流管排放出的渣浆和发生器底部排渣排出的渣浆经乙炔渣浆输送泵输送至浓缩池，进行沉降分离。浓缩后的浓浆由浓浆进料泵送至板框压滤机进行压滤，压滤后干渣进入刮板输送机输送至储泥斗，再卸至渣车，送至渣场堆放，或由刮板机输送至水泥厂电石渣输送皮带供水泥厂生产使用。压滤出来的清滤液经回流管自动回流至浓缩池。

7.2　主要设备

主要设备见表 7-1。

表 7-1　主要设备一览表

位号	名称	位号	名称
B81003A～H	颚式破碎机	T-1303AB	2♯清净塔
B81001A～D	颚式破碎机	T-1304AB	3♯清净塔
A81001AB	1♯大倾角带式输送机	T-1307	凉水塔
A81002AB	1♯带式输送机	P-1316AB	废水泵
A81003A～D	斗式提升机	V-1302	洗涤液缓冲罐
A81004AB	2♯带式输送机	V-1304	浓碱液槽
A81005A～F	K式往复式给料机	V-1301AB	洗涤液中间槽
A81006AB	2♯大倾角带式输送机	V-1309	次氯酸钠贮槽
A81007A～D	振动给料机	V-1310	次氯酸钠高位槽
A81008AB	1♯盘式多点输送机	V-1317	浓次氯酸钠贮槽
A81009AB	2♯盘式多点输送机	V-1318	次氯酸钠中间罐
X-1201A～J	震动加料器	T-1301AB	水洗塔
X-1203A1-J1～A3-J3	仓壁振荡器	T-1302AB	碱洗冷却塔
R-1201A～E	发生器	T-1306AB	1♯清净塔
R-1201F～J	发生器	P-1302A-D	水洗塔二段循环泵
V-1201A～J	小加料储斗	P-1303AB	发生器给水泵
V-1202A～J	上加料储斗	P-1304A-D	碱洗冷却塔循环泵
V-1203A～J	下加料储斗	P-1305A-D	2♯清净塔循环泵
V-1207A～J	渣浆分离器	P-1306A-D	3♯清净塔循环泵
P1201A/B	渣浆泵	P-1307A-D	1♯清净塔循环泵
P1202A	渣浆输送泵	P-1308AB	次氯酸钠泵
P1203A/B	机封水泵	P-1309AB	废次氯酸钠输送泵
V-1204A～J	正水封罐	P-1310AB	浓次氯酸钠输送泵
V-1205A～J	逆水封罐	P-1311AB	凉水塔循环泵
V-1206A～J	安全水封罐	P-1312AB	稀次氯酸钠输送泵
V-1210AB	渣浆高位槽	C-1301A～E	乙炔压缩机
V-1211	机封水罐	P-1301A-D	水洗塔一段循环泵

7.3　装置开车程序

7.3.1　破碎岗位

① 所有设备检查完毕后，可启动电石破碎厂房至筒仓加料系统，在 DCS 系统上直接联锁启动，DCS 系统中已经设置好各设备启停顺序。

联锁关系：电石筒仓→2♯皮带机→提升机→1♯皮带机→细破机→新增振荡器→1♯大倾角皮带机→粗破碎机。

② 在解除联锁的情况下，手动启动设备必须遵循沿筒仓至一级破碎机的顺序进行，启停设备的间隔不得小于联锁启动程序里设置的时间间隔。

③ 按照中控分析筒仓乙炔含量调整筒仓的充氮量。

7.3.2　发生上料岗位

① 检查料仓内是否有电石，电石储存量（40％～80％）。

② 先对发生器及整个系统进行氮气置换，然后进行乙炔气置换。首次开车系统排氮置换操作：

a. 打开在氯乙烯工序处的乙炔总管上的排空阀，关闭气柜水分离器进气柜的阀门，打开气柜水分离气的排空阀，打开乙炔升压机组的进、出口阀门。

b. 打开各发生器下储斗活门，关闭各发生器上储斗活门，打开各发生器上、下储斗充氮阀。从上、下储斗通入氮气，氮气经发生器、正逆水封、水洗塔，经乙炔升压机组、清净系统，从中和塔出口排空口排空，对整个系统进行彻底置换。30min后从氯乙烯工序处乙炔总管取样口取样，置换分析合格后（含氧＜3.00％），将正水封和逆水封加水至规定液位，然后关闭各发生器上、下储斗充氮阀。

③ 乙炔至氯乙烯段乙炔排空置换操作如下。

a. 确认乙炔至氯乙烯段排氮置换合格。选定一台发生器，加水至液位计中上部，启动发生器搅拌。给上、下储斗加好料。

b. 打开氯乙烯工序处乙炔总管上的排空阀，并通知清净岗位开水环泵进气和出气阀，关气柜处气水分离器前后两道乙炔总阀。

c. 确认正、逆水封和安全水封液位在规定位置。

d. 启动电磁振荡器，向发生器内加适量电石。

e. 维持发生器内乙炔气在一定压力下，经发生器、渣浆分离器、正水封、水洗塔、乙炔升压机组、清净塔、中和塔从氯乙烯工序处乙炔总管上的排空阀排空。

f. 等系统置换30min后，从氯乙烯工序处乙炔总管取样口取样分析是否合格（乙炔纯度≥90.0％）。若不合格，每隔5min取样一次，直至乙炔纯度合格，即可准备开车。

④ 控制上料系统对发生器进行加料。

⑤ 分别将各安全水封、正水封、逆水封液位加水（或放水）至工艺指标规定的最佳位置。

⑥ 通过调节各发生器温度调节阀经渣浆分离器向发生器加入上清液废水、清净工业废水或新鲜工业水，打开工业废水总阀，通过各发生器底部加水阀加入工业废水，共同维持各发生器的液面和温度。

⑦ 严格控制发生器温度在80.0～93.0℃，压力在2.00～12.00kPa，发生器液位在液位计的15.0％～60.0％。

⑧ 若发生器压力超出指标，检查正水封液位或停该台发生器；若发生器压力低于指标，检查逆水封液位或下储斗下料情况。

7.3.3　发生排渣岗位

① 根据渣浆槽液位及时启动机封水泵向渣浆输送泵机封供水，开启渣浆输送泵。

② 根据渣浆池液位按要求启动渣浆泵，将渣浆池内的渣浆打入渣浆槽。

③ 渣浆输送泵启动后打开轴承及油箱冷却水，控制机封水罐液位在液位计中部，及时调整机封水罐补水工业水阀门。

④ 发生器 2～4h 进行一次排渣作业。发生器排渣操作：

a. 准备工作完毕后进行排渣作业，先打开 HV-1206 气动闸阀，等阀门完全开启后加工业废水冲洗排渣阀 HV-1206 至排渣口的管道。

b. HV-1206 完全开启后打开 HV-1205 气动排渣阀，进行排渣，排渣时控制好阀门开度，以免发生器液位下降过快造成发生器抽负压，要注意发生器压力在 2.00～12.00kPa，当发生器有抽负压迹象时可从下储斗向发生器充入氮气并及时停止作业。

c. 排渣结束后，先关闭 HV-1205，再关闭 HV-1206 气动排渣阀。

d. 确认两道阀门已关闭后，关闭工业废水阀门。排完渣后当发生器液位加至有溢流时才能开启振荡器向发生器内加入电石。

7.3.4　清净岗位

① 次氯酸钠连续配制过程

a. 打开次氯酸钠配置废次氯酸钠阀，打开浓次氯酸钠贮槽出口阀，打开浓次氯酸钠高位槽进出口阀门，打开次氯酸钠高位槽所有相关的阀门。检查完设备、管道、阀门正常后启动水泵及浓次氯酸钠泵，通过文丘里向配制槽中加入水和次氯酸钠，并在文丘里的扩散段进行充分混合进入次氯酸钠贮槽。

b. 次氯酸钠配制配比约为：水∶次氯酸钠＝(80～100)∶1，调节好水及次氯酸钠的流量，使次氯酸钠有效氯含量在 0.085％～0.120％范围内。

c. 当次氯酸钠贮槽液位达到 80％时启动次氯酸钠配置泵将配制好的次氯酸钠打入高位槽，根据生产需要连续加入清净三塔内。

② 检查水洗塔、清净一塔、清净二塔、清净三塔的液位是否在指标范围。每整点检测清净三塔塔底循环液有效氯≥0.060％，及时调整清净三塔配制次氯酸钠的补充量。若无液位或有效氯含量不合格，重新配制。

③ 检查洗涤液中间罐，洗涤液缓冲罐。

④ 启动水洗塔一段、水洗塔二段循环泵，清净塔循环泵、碱循环泵、次氯酸钠配制泵、废次氯酸钠泵、废次氯酸钠循环泵。调节好各泵的循环量，保持各塔液面稳定，开水洗塔至曝气池管路阀门，使废次氯酸钠回用装置投用。

⑤ 检查液碱贮槽液位是否正常。检查中和塔塔底液位及 NaOH 含量是否合格。

⑥ 打开乙炔气循环阀，启动升压机组，若升压机组的循环液温度较高时，则对气水分离器进行换水。

⑦ 当乙炔达到一定流量时，升压机的开机操作方法如下。

a. 确认纯水、7℃冷却水送水正常。

b. 检查气水分离器工作液(纯水)进口管上，加水电磁阀前的手动加水阀处于关闭状态。

c. 确认气水分离器液位是否正常。若不正常，开车前打开加水电磁阀前手动加水阀，加水至规定液位。

d. 检查气水分离手动排尽阀处于关闭状态。

e. 检查气相进出口阀处于关闭状态。

f. 检查气相进出口管之间的连通管蝶阀处于关闭状态。

g. 全开板式换热器的 7℃冷却水进出口阀门。

h. 打开气水分离器工作液进口管上，加水电磁阀前的手动加水阀。DCS 控制系统中加水操作调至自动加水直至气水分离器液位达到正常位置，加水完成。

i. 打开气相进出口管之间的连通管蝶阀，打开气相进口阀，启动电机。

j. 观察升压机运行状态正常（10～20s），一边逐渐打开气相出口阀，直至阀门全开；一边逐渐关闭气相进出口管之间的连通管蝶阀。

⑧ 中和塔换碱操作

a. 当中和塔碱液中 NaOH 含量小于 5.00% 时需更换碱液。

b. 打开碱循环泵处排碱阀排碱，以不使塔内液体排空为准，将液位放至 5% 后关排放碱阀。

c. 打开碱泵进口前的工业水阀门，加工业水至中和塔液位到工艺控制指标规定的高度。

d. 重复步骤 b、c 进行洗塔。

e. 停止洗塔，加工业水至 20% 液位，停泵打开浓碱槽出口加碱阀，关闭塔底阀门，启泵将泵出口微开，加碱至液位为 25%～50%，一边开塔底阀门，一边关碱槽阀门，将出口阀全开循环，取样分析碱液浓度是否合格。若不合格，可再加入水或液碱，但不能使液位过高，影响中和塔正常运行。

7.4 装置停车程序

7.4.1 破碎岗位

① 停止向粗破碎机加料；将破碎新增缓冲料仓内的电石打空，停底部电机振动给料器。

② 将所有设备上电石全部加进筒仓后，在微机上直接联锁停止筒仓上料系统。

联锁关系：粗破碎机→1♯大倾角皮带机→新增振荡器→细破机→1♯皮带机→提升机→2♯皮带机→电石筒仓。

③ 根据筒仓乙炔气含量调整筒仓内充氮阀门。

④ 在解除联锁的条件下停车，必须遵循从电石破碎至电石筒仓方向的顺序停设备，停止各设备的时间间隔不得小于联锁停止时的设定值。

7.4.2 发生上料岗位

① 当发生器内电石（包括上、下储斗及小加料斗）用完后关闭电磁振荡器电流，现场发生工逐渐关小各发生器的各个进水阀直至关闭。

② 对各发生器排渣操作。

③ 停车置换操作。

a. 关闭所有发生器上储斗活门，打开所有发生器下储斗活门，放空所有发生器的正、逆水封，打开所有发生器顶部充氮阀和上、下储斗充氮阀，向发生器内加氮气，经正水封、逆水封、冷却塔，置换去气柜管路。

b. 置换约 30min 后，任选两台发生器，将三台发生器正、逆水封加满水液封，再置换 20min 后分析取样，合格后（乙炔≤0.20%）关闭三台发生器顶部充氮阀，上、下储斗充氮阀，准备清理三台发生器。

c. 其他两台发生器继续充氮，直至去气柜管路置换合格（乙炔≤0.20%）。打开乙炔工序所有升压机进出口阀门，从其他两台发生器开始，经发生器、正水封、逆水封、水洗塔、升压机组、清净一塔、清净二塔、清净三塔、中和塔，进行置换直到合格（合格标准为乙炔≤0.20%）。

d. 置换合格后，关闭两台发生器顶部充氮阀，上、下储斗充氮阀，准备清理两台发生器。

7.4.3 发生排渣岗位

① 关闭渣浆输送泵出口阀门，停止渣浆输送泵电机运转。

② 关闭机封水泵出口阀门，停机封水泵。

7.4.4 清净岗位

① 清净岗位应根据乙炔流量的逐渐减小，在保证送气压力正常的情况下，按照该升压机操作规定执行逐台停止升压机的运行。

② 升压机的停机操作方法：

a. 一边逐渐打开气相进出口管之间的连通管蝶阀，一边逐渐关闭气相出口阀；

b. 停升压机电机；

c. 关闭气相进口阀；

d. 关闭冷却水进出口阀门；

e. 关闭工作液进口管路上，加水电磁阀前的手动加水阀；

f. 关闭气相进出口管之间的连通管蝶阀。

③ 关闭次氯酸钠三塔补充阀，停清净泵，关闭清净泵进、出口阀。停碱泵、废次氯酸钠泵，关闭进出口阀。关水洗塔至曝气池管路阀门。

7.5 事故处理

事故原因及处理方法见表 7-2。

表 7-2 事故原因及处理方法

序号	故障	原因	处理方法
1	破碎机卡料跳停	加料太快	监督铲车不要卸料太快，放慢加料速度
2	斗提机不上料	料仓溢料卡停	停车清理电石。料仓液位不能控制过高
3	发生器下储斗电石进料阀漏气	胶圈破损或填料密封不严	停这台发生器修理电石进料阀
4	发生器温度和压力偏高	溢流不畅	用工业水冲溢流管路
5	发生器下储斗电石进料阀打不开	电石进料阀损坏	停车检修电石进料阀
6	发生器排渣不畅	冲渣水停水或水压不够	提高水压，把废水压力控制在指标范围
7	水环升压机出口压力低	叶轮腐蚀，泵能力下降	向升压机泵腔内加碱，中和酸，控制升压机工作液 pH 在 11～14 之间
8	1#清净塔乙炔泄漏	阀门密封不严	停塔检修

习　　题

一、填空题

1. 电石的化学名称是_____，分子量为_____，分子式是_____。

2. 乙炔的分子量是_____，分子式是_____。

3. 乙炔为_____气体，极易_____，与空气混合有_____的危险。

4. _____与_____作用生成乙炔气。

5. 工业用乙炔气主要含有_____和_____等杂质。

6. 乙炔的沸点为_____℃，自燃点为_____℃，闪点为_____℃。

二、单项选择题

1. 电石水解反应是（　　）反应。

　　A. 放热　　　　　　　B. 吸热　　　　　　　C. 无热量变化

2. 电石在常温下呈（　　）。

　　A. 气态　　　　　　　B. 液态　　　　　　　C. 固态

3. 乙炔发生反应是（　　）。

　　A. 固液相反应　　　B. 液相反应　　　　　C. 气固相反应　　　　　　D. 气相反应

4. 乙炔、氢气、硫化氢等气体属于（　　）。

　　A. 助燃气体　　　　　B. 易燃气体　　　　　C. 不燃气体

5. 电石的杂质成分有（　　）。

　　A. CaO MgO　　　　B. C CaO　　　　　C. CaS Ca_3P_2　　　　　D. CaS MgO

三、简答题

1. 乙炔的工业生产方法有哪些？

2. 简述乙炔发生的原理。

3. 正水封、逆水封和安全水封的作用分别是什么？

4. 乙炔气柜的作用是什么？

5. 写出电石水解的反应方程式。

推荐阅读材料

乙炔生产事故案例分析

案例1：发生器加料口燃烧

事故过程：某厂发生器在加料时，由于第1储斗排氮不彻底，电石块太大，在加料吊斗内"搭桥"。操作人员采用吊斗撞击加料口，致使吊钩脱落。于是现场挂吊钩，同时启动电动葫芦开关，结果引起燃烧，操作人员脸部和手部烧伤。

原因分析：乙炔气遇到电动葫芦开关火花引起燃烧。

案例2：乙炔发生器爆炸

事故过程：某厂乙炔工段1#发生器活门被电石桶盖卡住，操作人员进入储斗内处理时突然发生爆炸，死亡3人。

原因分析：人进入发生器内处理被卡住的活门，致使大量空气进入储斗内，用工具敲击电石时产生火花，乙炔气与之接触后发生爆炸。

案例 3：乙炔发生器发生爆喷燃烧

事故过程：某厂乙炔工段当班操作人员发现乙炔气柜高度降至 $180m^3$ 以下，按正常生产要求，需要往发生器添加电石。于是操作人员到三楼添加电石，1♯发生器储斗的电石放完后，又去放 2♯发生器储斗的电石。当放出约一半电石物料时，在下料斗的下料口与电磁振动加料器上部下料口连接橡胶圈的密封部位，突然发生爆喷燃烧。站在电磁振动器旁的操作人员全身被喷射出来的热电石渣浆烧伤，送医院抢救无效死亡。

原因分析：操作人员在放发生器储斗的电石时，没注意到乙炔气柜液位的变化，致使加入粉料过多，产气量瞬间过大，压力超高，气压把中间连接的胶圈冲破，大量电石渣和乙炔气喷出，并着火。

案例 4：乙炔发生器加料口爆炸

事故过程：某厂乙炔站 1♯发生器加料口爆炸起火，随后 2♯发生器加料口和储斗胶圈的密封处也发生爆炸起火，电石飞溅到一楼排渣池，产生乙炔气导致起火，进而引起发生器一、三、四楼都起火。操作人员紧急处理时，乙炔气又从 2♯冷却塔水封处冲出，不久便被一楼的火源引爆，冲击波将东、西、北三方围墙冲倒，周围的 9 人受伤，其中 1 人经抢救无效死亡，有 2 人重伤。

原因分析：①操作人员在紧急处理中，操作程序有误，造成管道内压力升高，气体冲破水封跑出；②电石加料口处阀泄漏，乙炔气从加料口处冲出，而电石储斗处氮气密封不好，有空气进入，致使加料过程中爆炸起火。

案例 5：乙炔发生器爆炸

事故过程：某电化厂乙炔工段乙炔发生器溢流管堵塞，停车处理。开车后下料管道又堵塞，继续停车处理，操作人员用木锤、铜锤分别敲击下料斗的法兰盘，之后发生爆炸。当场死亡 1 人，重伤 1 人，轻伤 1 人。

原因分析：下料口堵塞时间过长，使发生器内电石吸水分解放热；又因加料斗密封橡胶圈破裂，空气进入。当下料口砸通时，造成突然下料，形成负压，瞬间发生爆炸。

案例 6：违章抽盲板，导致乙炔发生器发生爆炸

事故过程：某公司树脂厂乙炔发生器停车检修（包括动火作业）。在开车的当天，检修人员修理完电振荡器后，自认为"做好事"，未经允许擅自拆除加料口盲板，在遭到其他人员"谁装谁拆"训斥后又将盲板安装上。在这过程中导致少量电石落入发生器内，开车时发生爆炸。致使分离器筒体 1m 长焊缝开裂，发生器顶盖严重变形，人孔 32 只 Φ16 螺栓全部拉断，人孔盖飞出撞坏墙体，车间和操作室门窗玻璃炸飞，所幸未有人员伤亡。

原因分析：违反了抽堵盲板"谁装谁拆"的原则，电石掉入发生器后未报告和处理，开车时加水没有执行 2/3 液面的操作规定，导致气相充氮不足，使乙炔-空气混合物达到爆炸极限范围，在开动搅拌时引发爆炸。

◆ **参考文献** ◆

田春云主编. 有机化工工艺学. 北京：中国石化出版社, 1998.

第 **8** 章

合成氨合成工序仿真操作

8.1 合成氨合成工序流程描述

8.1.1 合成氨生产方法简介

在农业生产中，氨本身可作化肥，几乎所有的氮肥、复合肥都离不开氨。氨也是重要的工业原料，广泛用于合成纤维、塑料工业以及医药工业中。此外，液氨还是常用的冷冻剂。所以，氨是基本化工产品之一，在国民经济中占有十分重要的地位。

氨是由氮气和氢气在高温高压下催化反应合成的，因此合成氨首先必须制备合格的氢、氮原料气。氢气常用含有烃类的焦炭、无烟煤、天然气、重油等各种燃料与水蒸气作用的方法来制取。氮气可通过空气液化分离得到，或使空气通过燃烧，除去氧及其燃烧生成物而制得。合成氨的生产过程主要包括以下 3 个步骤。

① 造气：即制备含有氢、氮的原料气。

② 净化：不论采用何种原料和何种方法造气，原料气中都含有对合成氨反应过程有害的各种杂质，必须采取适当的方法除去这些杂质。

③ 压缩和合成：将合格的氮、氢混合气压缩到高压，在铁催化剂的存在下合成氨。以焦炭或煤为原料合成氨的流程如图 8-1 所示。以天然气为原料合成氨的流程如图 8-2 所示。

以焦炭或煤为原料合成氨的流程，是先将焦炭或煤直接气化为水煤气，再经过脱硫、变换、压缩、脱除一氧化碳和二氧化碳等净化工序后，获得合格的氮氢混合气，并在催化剂及适当的温度、压力下合成氨。我国拥有丰富的煤炭资源，是合成氨的好原料。以天然气为原料的合成氨流程，采用加压蒸汽转化法生产以 H_2、N_2、CO、CO_2 为主的半水煤气，经变换、脱除二氧化碳和甲烷化，以获得合格的氮氢混合气，然后在催化剂及适当的温度、压力下合成氨，这是我国目前大型合成氨厂普遍采用的流程。该流程热利用率和自动化程度高，生产成本较低。

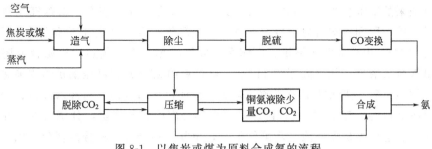

图 8-1　以焦炭或煤为原料合成氨的流程

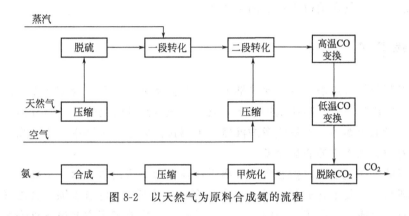

图 8-2　以天然气为原料合成氨的流程

除以上两种典型流程外，还有焦炉气深度冷冻法、以重油为原料加压部分氧化法、以轻油为原料等制氨流程。

8.1.2　合成工序流程描述

合成工段是合成氨装置的最后一道工序也是核心工序，该工序最大的特点就是压力高、温度高、介质危险性高。合成氨合成工序的任务，是将来自压缩工序的精制气和循环气通过合成器进行 N_2 和 H_3 的合成反应，流程的总体结构如图 8-3 所示。

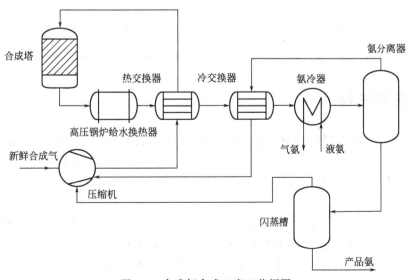

图 8-3　合成氨合成工序工艺框图

自液氮洗来的新鲜合成气（30℃、3.2MPa）进入合成气压缩机，新鲜气先经压缩段加压，压缩后气体经段间冷却后再与冷交换器来的循环气汇合进合成气压缩机循环段，混合气最终升压至15MPa出合成气压缩机。压缩后合成气经热交换器预热后进氨合成塔进行氨合成反应。出氨合成塔反应气（温度约414℃，氨含量约22%）进高压锅炉给水换热器及除盐水换热器回收热量后，进入热交换器预热合成气压缩机出口气体。再经水冷器、冷交换器和一、二级氨冷器最终冷却至0℃后进两级氨分离器分离冷凝的液氨，分氨后的循环气经冷交换器回收冷量后进压缩机循环段与新鲜气汇合，重复上述循环。氨分离器分离出的液氨进入氨闪蒸槽，通过减压（约3.2MPa）闪蒸出溶解的气体，闪蒸后的液氨送往冷冻工序，闪蒸出来的气体送往合成气压缩机入口返回合成系统。

8.2 主要设备

氨合成工序包括合成塔1台、换热器8台、分离缓冲器4台，反应器1台。主要工艺介质有合成气、反应气、氨、高压锅炉给水，其中合成气反应气为爆炸危险介质；合成气、反应气含氢气应考虑氢腐蚀，液氨应考虑液氨应力腐蚀。氨合成工序中多为中高温介质，介质有中高压，为中高压操作的非标设备。

合成气压缩工序包括换热器2台、分离缓冲器2台、压缩机1台。主要工艺介质有合成气、氨、循环水等，其中合成气为爆炸危险介质；合成气应考虑氢腐蚀，合成气压缩工序中多为中温介质，介质有中高压，为中高压非标设备。合成氨工序主要设备见表8-1。

表8-1 主要设备一览表

序号	设备名称	设备编号	设计压力（表压）/MPa	设计温度/℃
1	合成塔	R501	19.4	−10/480
2	高压锅炉给水预热器	E501	19.4	−10/480
3	热交换器	E502	19.4	−10/240
4	水冷器	E503	19.4	−10/130
5	冷交换器	E504	19.4	20/70
6	氨冷器	E505	19.4	20/70
7	氨分离器	D501	19.4	20/70
8	缓冲槽	D502	19.4	20/70
9	合成气压缩机	K501	19.4	110

8.3 装置开车程序

① 在开车前首先需要进行氮气吹扫，先依次打开 HIC-04514、D-04501 的出口、LIC-04531、PIC-04552 和 LIC-04551，打通气路，打开出口阀，最后打开高压氮气进口阀进行氮气吹扫工作，当系统中的氧气含量低于2%时，完成氮气吹扫，关闭出口阀，关闭高压氮气进口阀。

② 通过旁路阀升压，向高压锅炉给水预热器 E04501A/B 填充锅炉水，并升压。然后打开入口和出口的截止阀，并关闭旁路阀，建立锅炉给水流动。

③ 对所有水冷器（E04504、E04601A/B）升压，并建立流动。

④ 启动氨冷冻系统。

a. 从氨库引入液氨填充氨收集器 D04602，并向所有氨冷器（E04506、E04507、E04508）和闪蒸槽 D04601 填充液氨至正常液位。将所有氨冷器的液位调节器投入自动。

b. 检查并确认所有连接氨压缩机的管线上截止阀全开，按照供应商的指南将所有防喘振控制阀打开。按照供应商的指南启动氨压缩机 K04701。

⑤ 氨合成回路的开车。

a. 启动合成气压缩机。

b. 开始时，确认冷激阀 TIC04501 关闭。主路入口阀 HIC04501 必须部分开启，以确保合成塔壳壁的冷却。确认开工加热炉 F04501 入口的手动阀全开，并且加热炉已经为点火做好了准备。确认锅炉给水预热器 E04501 的旁路阀 TV04547 关闭，并且该换热器气体出口蝶阀全开。

c. 确保有足够的 BFW（boiler feed water，锅炉给水）进入 E04501A/B。

d. 将冷却水引向水冷器 E04504。

e. 全开 K04401 循环段吸入阀，并关闭循环段的 kick-back 阀，在回路压力为 8.5~10.0MPa 下建立可能的最大流量循环。

f. 进行开工加热炉 F04501 点火。

g. 将一段催化剂层入口温度稳定在 355~360℃。

h. 提升新鲜合成气进入循环回路的量，以保持回路压力在 8.5~10.0MPa 表压。

i. 通过调整 HIC04502 提高第二段催化剂层的入口温度，直至其值达到 400℃。

j. 通过调整 HIC04501，将第三层催化剂层入口温度升至 395℃。

k. 保持一段催化剂入口温度为 355~360℃，根据需要减小开工加热炉负荷。

l. 经过一段时间，开工加热炉出口温度将会降低到低于一段催化剂层入口温度，此时来自加热炉的气体就开始起冷激作用了。

m. 当加热炉的负荷降至最低时，其出口温度接近合成塔正常入口温度，开工加热炉就可以停工了。

n. 当冷激阀 TIC04501 处于可自动控制的范围之内，可将其投入自动。

⑥ 后续设备启用

a. 一旦在氨分离器 D04501 中建立了正常的液位，打开 LV04531，将液氨引入缓冲槽 D04502。保持 D04502 的压力大约在 2.95MPa，该压力由 PIC04552 控制。

b. 当 D04502 内的液位足够时，将其中的液氨引至闪蒸槽 D04601。

c. D04601 的压力由 PIC04611 控制，这要通过氨压缩机 K04601 的工作来实现。

d. 将 LIC04611 置于手动关闭状态，启动氨产品泵 P04601A/B 及其密封系统。打开调节阀 LV04611 的旁路阀，以较小的流量沿氨产品管线将液氨送至氨库，以此来冷却管线。打开 LV04611 输送液氨至氨库，并将 LIC04611 切到自动状态。

e. 需要时，通过切换 LV04551A 至 LV04551B 输送暖氨。

f. 将 E04603 的旁路调节器 TIC04601 切至自动状态，并调整设定值，将暖氨的温度升至 20℃。

g. 当氨收集器 D04602 中的液位开始上升时，将液位调节器 LIC04621 切换至自动方式，流量调节器 FIC04612 切至远程方式。通过 PIC04631，将 D04602 的压力调整至大约 1.56MPa。

h. 当惰性气体分离器 D04603 中的液位达到正常值时，将其输送至 D04601，并检查液位调节器 LIC04633 的功能。

8.4 装置停车程序

① 降低装置产量。

② 一旦产量降至装置生产能力的 60%，开始减小原料气至合成气压缩机的流率。

③ 在降低回路压力过程中，合成塔内的反应会在某点终止，并且合成气压缩机将要在 100% 的防喘振模式下工作。

当反应停止时，催化剂会很快冷却下来。逐渐关小冷激阀 TV04501。根据需要，也可以降低气体循环速度。

④ 在冷却过程中的某时刻，锅炉给水预热器不再能够冷却合成气。这时，打开 TV04547，使合成气走 E04501 的旁路。

⑤ 当催化剂层的温度降至 50℃，关闭 K04401 周围的隔离阀，停止压缩机的工作。

⑥ 当回路循环停止时：

a. 根据需要，停止通往 E04504 和 E04601A/B 的冷却水；

b. 如果其他用户不需要提供冷冻时，停氨压缩机 K04401；

c. 关闭阀门，以保持氨冷器和氨鼓内的液位；或根据需要，将液氨排出。

⑦ 将 D04501 液氨排空，在泄压前关闭液位控制截止阀。

⑧ 打开 HV04512，将回路泄压。

8.5 事故处理

8.5.1 IS04501-氨合成部分

① IS04501 跳闸的原因　如下情形之一发生，合成工序安全联锁组将被激活：

a. 来自操作面板、手动方式发出的跳闸信号；

b. 氨分离器中液氨的液位（LSAH04531）过高；D04501 的液位过高会导致液氨被夹带进入合成气压缩机；

c. 送往 E04501A/B 的高压锅炉给水低流量会使 E04501A/B 合成气出口温度（TSAH04538）过高，致使 IS04501 跳闸动作。锅炉给水流量太低会使 E04501 的操作温度超过设计值。

② IS04501 跳闸的自动响应　如果 IS04501 跳闸动作，下列动作将自动执行：

合成气压缩机部分停车。

③ IS04501 跳闸发生的正确应对措施　密切监视合成塔壳壁的温度。如果该温度接近设计值 270℃，通过 HV04512 将气体放火炬。如果这样还不能使壳壁温度降下来，就降低回路压力，避免氢作用于金属内表面。

将 R04501 的入口温度控制（TIC04547）和冷激控制（TIC04501）切至手动，并按实际阀位保持输出。这样有利于迅速地重新开工。

停止由 E04508 至 D04601 的液氨流，防止冷冻回路的氨抽空，这通过手动关闭 FV04612 实现。

观察氨分离器 D04501 的液位，根据需要关闭隔离阀。

8.5.2　IS04502-开工加热炉

① IS04502 跳闸的原因　开工加热炉 F04501 的联锁组在下列条件成立时可被激活：

a. 来自于操作人员控制面板、手动发出的跳闸信号；

b. F04501 的压降（PDSAL04505）过低。如果该压降过低，说明通过加热炉的气体流量很低，这会导致加热炉过热；

c. 加热炉 F04501 出口温度（TSAH04528）过高。该温度过高会超过由 F04501 至 R04501 管线的设计温度。

② IS04502 跳闸的自动响应　如果 IS04502 跳闸了，则下列动作将会被自动执行：

开工加热炉停止——双层隔离，释放燃料。

③ IS04502 跳闸发生的正确应对措施　必须仔细监视催化剂温度和合成塔壳壁温度。如果可行，减小回路流量，以保持回路温度。

如果压降过低是跳闸的原因，检查合成塔入口阀门阀位，调整压降，如回路循环仍在运行就将更多的气体送入加热炉。

8.5.3　IS04503-氨分离器低液位联锁

① IS04503 跳闸的原因　下列任何一种情况发生，氨分离器 D04501 的联锁组都将被激活：

a. 来自于操作人员控制面板、手动发出的跳闸信号；

b. 氨分离器（LSAL04531）液位过低。如果 D04501 中的液位过低，可能会导致气体从 D04501 串入 D04502；

c. IS04504（缓冲槽的跳闸）被激活。

② IS04503 跳闸的自动响应　如果 IS04503 跳闸，系统将自动执行下列动作：

a. 流向 D04502 的液氨被切断，即 LUSY04531A/B 关闭 LV04531A/B，而 USY04531 关闭截止阀 USV04531；

b. 除了关闭阀门，跳闸动作还将 LIC04531 切换为手动输出，并将设定值置为零。

③ IS04503 跳闸发生的正确应对措施　迅速重新建立液位，并将联锁组复位；

检查 LIC04531 和 LV04531 的功能是否正常。

8.5.4　IS04504-缓冲槽 D04502 高液位联锁

① IS04504 跳闸的原因　下列情况之一发生时，缓冲槽 D04502 联锁将被激活：

a. 缓冲槽液位（LSAH04551 液位过高）。D04502 液位过高可能液氨被夹带至压缩机 K04401；

b. 来自于操作人员控制面板、手动发出的跳闸信号。

② IS04504 跳闸的自动响应　如果 IS04504 跳闸，系统将自动执行下列动作：

a. 由缓冲槽至合成气压缩机 K04401 的气流将被切断，即 USY04551 关闭 USV04551；

b. IS04503（氨分离器 D04502 跳闸）被激活。

③ IS04504 跳闸发生的正确应对措施　迅速使液位恢复正常，并将联锁组 IS04503 和 IS04501 复位。观察 PIC04552 放火炬正常。当两个液位控制器都稳定时，重新将缓冲槽中的气体引至压缩机。

8.5.5 IS04601-氨压缩机的跳闸

① IS04601 跳闸的原因　下列情况之一发生时，氨压缩机联锁组将被激活：

a. D04604 的液位（LSAH）过高。如果该液位过高，液氨有被夹带进入压缩机的危险，造成压缩机的严重损坏；

b. D04605 的液位过高。如果此液位过高，液氨有被夹带进入压缩机的危险，造成压缩机的严重损坏；

c. D04606 的液位过高。如果此液位过高，液氨有被夹带进入压缩机的危险，造成压缩机的严重损坏；

d. 来自于操作人员控制面板、手动发出的跳闸信号。

② IS04601 跳闸的自动响应　如果 IS04601 跳闸，系统将自动执行下列动作：

将跳闸信号送至氨压缩机 K04601。

③ IS04601 跳闸发生的正确应对措施　将这些分离鼓排空，并确定液体积累的原因。将联锁组复位，根据供货商提供的操作手册重新启动压缩机。

8.5.6 I04505-缓冲槽 D04502 低液位

① I04505 跳闸的原因　下列情况之一发生时，缓冲槽 D04502 联锁组将被激活：

a. 来自于操作人员控制面板、手动发出的跳闸信号；

b. 缓冲槽中氨的液位（LALL04551）过低。如果 D04502 中的液位过低，可能会导致气体从 D04502 串入 D04601 或暖氨产品管线。

② I04505 跳闸的自动响应　如果 I04505 跳闸，系统将自动执行下列动作：

液氨流股被切断，即 LUY04551A/B 关闭 LV04551A/B。

③ I04505 跳闸发生的正确应对措施：

a. 迅速重新建立液位，并将该联锁组复位；

b. 检查 LIC04551 和 LV04551 的功能是否正常。

8.5.7 IS04602-尾气放火炬跳闸

① IS04602 跳闸的原因　下列情况之一发生时，联锁组 IS04602 将被激活：

a. 来自于操作人员控制面板、手动发出的跳闸信号；

b. 尾气加热器出口温度（TALL04603）过低。尾气加热器出口温度过低说明尾气加热器的换热管出现了断裂。

② IS04602 跳闸的自动响应　如果 IS04602 跳闸，系统将自动执行下列动作：

放火炬的尾气停止，PUY04631 关闭 PV04631。

③ IS04602 跳闸发生的正确应对措施　确定是否是 E04604 发生了换热管断裂。如果是这种情况且当时所有的氨产品都以暖氨输送，也许生产可以继续。如果生产不能继续，则必须进行合成回路的停车，并检查 E04604 的 U 形换热管束。

然而，即使生产能继续，也不能长期处于这种状态，因为这是仅靠一个关闭的阀门（在两个点）将大量的氨与放火炬气体隔离。

冷冻系统中存在少量的惰性气体，使系统压力上升，或许需要将其放火炬。这时，关闭 E04601 上游的手动阀，打开 D04603 上方的管线 SG04605 上的手动阀。

8.5.8　I04603-闪蒸槽 D04601 低液位联锁

① I04603 跳闸的原因　下列情况之一发生时,联锁组 I04603 将被激活:

a. 来自于操作人员控制面板、手动发出的跳闸信号;

b. 闪蒸槽液位(LALL04612)过低。如果 D04601 中的液位过低,氨产品泵可能会汽蚀或干运转。

② I04603 跳闸的自动响应　如果 I04503 跳闸,系统将自动执行下列动作:

a. 电机 MP04601A 停止运转(UY04611);

b. 电机 MP04601B 停止运转(UY04612);

c. 至氨罐的氨产品流股被切断,即 LUY04611 关闭 LV04611。

③ I04603 跳闸发生的正确应对措施:

a. 尽快重新建立液位,并将联锁复位;

b. 检查 LIC04611 和 LV04611 的功能是否正常。

8.5.9　I04604-氨排放泵 P04602 联锁

① I04604 跳闸的原因　下列情形之一发生时,氨排放泵 P04602 联锁组将被激活:

a. 来自于操作人员控制面板、手动发出的跳闸信号;

b. 氨排放鼓(LALL04652)低液位。

② I04604 跳闸的自动响应　如果 I04604 跳闸,系统将自动执行下列动作:

电机 MP04602 运转停止(UY04651)。

③ I04604 跳闸发生的正确应对措施　检查并确认电机 MP04602 确实停下来了。

习　题

一、单项选择题

1. 下列关于氨的性质的叙述中,错误的是(　　)。

A. 氨易溶于水　　　　　　　　　　B. 氨气可在空气中燃烧生成氮气和水

C. 液氨易汽化　　　　　　　　　　D. 氨气与氯化氢气体相遇,可生成白烟

2. 氨合成时,保持氢氮比等于(　　)时平衡氨含量最大。

A. 1　　　　　　B. 2　　　　　　C. 3　　　　　　D. 4

3. 在气体组成和催化剂一定的情况下,对应最大(　　)时的温度称为该条件下的最适宜温度。

A. 流量　　　　B. 压力　　　　C. 反应时间　　　　D. 反应速率

4. (　　)在催化剂表面上的活性吸附是合成氨过程的控制步骤。

A. H_2　　　　B. N_2　　　　C. NH_3　　　　D. CH_4

5. 催化剂衰老后,会使(　　)。

A. 活性逐渐增强,生产能力逐渐增大　　B. 活性逐渐增强,生产能力逐渐降低

C. 活性逐渐下降,生产能力逐渐降低　　D. 活性逐渐下降,生产能力逐渐增大

6. 合成塔外桶承受（　　　）。

    A. 高压　　　　　　　B. 高温　　　　　　　　C. 低温　　　　　　　　D. 低压

7. 氨合成塔空速增大，合成塔的生产强度（　　　）。

    A. 增大　　　　　　　B. 减小　　　　　　　　C. 不变　　　　　　　　D. 无关

8. 冷凝法分离氨是利用氨气在（　　　）下易于液化的原理进行的。

    A. 高温高压　　　　　B. 低温高压　　　　　　C. 低温低压　　　　　　D. 高温低压

9. 当固定床反应器在操作过程中出现超压现象时，需要紧急处理的方法是（　　　）。

    A. 打开入口放空阀放空　　　　　　　　　　B. 打开出口放空阀放空

    C. 加入惰性气体　　　　　　　　　　　　　D. 降低温度

10. 下列气体中，对人体有毒害的是（　　　）。

    A. CO　　　　　　　　B. N_2　　　　　　　　C. H_2　　　　　　　　D. CO_2

11. 氨合成时，惰性气体的存在会降低 H_2、N_2 气的分压，对反应（　　　）。

    A. 平衡有利，速率不利　　　　　　　　　　B. 平衡不利，速率有利

    C. 平衡和速率都不利　　　　　　　　　　　D. 平衡和速率都有利

12. 防止人体接触带电金属外壳引起触电事故的基本有效措施是（　　　）。

    A. 采用安全电压　　　　　　　　　　　　　B. 保护接地，保护接零

    C. 穿戴好防护用品　　　　　　　　　　　　D. 采用安全电流

13. 氨合成时，采用（　　　）方法可提高平衡氨含量。

    A. 高温高压　　　B. 高温低压　　　　　　C. 低温低压　　　　　　D. 低温高压

14. 氨合成时，为了降低系统中（　　　）含量，在氨分离之后设有气体放空管，可以定期排放一部分气体。

    A. NH_3　　　　　　　B. H_2 和 N_2　　　　　　C. 惰性气体　　　　　　D. O_2

15. 能使氨合成催化剂形成永久中毒的物质是（　　　）。

    A. 水蒸气　　　　　　B. CO　　　　　　　　C. 硫化物　　　　　　　D. O_2

16. 氨合成时，提高压力，对氨合成反应（　　　）。

    A. 平衡和速率都有利　　　　　　　　　　　B. 平衡有利，速率不利

    C. 平衡不利，速率有利　　　　　　　　　　D. 平衡和反应速率都不利

二、判断题

1. 由氨合成反应特点可知，提高温度、降低压力有利于氨的生成。（　　　）

2. 要使平衡氨含量尽量增大，应增大混合气体中惰性气体含量。（　　　）

3. 系统置换的目的是为了驱出设备内的空气，防止空气与原料气混合发生爆炸。（　　　）

4. 生产现场管理要做到"三防护"，即自我防护、设备防护、环境防护。（　　　）

5. 环境危害极大的"酸雨"中的主要成分是 CO_2。（　　　）

6. 燃烧的三要素是指可燃物、助燃物与点火源。（　　　）

7. 限制火灾爆炸事故蔓延的措施是分区隔离、配置消防器材和设置安全阻火装置。（　　　）

8. 化工生产中的公用工程是指供水、供电、供气和供热等。（　　　）

9. 我国安全生产方针是"安全第一，预防为主"。（　　　）

10. 工艺过程排放是造成石化行业污染的主要途径。（　　　）

三、简答题

1. 合成氨的主要生产过程有哪几步？

2. 氨合成过程中，影响平衡氨含量的因素有哪些？

3. 氨合成塔在结构上分为外筒和内件有何优点？

4. 有哪些因素会导致合成塔催化剂床层温度下降？

5. 液氨是如何带进氨压缩机的？有何现象？如何处理？

6. 简要说明离心式压缩机的工作原理。

7. 简述氨合成反应的原理和特点。

推荐阅读材料

合成氨装置合成塔出口管道断裂事故

2009 年 3 月 23 日中午 12：53，某化工股份有限公司合成氨装置合成塔出口管道发生断裂，导致高温、高压气体外泄。事发后公司立即启动应急预案，在半小时内将装置安全停车。

事故发生之前装置处于正常运行，无超温、超压及设备等异常迹象。经事后分析，是合成氨装置氨合成塔出口管线焊缝突然断裂致使管内高温、高压氢氮气体瞬间喷出所致，导致管内高温、高压的可燃气体瞬间喷出着火，产生强大的冲出波，造成合成氨装置控制楼及附近建筑物门窗玻璃损坏。

事故发生时，共有 13 人因受到惊吓、破损玻璃划伤及撤离中碰撞等，进入医院检查。4 人经医院检查和本人确认，无任何伤害当即离院；两人（均为公司员工）经医院检查确认受伤极其轻微，经处理后离院；6 人经医院检查确认受轻微伤害，在医院接受治疗；1 人（公司员工）无任何外伤，但事后感觉不适到医院住院观察。

参考文献

谭世语,魏顺安主编. 化工工艺学（第 4 版），重庆:重庆大学出版社，2015.

第9章
乙烯直接氧化法生产乙醛工艺仿真操作

9.1 乙烯直接氧化法生产乙醛工艺流程描述

乙醛是易挥发、易燃、有辛辣味的液体，有毒。乙醛蒸气与空气能形成爆炸性混合物，爆炸极限是 4.0%~57.0%（体积分数）。乙醛分子中具有羰基，反应能力很强，容易发生氧化、缩合、环化、聚合及许多类型的加成反应。乙醛主要用于生产醋酸及其衍生物，广泛应用于纺织、医药、化纤、染料和食品等工业。

乙醛生产主要通过乙炔水合法、乙醇催化氧化或催化脱氢方法制得。1959年，瓦克-赫希斯特开发并实现了乙烯直接氧化法生产乙醛工艺的工业化。因为该方法使用来源丰富且价廉的乙烯作为原料，所以成为乙醛生产的主要方法。该方法具有反应条件温和、选择性好、收率高、工艺流程简单及三废处理容易等优点，具体反应方程式如下：

$$CH_2 = CH_2 + 1/2 O_2 \longrightarrow CH_3CHO + 243kJ \text{ (58kcal)}$$

本装置即采用这种方法，流程如图 9-1 所示。

乙烯与氧化混合物利用压缩机循环，并通过立式衬陶瓷砖反应器。该反应器内装有催化剂溶液，反应在约3atm（表压）和120~135℃下进行。循环气体中的氧含量必须低于9%，以防止形成爆炸性气体混合物。反应热是借助乙醛与水从催化剂溶液中蒸发而移出。蒸汽及未反应气体在反应器直径较大的顶部进入除沫器与催化剂分离，液相催化剂通过除沫器与反应器之间的连接管借助密度差循环回反应器。气相经过冷凝、洗涤、吸收后，未凝气体乙烯、氧和惰性组分，一部分通过压缩机循环至反应器，一部分送火炬燃烧，以保证反应气体中的惰性组分在较低的水平。吸收液粗乙醛经过脱轻组分塔（C-201）除去沸点低的氯甲烷、氯乙烷等轻组分后，再进入精馏塔（C-202）进一步分离，得到纯乙醛产品。釜底产物是含有少量醋酸和其他高沸点副产物的水溶液，排放到污水处理厂处理。

为避免因副反应生成的草酸铜、高分子聚合物降低催化剂活性，所以从连接管中连续抽出部分催化剂进入再生系统，经氧化再生后的合格催化剂溶液从反应器底部进入反应器，循环使用。

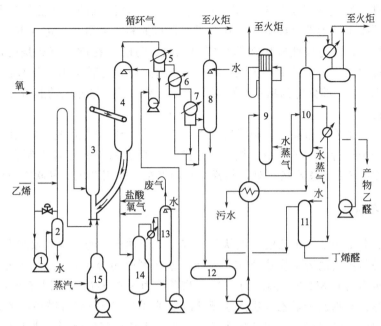

图 9-1　一段法乙烯直接氧化生产乙醛工艺流程

1—水环泵；2—气液分离器；3—反应器；4—除沫分离器；5~7—第一、二、三冷凝器；
8—水吸收塔；9—脱轻组分塔；10—乙醛精馏塔；11—乙烯酮提取塔；12—粗乙醛贮槽；
13—尾气吸收塔；14—分离器；15—再生器

9.1.1　反应单元

在反应系统，按照瓦克-赫西斯特一步法乙烯直接氧化生产乙醛的工艺，乙烯和氧气由 PRC-1048 和 PRC-1402 稳定到 0.5MPa 进入反应器 R-101。反应器内充满 2/3 的催化剂水溶液，新鲜乙烯加到压缩机 K-101 循环气出口后，高速从反应器底部流入。在循环气进口的上面，加入适量的氧气。两股气体在催化剂溶液中很快分布并反应生成乙醛。反应压力为 0.3~0.35MPa，温度为 125~132℃。在这种操作条件下，乙醛生成物是气态的，再加上被反应热蒸发出的水蒸气，反应器内充满了密度相当低的气液混合物，这种混合物通过反应器上部的两根连通管进入除沫器 V-102。在除沫器里，气体从除沫器顶部排出。排出气体组分为：水蒸气、乙醛、乙烯、氧气及少量的副产物和惰性气体。

经脱气之后，除沫器中的催化剂溶液密度比反应器中气液混合物的密度高得多。由于这两个容器相流通，所以密度差造成了催化剂以高速进行循环。

为了补偿反应过程中蒸发掉的水分和由于副反应而损失的氯离子，应在催化剂溶液中添加新鲜脱盐水和盐酸，以维持催化剂溶液中催化剂组分的稳定。

为保持催化剂的活性稳定，从催化剂循环管连续引出少量催化剂到再生系统进行氧化再生，之后进入反应器循环使用。

从除沫器顶部排出的气体进入冷凝器 E-101A/B，控制冷却温度，使冷凝液中的乙醛含量较低 [500×10^{-6}（ppm）以下]。冷凝液收集在配有液位调节器的罐 V-103 中，再经输送泵 P-101 返回除沫器。冷凝器 E-101 中未冷凝气体进入两个串联操作的冷凝器 E-102 及 E-103 进一步冷却。冷凝液流入洗涤塔 C-101 底部。第三冷凝器的未凝气体再进入洗涤塔 C-

101，在 C-101 塔上部用工艺水喷淋吸收乙醛，吸收水是由一部分新鲜工艺水和一部分蒸馏单元 C-202 釜排出的废水经加压泵 P-101A/B 加压后混合而成的。经洗涤后的气体（循环气）从洗涤塔顶排出，大部分经 K-101 压缩后与新鲜原料乙烯混合后进入 R-101，一小部分送火炬 B-101 烧掉，以免惰性气体在循环气中积聚。为防止在燃烧器燃烧时，产生大量黑烟，必须向燃烧器通入适量的消烟蒸汽。K-101 工作液经分离器 V-101 分离后经泵 P-103 分别打到冷却器 E-104，部分排到粗乙醛贮罐 V-402，另一部分与补充的新鲜工艺水一起作为 K-101 的工作液。

洗涤塔 C-101 釜液（粗醛）经板式冷却器 E-105 冷却至 40℃后进入粗乙醛贮罐 V-402。

为使装置安全运行，循环气中：氧气一般控制在 5%～8%；乙烯控制在大于 63%（最佳值 66%），当装置处于危险状态时，装置将自动停车，并用高压氮气吹扫设备和管线。

9.1.2 蒸馏单元

粗乙醛输送泵 P-402 把粗乙醛溶液从贮罐 V-402 中抽出，经螺旋式预热器 E-201 与乙醛精馏塔 C-202 塔釜排出的废水换热至 95℃以上，进入脱轻组分塔 C-201，从塔底通入直接蒸汽加热。塔顶压力为 0.3MPa，温度为 60℃；塔釜压力为 0.32MPa，温度为 106℃。从塔顶排出的氯乙烷等低沸物及少量乙醛进入塔顶冷凝器 E-202，冷凝液自塔顶回流，未凝气体去燃烧器燃烧。因轻组分很难从无水乙醛中分离，故在塔顶最高的筛板上进入新鲜脱盐水进行萃取蒸馏操作。

脱去低沸物的粗乙醛，利用压差从 C-201 塔釜液位调节阀 LIC-2301 进入精馏塔 C-202，塔釜用直接蒸汽加热。该塔塔顶压力 0.12MPa，塔顶温度为 43℃，塔釜压力 0.14MPa，塔釜温度为 125℃。塔顶处，用回流泵 P-201 把一部分纯乙醛送到塔顶回流，以控制塔顶温度，另一部分送纯乙醛至冷却器 E-205 冷却到 40℃后排至纯乙醛贮罐 V-403A/B。E-203A/B 排出的未凝气体（含乙醛）经压力调节阀 PRC-2409 后进入尾气吸收塔 C-401，脱醛后的尾气进入尾气分离器分离后排火炬燃烧掉。

C-202 塔的釜液是脱除了乙醛 [乙醛含量<0.1%（质量分数）] 的废水，经预热器 E-201 换热后，再经冷却器 E-206 进一步冷到 40℃。废水一部分排放污水池，用输送泵送往污水处理厂处理，一部分经 V-105 用泵 P-104 送入 C-101 用作吸收水。

为保持塔内沸程化合物含量不变，以保证产品纯乙醛的质量，在 C-202 塔精馏段的第 4（或 6、8）块塔板连续引出巴豆醛馏分，经套管冷却器 E-204 冷却后进入混合器，加入工艺水混合后一起流入小萃取塔 C-203，分出两层不同的液相。塔上层液相（主要含巴豆醛）送至巴豆醛贮罐 V-405，塔下层液相是乙醛水溶液送到粗乙醛贮罐 V-402。

9.1.3 再生单元

为了保持催化剂组分的活性，从循环管上引出部分催化剂溶液，在氧化管中加入空气和盐酸，把部分氯化亚铜氧化成氯化铜，然后经液位调节器 LIC-3301 调节进入旋风分离器 V-301。

催化剂溶液从 V-301 底部排出，经过滤器 F-301，用泵 P-301 输送到再生器 V-302，用文丘里流量计计量，用压力调节器 PRC-3404 控制 V-302 压力在 0.8～1.0MPa。V-302 中的催化剂用直接蒸汽加热至 170℃，通入氧气热解催化剂溶液中的高分子化合物与草酸铜。催化剂在 V-302 中恢复活性，同时产生二氧化碳。再生后的催化剂（气液化合物）进入闪蒸罐 V-303 进行闪蒸分离，控制 V-303 的压力为 0.49MPa。合格的催化剂从 V-303 底部返回反应器，控制催化剂溶液中的 $Cu^+/\sum Cu<0.25$，以免堵塞管道。

从 V-303 闪蒸罐中分离出的气体和 V-301 中分离的气体（包括氧气和相当数量的水分）都进入冷凝器 E-301 进行冷凝，未凝气体进入洗涤塔 C-302，从塔上部加入脱盐水喷淋吸收尾气中的乙醛，然后排空。吸收液和 E-301 的冷凝液一并用输送泵 P-303 输送到 P-101 的入口返回反应器。

用氮气将盐酸贮罐 V-406 的盐酸压入盐酸计量槽 V-304 中，然后用盐酸计量泵 P-302 输送到氧化管和 V-102 催化剂循环管。V-406 和 V-304 的放空盐酸气直接引到污水池中被污水吸收。

9.1.4　中间罐区

中间罐区是为了装置操作需要而设置的，并不是用来储存中间产品和成品的。氮气贮罐 V-401 与氮气压缩机 K-401 是装置的安全用氮设施。氮气由压缩机压缩后，经冷却器冷却后进入氮气贮罐 V-401，升压至 2.2MPa。V-401 的氮气少量用于装置操作，即通过 PIC-4451 稳定压力在 0.5MPa 以供 C-201、C-202 吹气或液位仪表等用户连续用氮气；还有一部分通过 PIC-4452 稳定压力在 0.55MPa，以供中间罐区保压、压盐酸等用户间断用氮气；其余大部分用于装置开停车及事故时吹扫管线和设备。

粗乙醛贮罐 V-402 用于储存反应单元来的粗乙醛，并用泵 P-402 将它输送到蒸馏单元。该罐用氮气维持压力在 0.03～0.05MPa，罐顶排放的尾气到吸收塔 C-401，以回收乙醛。

纯乙醛贮罐 V-403A/B 用于储存蒸馏单元的纯乙醛，该罐用氮气维持压力在 0.08～0.15MPa，罐顶尾气用 C-401 吸收塔吸收其中的乙醛。

不合格乙醛贮罐 V-404 用于储存在开停车或出现操作事故时产生的不合格成品，并将其用泵送至粗乙醛贮罐 V-402，该罐用氮气维持压力在 0.08～0.15MPa，罐顶尾气排至 C-401 吸收塔吸收其中的乙醛。

巴豆醛贮罐 V-405 用于储存蒸馏单元 C-202 来的巴豆醛馏分，该罐用氮气维持正压 0.03～0.15MPa，罐顶尾气排至 C-401 吸收。

盐酸贮罐 V-406 和 V-410 用于储存来自界区的脱盐水，并用泵 P-401 将它输送到装置各系统的用户。

工艺水贮罐 V-408，用于储存界区外来的工艺水，并用泵 P-405 将它输送到装置各系统的用户。

洗涤塔 C-401 用于洗涤吸收来自 V-402、V-403、V-404、V-405、V-201、E-203 及乙醛球罐的尾气，洗涤液送到 V-402。洗涤后的气体经尾气冷凝分离罐 V-409 分离后，气体排火炬燃烧掉，凝液去 V-402，防止因生产异常、波动而造成乙醛水溶液排往火炬而造成下火雨。

9.2　主要设备、主要调节器及仪表说明

主要设备见表 9-1，仪表见表 9-2，报警联锁停车值见表 9-3。

表 9-1　乙烯直接氧化法生产乙醛工艺主要设备一览表

位号	设备名称	位号	设备名称
R-101	反应器	E-101	反应气第一冷却器
V-101	分离器	E-102	反应气第二冷却器

续表

位号	设备名称	位号	设备名称
V-102	除沫器	E-103	反应气第三冷却器
V-103	一冷收集器	E-104	循环冷却器
V-104	二冷收集器	E-105	粗醛冷却器
V-201	回流液罐	E-201	粗醛预热器
V-301	旋风分离器	E-202	C-201预回流冷却器
V-302	再生器	E-203A/B	纯醛冷却器
V-303	闪蒸罐	E-204	巴豆醛冷却器
V-304	盐酸计量罐	E-205	纯醛冷却器
V-305	混合罐	E-206	废水冷却器
V-306	混合罐	E-301	尾气冷却器
V-307	混合罐	K-101A/B	水环式压缩机
V-401	氮气罐	P-101A/B	一冷冷凝液输送泵
V-402	粗乙醛罐	P-102	废催化剂输送泵
V-403A/B	纯乙醛罐	P-103A/B	循环水输送泵
V-404	不合格乙醛罐	P-201A/B	乙醛回流泵
V-405	巴豆醛罐	P-301	催化剂再生泵
V-406	盐酸罐	P-302A/B	盐酸计量泵
V-407	软水罐	P-303	粗乙醛计量泵
V-408	工艺水罐	P-401A/B	脱盐水加压泵
C-101	洗涤塔	P-402A/B	粗乙醛输送泵
C-201	脱轻组分塔	P-403A/B	纯乙醛输送泵
C-202	精馏塔	P-404	巴豆醛输送泵
C-203	萃取塔	P-405A/B	工艺水输送泵
C-302	废气洗涤塔	P-406	不合格乙醛输送泵
C-401	尾气洗涤塔	K-401A/B	氮气压缩机

表 9-2　仪表一览表

位号	说明	单位	正常值	低报警	高报警
TR1601	氧气温度	℃	20		
TR1602	乙烯温度	℃	20		
TR1603	E-104废水温度	℃	37		
TR1605	V-101循环气温度	℃	60		
TR1606	R-101顶部温度	℃	125		
TR1607	R-101底部温度	℃	125		
TR1608	V-102底部温度	℃	125		
TR1609	E-101冷却水出口温度	℃	42		
TR1610	E-101气体出口温度	℃	115	100	

位号	说明	单位	正常值	低报警	高报警
TR1611	V-103 冷凝液出口温度	℃	110		
TR1612	E-102 气相出口温度	℃	75		
TR1615	E-103 气相出口温度	℃	22		
TR1616	C-101 循环气出口温度	℃	<30		
TR1617	E-105 粗醛出口温度	℃	40		
TR1619	E-101 工艺气进口温度	℃	125		
TR1621	E-105 粗醛进口温度	℃	51		
TR1623	E-102 冷却水出口温度	℃	42		
PR1401	氧气总管压力	MPa	0.8	0.6	
PRC1402	减压后氧气压力	MPa	0.6		
PR1407	乙烯总管压力	MPa	1.5	0.8	
PRC1408	减压后乙烯压力	MPa	0.6		
PR1410	V-101 循环气出口压力	MPa	0.45		
PRC1416	V-102 顶部压力	MPa	0.3	0.17	0.15
PDR1436	C-101 压差	mm 水柱	100		
FR1201	小放空量(标准状态)	m^3/h	100		
FR1202	大放空量(标准状态)	m^3/h			
FR1203	R-101 乙烯加入量(标准状态)	m^3/h	4084	1500	1000
FFRC1204	R-101 氧气加入量(标准状态)	m^3/h	2123		
FRC1206	K-101 循环气进入量(标准状态)	m^3/h	9600	8700	7950
FI1207	K-101 循环工作水流量	m^3/h	6.0	3	
FI1219	K-101 补充工艺水量	m^3/h	0.27		
FR1208	R-101 蒸汽加入量	t/h	1.7		
FRC1209	V-102 冷凝液加入量	m^3/h	16.8		
FRC1210	C-101 工艺水加入量	m^3/h	60.3	25	20
FR1211	V-402 粗醛进入量	m^3/h	77.5		
FI1213	E-101 冷却水流量	m^3/h	432		
LIC1301	V-101 液位	%	40	25	75
LR1302	R-101 液位	%	50-60		
LIC1303	V-103 液位	%	30～40	25	75
LIC1304	C-101 液位	%	30～40	25	75
AR1101	循环气中乙醛含量	10^{-6}(ppm)	200		500
ARC1102	循环气中氧气含量	%	7	8.5	9
ARC1103	循环气中氧气含量	%	7	8.5	9

位号	说明	单位	正常值	低报警	高报警
ARC1104	循环气中氧气含量	%	7	8.5	9
AR1105	循环气中乙烯含量	%	65	63	60
AR1106	循环气中乙烯含量	%	65	63	60
TR2601	C-201 塔顶温度	℃	60		
TR2602	C-201 第 10 块板温度	℃	65		
TR2603	C-201 粗醛进口温度	℃	106		
TR2604	E-206 废水出口温度	℃	40		
TR2605	E-201 粗醛进口温度	℃	40		
TR2606	C-201 填料段温度	℃	40		
TR2607	C-201 底部温度	℃	106		
TR2609	C-202 塔顶纯醛温度	℃	43		
TRC2612	C-202 第 13 块塔板温度	℃	60		
TR2614	C-202 第 8 块塔板温度	℃	72～76		
TRC2617	C-202 填料上段温度	℃	120		
TR2618	C-202 填料中段温度	℃	124		
TR2619	E-205 纯醛出口温度	℃	35		
TR2622	E-203 尾气出口温度	℃	43		
TR2624	C-202 塔底废水温度	℃	125	123	120
TR2627	E-201 废水出口温度	℃	65		
TR2628	E-202 废气出口温度	℃	45		55
TR2629	C-202 第 25 块板温度	℃	44		46
TR2634	V-201 纯醛温度	℃	43		
PRC2401	E-202 尾气出口压力	MPa	0.3	0.15	
PDR2402	C-201 压差	Pa	<22000		
PDR2404	C-202 精馏段压差	Pa	<26000		
PDR2405	C-202 提馏段压差	Pa	<3800		
PRC2409	E-203 尾气压力	MPa	0.12	0.08	
FI2201	E-202 氮封(标准状态)	m³/h	12.5		
FRC2202	C-201 粗醛回流量	m³/h	3.2		
FRC2203	C-201 粗醛进料量	m³/h	78.2		
FR2204	C-201 蒸汽加入量	kg/h	750		
FRC2205	C-201 脱盐水加入量	m³/h	1.0		
FR2206	C-202 纯醛出料量	m³/h	9.87		
FI2208	E-203 氮封(标准状态)	m³/h	20		

位号	说明	单位	正常值	低报警	高报警
FR2211	C-202 纯醛回流量	m³/h	10	6.0	
FRC2212	C-202 蒸汽加入量	kg/h	7000		
LIC2301	C-201 液位	%	30~40	25	75
LIC2302	C-202 液位	%	30~40	25	75
LIC2303	V-201 液位	%	30~40	25	75
TR3602	V-302 塔顶温度	℃	170	160	180
TR3603	E-301 废气温度	℃	45		
PRC3404	V-302 压力	MPa	1.0		
PDI3410	V-302 与氧气压差	MPa		0.15	0.10
PDI3411	V-302 与蒸汽压差	MPa		0.15	0.10
PRC3412	V-303 压力	MPa	0.49		
FR3203	C-302 脱盐水加入量	m³/h	3.0		
FRC3204	V-302 催化剂进料量	m³/h	4.0		
FRC3205	V-302 蒸汽加入量	kg/h	750		
FRC3207	V-302 氧气加入量（标准状态）	m³/h	30	10	100
LIC3301	V-301 液位	%	40	25	75
LIC3303	C-302 液位	%	50	25	75
LI3308	V-304 液位	%		20	80
LIC3312	V-303 液位	%	50	25	75
PIC4403	V-403,V-404 氮封压力	MPa	0.05		
PIC4416	V-403,V-404 氮封压力	MPa	0.05		
PIC4451	V-401NL₂ 压力	MPa	0.55		
PIC4452	V-401NL₁ 压力	MPa	0.55		
PRC4454	V-401 压力	MPa	2.2	2.0	1.7
TR4671	V-407 脱盐水温度	℃	22	5	35
TR4681	V-408 工艺水温度	℃	22	5	35
LI4361	V-406 液位	%	50	20	80
LI4371	V-407 液位	%	50	25	75
LI4381	V-408 液位	%	50	25	75
LI4301	V-402 液位	%	50	20	80
LI4302	V-404 液位	%	50	20	80
LI4303	V-403A 液位	%	50	20	80
LI4304	V-403B 液位	%	50	20	80
LI4305	V-405 液位	%	50	20	80

续表

位号	说明	单位	正常值	低报警	高报警
TR4602	P-403 纯醛出口温度	℃	20		
TR4603	C-401 塔底温度	℃	32		

表 9-3　报警联锁停车值一览表

序号	仪表位号	测量项目	偏差	报警值	停车值
1	ARC1102	循环气中氧含量	高	8.5%	9%
2	ARC1103	循环气中氧含量	高	8.5%	9%
3	ARC1104	循环气中氧含量	高	8.5%	9%
4	AR1105	循环气中乙烯含量	低	63%	60%
5	AR1106	循环气中乙烯含量	低	63%	60%
6	FR1203	R-101 乙烯加入量(标准状态)	低	1500m³/h	1000m³/h
7	FR1206	K-101 循环气流量(标准状态)	低	8700m³/h	7950m³/h
8	FRC1210	C-101 工艺水加入量	低	25m³/h	20m³/h
9	PRC1416	反应系统压力	高	0.37MPa	0.39MPa
10	PRC1416	反应系统压力	低	0.17MPa	0.15MPa
11	PRC4454	V-401 压力	低	2.0MPa	1.7MPa
12	TR2624	C-202 釜温	低	123℃	120℃
13	PDI3410	V-302 与进氧压差	低	0.15MPa	0.10MPa
14	PDI3411	V-302 与进蒸汽压差	低	0.15MPa	0.10MPa

9.3　装置开车程序

9.3.1　开车前的准备工作

配制合格催化剂溶液,供反应单元开车使用。在装置操作期间,催化剂经稀释后,其浓度如下:

总铜含量(以铜计)　　65~75g/L
钯含量(以钯计)　　0.25~0.42g/L　　(0.6g/100g Cu)

9.3.2　反应单元开车

在整个开车过程中,安全开关处于开车位置,即开关处于"联锁断开"位置。
① 启动氮气压缩机 K-401 使氮气贮罐压力增至 2.2MPa。
② 反应器 R-101 开车。
a.打开循环气管线上的放空阀,使反应器泄压。然后将催化剂溶液用 0.55MPa 的氮气从配制罐中压入反应器。
b.关闭放空阀并通过连接在乙烯管线上的氮气管线通入氮气,使反应系统中压力达到 0.2MPa,然后打开小放空阀(HIC-1710)并通过压力调节器(PRC-1416)维持压力,同时置换系统中的氧气。

c. 打开水环式压缩机循环水，启动水环压缩机。

d. 通入少量蒸汽使反应器升温至 90℃，循环气量调节至 6000~7000m³/h（标准状态）。同时向洗涤塔 C-101 加入少量的工艺水（15~20m³/h）。这些水排入 V-402 罐中。

e. 当反应器中的催化剂温度已达到约 90℃ 而循环气中的氧含量低于 1% 时，停压缩机，切断氮气，打开放空阀使反应系统泄压。当压力稍高于外部压力时（约 0.01MPa），流量计 FR-1201 开始下跌时，关闭压缩机旁通阀，打开乙烯管线上的手动阀门，慢慢增加反应器的压力调节阀（PRC1416）的给定值使乙烯进入系统。当乙烯含量在 70% 以上时，关闭大放空阀，关小小放空阀。当压力达到约 0.2MPa 时，打开水环压缩机旁通阀（FRC1206）并使压缩机投入运行。通过控制调节阀的给定值来调整循环气达需要量。

f. 当循环气中乙烯浓度达到 70% 以后，保持恒定 PRC1416 给定压力，打开氧气管线上的手动阀门，微开调节阀，通过手动调节阀向 R-101 加入少量氧气，尽快平稳地使循环气中氧含量达 4%，防止大起大落地波动。通入 O₂ 后，反应器中催化剂溶液温度急剧上升表明反应开始。同时压力调节器 PRC1416 自动补充乙烯，在此操作期间，循环气乙烯含量不应低于 63%，否则需要加大其压力调节器的给定值。当压力超过 0.3MPa 时，放空阀就要开大些。

g. 通乙烯后，随着反应的开始，向冷凝器 E-101、E-102、E-103 加冷却水。当 V-103 液位已达到约 50% 时，启动冷凝液泵 P-101，将冷凝液送回除沫器 V-102，通过液位调节器 LIC1303 控制流量。

h. 送冷却水的同时，还要增加洗涤塔 C-101 进水量，并将洗涤塔出料送到粗乙醛罐 V-402 中（如蒸馏单元已开始水运，则此步已在向蒸馏单元送水时完成）。调节 C-101 塔顶加水量，保证循环气中残存的乙醛含量不超过 500×10⁻⁶（ppm）。

i. 当反应器 R-101 的温度达到 110℃ 时，停止进反应器的蒸汽。

j. 当循环气中的氧含量已达到 4%，乙烯含量超过 65%，可以将氧气进料切换成串级手动调节，并迅速将氧气的进气量提至串级前的值。然后将氧气在线分析仪的设定值改成其显示值，再投自动。然后再逐步提高循环气中氧含量达到控制值。

k. 循环气中氧含量达到控制值后，开泵 P-302 向除沫器中加入少量盐酸。

l. 当反应单元运行平稳后，可挂上联锁。

9.3.3　蒸馏单元开车

在反应单元开车前，蒸馏单元应先完成下列操作。

① 把 PRC-2401 和 PRC2409 投入操作。进一步通 N₂ 使脱轻组分塔和成品塔的压力分别达到 0.3MPa 和 0.12MPa。停止通 N₂。

② 解除蒸馏单元联锁，蒸馏塔通蒸汽预热到一定温度。当粗乙醛贮罐 V-402 液位达到 25%~30% 时，蒸馏准备开车。

③ 开粗乙醛泵 P-402 将粗乙醛以小流量打进脱轻组分塔 C-201。该塔一经出现液位，就往塔釜通直接蒸汽加热。同时，向冷凝器 E-202 通入冷却水，当塔釜温度达到 100℃ 时，打开塔釜放料管线上的手动阀门，塔釜液经液位调节阀进入成品塔。当从冷凝器 E-202 来的回流刚一出现时，就要开始将脱盐水通入塔顶。

④ 当粗乙醛送入成品塔 C-202 时，冷凝器通入冷却水。当成品塔釜中刚出现液位时，就马上用直接蒸汽加热。起初，排料管线上的手动阀门仍关闭着。只有当塔釜温度达 123℃ 时，方可打开并开始调节液位。温度太低，大量的乙醛随废水一起排出。当收集罐 V-201

中刚一出现液位，就立即启动回流泵 P-201，去中间罐区的排料管线上的阀门仍关闭着。适当地控制回流，使收集罐中的液面保持得低一些。该塔全回流操作，直至塔顶温度达到43℃为止（塔顶压力稳定在 0.12MPa）。一旦乙醛合格就打开排放管线上的阀门，将乙醛送往纯乙醛贮罐 V-403。在乙醛合格前，如果 V-201 中的液位上升到 75%，就需将其送入不合格乙醛贮罐 V-404，再返回到 V-402，去蒸馏系统重新蒸馏。

⑤ 成品塔液位调节开始后，粗乙醛在 E-201 中用废水预热。这样，脱轻组分塔所需直接蒸汽量就大大降低。这时调节 C-201 和 C-202 两塔各参数至稳定。

⑥ 当蒸馏单元各参数达到正常控制值后，将联锁投用。

⑦ 蒸馏操作几小时后，必须侧线采出巴豆醛。向侧线馏分冷却器 E-204 中加冷却水，向萃取塔 C-203 中加工艺水并需进行调节。萃取塔下部的物料转入粗乙醛贮罐 V-402。萃取塔上部物料去巴豆醛贮罐 V-405。

⑧ 如蒸馏单元在反应开车前一直进行热水运，反应单元开车后，蒸馏单元的开车可从步骤②开始直接投入运行。

9.3.4　中间罐区开车

在反应单元和蒸馏单元开车以前，中间罐区应作好开车准备。所有贮罐，除在常压下操作的水罐外，都要用氮气置换。氮气贮罐 V-401 的压力用氮压机 K-401 升压到 2.2MPa。粗乙醛贮罐 V-402 和巴豆醛贮罐 V-405 的压力调节器给定值设为 0.05MPa，纯乙醛贮罐 V-403 和不合格乙醛贮罐 V-404 的压力调节器的给定值设为 0.09MPa。向洗涤塔 C-401 加水以洗出废气中的乙醛。

向脱盐水贮罐 V-407 进脱盐水，并向工艺水贮罐 V-408 进工艺水。在各相应用户开车前，分别开脱盐水泵 P-401 和工艺水泵 P-405，将脱盐水的工艺水送往用户。

9.3.5　再生单元开车

再生单元可以在装置运行 8h 以后开车，开车程序如下。

① 先开再生单元的冷凝系统。为此向冷凝器 E-301 加冷却水而向洗涤塔 C-302 加脱盐水。冷凝液和洗涤液一起用泵 P-303 送到 P-101 入口，连同 E-101 的冷凝液一道送到除沫器 V-102 中。闪蒸罐 V-303 用氮气升压并将压力调节到 0.49MPa。

② 打开 V-102 催化剂循环管上催化剂引出管上的手动阀门，用液位调节器 LIC3301 调节催化剂引出量。同时，开盐酸计量泵 P-302 向氧化管中加入少量的盐酸并通入空气。

③ 当旋风分离器的液位达到 50% 时，开催化剂泵 P-301，将氧化了的催化剂送进再生器 V-302，通过流量调节催化剂量。手动调节压力调节阀 PRC3404 使流量 FRC3204 不致减少。

④ 来自再生器的催化剂流入闪蒸罐 V-303。当催化剂液位已达 50% 时，打开催化剂返回管线上的手动阀门并开始液位调节。如若必要，可通入氮气稳定闪蒸罐 V-303 的压力调节。

⑤ 挂上再生单元 V-303 防倒流联锁。

⑥ 当催化剂在再生系统循环一段时间后，再生系统得到预热。V-302 通入直接蒸汽慢慢加热催化剂。当催化剂温度 TR3602 达到 150℃，V-303 压力稳定在 1.0MPa 时，开始向再生器 V-303 中通入氧气。

⑦ 当 V-406、V-304 装盐酸、卸盐酸时，盐酸尾气进污水池中吸收。

9.4　装置停车程序

9.4.1　反应单元停车程序

① 在停车前 2h 关闭 FRC1209 纯水补加调节阀，对催化剂进行浓缩，以便催化剂的处理和重新使用。

② 联锁开关处于"断开"位置。

③ 为了加快催化剂的浓缩，适当增加 FRC1206 的循环气流量。同时 C-101 塔的吸收水量也相应增加，把 V-103 的冷凝液切换进 V-402，停 P-101 泵。LR1302 液位逐渐下降，停加盐酸。

④ 经过 2h 多的催化剂浓缩，当 LR1302 降低大约 20%～30%时，催化剂总铜含量达到 90～100g/L 时，反应可进入停车状态。

⑤ 系统压力调节 PRC1416 切换手动，把压力逐渐减小至 0.2MPa，FRC1206 和 FFRC1204 流量相应减少。此时，可以关闭乙烯管道上的两只手动阀门，循环气中氧含量急剧上升，乙烯含量迅速下降，PRC1416 也在下跌。

⑥ 当上述三个条件中任何一个达到报警、停车值时，立即闭合或按紧急停车按钮。装置将自动停车，各电磁阀发生动作，事故氮气自动进入反应系统置换，K-101 自动停车。此时，关闭 K-101 的进出口阀门，停 P-103 泵，关闭氧气管道上的两个阀门。当循环气中乙烯、氧气含量指示跌到"零"时，可将联锁开关切到"断开"位置，事故氮气立即停止吹扫。关乙烯管道上的两个截止阀，开乙烯管线上的氮气阀门，继续置换系统。把工艺新鲜水 FRC1210 流量减少到 20m³/h 左右。

⑦ 催化剂进行氧化前，向反应器 R-101 加盐酸。系统通过 PRC1416 升压至 0.3MPa，启动 K-101 循环气流量控制在 6000～7000m³/h（标准状态），打开氧气管上的阀门，用 PRC1402 和 FFRC1204 调节氧气压力和流量，氧气进入反应器中。当催化剂溶液温度上升，说明氧化开始，氧含量缓慢上升。当反应温度有下降趋势，说明氧化结束，可以关闭氧气管上的两个阀门，当 $Cu^+/\sum Cu < 5\%$ 时，氧化合格。

⑧ 将 R-101 内的催化剂撒至 V-305 中，然后对系统进行 N_2 置换。

9.4.2　蒸馏单元停车程序

① 将蒸馏系统的联锁开关切换至"断开"位置。

② 当 V-402 内物料液位降至 5%时，继续由 FRC1210 切水进行热水运。

③ 手动增加 C-201 塔的萃取水量 FRC2205，使塔内乙醛量洗涤至塔釜。同时，手动调节 FRC2202 蒸汽调节阀，用 HIC2701 补充 C-201 塔氮气，保持 PRC2402 压力为 0.3MPa。

④ 当 C-201 塔内压差大幅度降低时，关闭 C-201 塔的加热蒸汽。

⑤ 萃取水洗涤一段时间后，关闭 FRC2205，并将 C-201 塔釜液尽量排至成品塔 C-202。当 C-201 的液位降至"0"时，关其液位调节阀 LIC2301。

⑥ 在成品塔 C-202 塔顶温度不超过 43℃的情况下，尽量增加出料量以降低回流罐 V-201 的液位。当 V-201 的液位降至 5%～10%时，把 C-202 的加热蒸汽改为手动控制，蒸汽量适当增加，把塔釜醛赶至塔顶。同时停止抽巴豆醛，关 C-203 加工艺水和 C-203 出料阀。

⑦ 用增大回流和减少出料来控制 C-202 塔顶温度不超过 43℃，当其温度超过 44℃时，

将 C-202 纯醛出料转到不合格乙醛罐。

⑧ 往 C-202 塔釜继续通入适量蒸汽，待其塔顶温度达到 100℃时，关闭塔顶回流和塔釜加热蒸汽并补充氮气保持其塔顶压力。V-201 内物料全部打到 V-404 中，停 P-201 泵。排尽 C-202 的塔釜废液。

⑨ C-401 停加工艺水。

⑩ 将 V-403A/B 内的纯乙醛和 V-405 内的巴豆醛排空。

⑪ 除 V-404 外，各塔、贮罐都要用氮气置换。

9.4.3　再生单元停车程序

① 首先将 FRC3205 手动关闭，停止向 V-302 加蒸汽。

② 当 V-302 温度降到 105℃时，停 P-302 泵，关闭氧化管的盐酸及空气阀。将 FRC3207 手动关闭。

③ 关循环管处催化剂采出阀，将 LIC3301 手动关闭，用 P-301 将 V-301 打空。停泵 P-301。

④ 将 LIC3312 改为手动调节，使 V-303 催化剂全部进入反应器 R-101，然后关循环管路反应器进口阀，并将 PRC3402 和 PRC3404 手动关闭。

⑤ 关 C-302 加水阀和 E-301 上冷却水阀。将 LIC3303 手动全开，当 C-302 液面回零时，停泵 P-303。

9.5　事故处理

本工艺的事故通常都是由于公用工程部分出了问题而导致装置停水、电、汽或设备损坏、阀门失灵等造成的。大部分事故都应按紧急停车方案进行停车。下面分别介绍不同事故时装置的紧急停车程序。

（1）停脱盐水

① 先按"反应岗位紧急停车按钮"。

② 再生单元立即停车，并关闭通往再生单元的催化剂阀门并停泵 P-302。

③ 停 P-101，停止向除沫器加脱盐水。

④ 关闭乙烯和氧气进料管线上的手动阀门。

⑤ 蒸馏岗位减量继续操作。

⑥ 蒸馏岗位进行全加流操作。

（2）停工艺水

① 再生单元立即停车，并关闭通往再生单元的催化剂阀门并停泵 P-302。

② 停 P-101，停止向除沫器加脱盐水。

③ 关闭乙烯和氧气进料管线上的手动阀门。

④ 蒸馏岗位减量继续操作。

⑤ 蒸馏岗位进行全回流操作。

（3）停 6000V 电

① 再生单元立即停车，并关闭通往再生单元的催化剂阀门并停泵 P-302。

② 停 P-101，停止向除沫器加脱盐水。

③ 关闭乙烯和氧气进料管线上的手动阀门。

④ 蒸馏岗位减量继续操作。

⑤ 蒸馏岗位进行全回流操作。

（4）停 380V 电

① 再生单元立即停车，并关闭通往再生单元的催化剂阀门并停泵 P-302。

② 停泵 P-101，停止向除沫器加脱盐水。

③ 关闭乙烯和氧气进料管线上的手动阀门。

④ 对塔 C-201 和 C-202 保压。

⑤ 关闭塔 C-201 的进料。

⑥ 关闭塔 C-202 塔釜出料。

（5）停冷却水

① 先按"反应岗位紧急停车按钮"。

② 再生单元立即停车，并关闭通往再生单元的催化剂阀门并停泵 P-302。

③ 停泵 P-101，停止向除沫器加脱盐水。

④ 关闭乙烯和氧气进料管线上的手动阀门。

⑤ 对塔 C-201 和 C-202 保压。

⑥ 关闭塔 C-201 的进料。

⑦ 关闭塔 C-202 塔釜出料。

（6）停氮气

① 先按"反应岗位紧急停车按钮"。

② 再生单元立即停车，并关闭通往再生单元的催化剂阀门并停泵 P-302。

③ 停泵 P-101，停止向除沫器加脱盐水。

④ 关闭乙烯和氧气进料管线上的手动阀门。

⑤ 对塔 C-201 和 C-202 保压。

⑥ 关闭塔 C-201 的进料。

⑦ 关闭塔 C-202 塔釜出料。

（7）停蒸汽

① 先按"反应岗位紧急停车按钮"。

② 再生单元立即停车，并关闭通往再生单元的催化剂阀门并停泵 P-302。

③ 停泵 P-101，停止向除沫器加脱盐水。

④ 关闭乙烯和氧气进料管线上的手动阀门。

⑤ 对塔 C-201 和 C-202 保压。

⑥ 关闭塔 C-201 的进料。

⑦ 关闭塔 C-202 塔釜出料。

（8）停仪表空气

① 再生单元立即停车，并关闭通往再生单元的催化剂阀门并停泵 P-302。

② 关闭乙烯和氧气进料管线上的手动阀门。

③ 停泵 P-101，停止向除沫器加脱盐水。

④ 停泵 P-402、P-201 和 P-101。

习　题

一、单项选择题

1. 乙烯直接催化氧化制乙醛，采用的催化剂是（　　　）。

 A. 氯化钯与氯化铜双组分体系   B. 氯化钯与氯化铁双组分体系

 C. 氯化钯与氯化铬双组分体系   D. 氯化钯与氯化亚铜双组分体系

2. 工业上乙烯氧化生成乙醛使用的催化剂应该具有良好的选择性，为了避免爆炸，循环气体中乙烯的含量应该控制在65%左右，氧含量控制在（　　　）左右。

 A. 10%   B. 20%   C. 8%   D. 13%

二、简答题

1. 何为瓦克-赫希斯特法？

2. 一段法乙烯直接氧化生产乙醛的工艺流程由哪三部分组成？

3. 乙烯氧化制乙醛的反应原理、温度、压力、相态、热效应如何？催化剂及其作用是什么？

4. 液相均相催化氧化的优缺点是什么？

5. 乙烯氧化制乙醛的一步法工艺和两步法工艺，它们的反应温度、压力、氧化剂、乙烯转化率有何不同？

三、计算题

在一套乙烯液相氧化制乙醛的装置中，通入反应器的乙烯量为7000kg/h，得到产品乙醛的量为4400kg/h，尾气中含乙烯4500kg/h，求原料乙烯的转化率和乙醛的收率。

推荐阅读材料

乙醛装车聚合事故

2002年12月2日16点11分，容积为22.7m³的乙醛专用槽车在某石化股份公司化工厂醋酸车间乙醛装车平台开始装醛。16点50分，装车结束，共装乙醛15t。在关闭槽车进料阀后加盲板时，发现槽车温度、压力上升，槽车压力上升至8Pa、温度达70℃左右，伴有"咔嚓"的响声。操作人员武某立即向车间领导汇报，同时将槽车尾气盲板拆除，并将压力卸至6Pa，关闭放空阀，进料阀加盲板。这是一起乙醛聚合反应事故，虽未引起火灾、爆炸事故，但却给乙醛生产敲响了警钟，企业事后从生产、储存、装车等环节对乙醛聚合事故发生的原因进行了认真调查分析。

乙醛聚合的可能途径包括以下四种。

（1）在反应器内聚合

槽车所装乙醛来自乙醛球罐R-501C罐，内有190t乙醛，其中70t左右是11月29日白班生产的产品。当日，由于反应波动大，分析工曾取原料乙烯分析三次，原料乙烯中氮气含量高达 5.7%，对比乙醛装置原料乙烯的规格要求：

C_2H_4：$\geqslant 99.7\%$

C_2H_2：$\leqslant 30\times 10^{-6}$（ppm）

CH_4、C_2H_6：$\leqslant 50\times 10^{-6}$（ppm）

S（以 H_2S 计）：$\leqslant 3\times 10^{-6}$（ppm）

杂质：$\leqslant 0.3\%$

发现当日乙烯的分析指标远远超过原料乙烯规格中所有杂质总和为 0.3%。原料乙烯中惰性组分增加后，循环气中乙烯含量会很快下降。因循环气中乙烯含量是乙醛装置安全生产的一个重要指标，其值低于 60% 时装置会有爆炸的危险。为了装置安全，尾气放空量被大幅增加，并强加盐酸，乙烯分压就降低了，造成反应速度下降，除沫器部气量过大，催化剂中的氯化钯、氯化铜被循环到除沫器筒体挂壁，造成低沸物聚合。

（2）在纯醛中间贮罐内聚合

催化剂中的钯、铜等重金属以及氯离子等微量物质被夹带到蒸馏系统后，部分会被带入乙醛成品中，在中间贮罐中的重金属离子以及卤素作用下，促使乙醛发生聚合反应，生成环状化合物三聚乙醛。12 月 3 日打开多处导淋排放，发现液体中带有催化剂痕迹，证明了这一推断。

（3）在成品球罐内聚合

① 未按要求分析　纯醛中间贮罐中的乙醛本身不合格，在向成品罐进料前，未按要求进行分析或分析的数据有误。很可能是金属离子、氯离子超标，中间贮罐向成品球罐 R-501C 送料时，在输送泵叶轮搅动下，引起了聚合反应。

② 储存时间过长　乙醛在球罐中储存时间过长，没有及时倒罐后再装车。有的乙醛储存达半个月以上，乙醛变质，H^+ 增多。乙醛在室温和 H^+ 存在时，发生聚合反应生成微溶于水的液体三聚乙醛；在 0℃ 或 0℃ 以下时聚合成不溶于水的固态四聚乙醛。

（4）在槽车内聚合

槽车中的乙醛发生聚合后，取乙醛球罐 R-501C 罐和槽车中的样品分析，发现 R-501C 罐中乙醛正常。槽车中含三聚乙醛 11.0%，含未知物 0.5%，含金属离子 Fe1.0mg/kg。从槽车样品中发现 Fe 离子超标，而 Fe 离子是乙醛聚合的条件之一。所以，槽车本身带有杂质，槽车中 Fe 离子超标，也可能导致槽车中乙醛发生聚合反应。

下　篇
化 工 工 艺 运 行 安 全 分 析

第**10**章

化工安全分析

10.1 化工安全分析的基本概念

化工安全分析往往要以系统分析为基础，通过分析、了解和掌握系统中存在的危险因素，掌握系统的事故风险大小，以此与预定的系统风险标准相比较。如果超出标准，则应对系统的主要危险因素采取控制措施，使其降至该标准范围以内。化工安全分析是以实现化工系统安全为目的，通过查找其存在的危险、危害因素，并应用安全系统工程的原理和方法，进行辨识、分析和判断化工系统发生事故和职业危险的可能性及其严重程度，从而提出合理可行的安全对策，为制定防范措施和安全管理决策提供科学依据。

10.1.1 化工安全分析的由来

化工安全分析，也称为系统安全评价或风险评价。早在 20 世纪 50 年代初期，欧美一些工业发达国家就先后开展了风险评价和分析管理这一工作。日本引进风险管理已有 30 多年的历史。但是日本人有时避讳"风险"这个词，因此有些日本学者建议把风险评价改称为安全评价。我国也沿用这一说法。

安全分析技术最早起源于 20 世纪 30 年代的保险业。保险公司为客户承担各种风险，必须收取一定的保险费用，而收取费用的多少是由所承担的风险大小决定的。因此，就产生了一个衡量风险程度的问题，这个衡量风险程度的过程就是当时美国保险协会所从事的风险评价。而风险评价技术的发展又为企业降低事故风险提供了技术手段，很多大公司也对风险管理及风险评价技术进行了深入的研究。如 1964 年美国道（DOW）化学公司根据化工生产的特点，首先开发出"火灾、爆炸危险指数评价法"，用于对化工装置进行安全分析。

20 世纪 50 年代末发展起来的安全系统工程，大大推动了安全分析技术的发展。安全系统工程首先应用于军事工业方面，随后在原子能工业上也相继提出了保证系统安全的问题。1962 年，美国公布了第一个有关系统安全的说明书——"空军弹道导弹系统安全工程"，以此作为对民兵式导弹计划有关的承包商提出的系统安全的要求，这是系统安全理论的首次实际应用。1974 年，美国原子能委员会发表了 WASH1400 报告，即商用核电站风险评价报告。这个报告发表后，引起世界各国的普遍重视，推动了安全系统工程的进一步发展。日本引进安全分析管理及安全系统工程的方法虽然较晚，但发展很快，已在电子、宇航、航空、铁路、公路、原子能、汽车、化工、冶金等工业领域大力开展了研究与应用。

20 世纪 80 年代初期，安全系统工程引入我国，受到许多大中型企业和行业管理部门的高度重视，系统安全分析、评价方法得到了大量的应用。许多科研单位进行了安全评价方法的研究，如 1986 年原劳动人事部分别向有关科研单位下达的机械工厂危险程度分级、化工厂危险程度分级、冶金工厂危险程度分级等科研项目。这些研究成果推动了我国安全分析技术的进步，使我国安全评价方法的研究从定性阶段进入了定量评价阶段。

10.1.2 化工安全分析的分类

化工安全分析的分类方法很多，下面是一些常用的分类方法。

① 按分析对象的阶段分类，可分为：事先分析、中间分析、事后分析和跟踪分析。

② 按分析性质分类，可分为：系统本质安全分析、系统安全状况分析和系统现实危险性分析。

③ 按分析的内容分类，可分为：设计分析、安全管理分析、生产设备安全可靠性分析、行为安全性分析、作业环境分析和重大危险、有害因素危险性分析。

④ 按分析方法的特征分类，可分为：定性分析、定量分析、半定量分析和综合分析。

综合上述分类方法，从化工企业安全管理的角度，安全分析可分为以下几类。

（1）新建、扩建、改建系统以及新工艺的预先分析与评价

主要目的是在新项目建设之前，预先辨识、分析系统可能存在的危险性，并针对主要危险提出预防或减少危险的措施，制定改进方案，使系统危险性在项目设计阶段就得以消除或控制。

（2）在役设备或运行系统的安全评价

根据系统运行记录和同类系统发生事故的情况以及系统管理、操作和维护状况，对照现行法规和技术标准，确定系统危险性大小，以便通过管理措施和技术措施提高系统的安全性。

（3）退役系统或有害废弃物的安全评价

退役系统的安全分析主要是分析系统报废后带来的危险性和遗留问题对环境、生态、居民等的影响，提出妥善的安全对策。

（4）化学物质的安全分析

化学物质的安全分析主要是对化学物质的危险性，如火灾爆炸危险性、有害于人体健康和生态环境的危险性以及腐蚀危险性进行分析。

目前，国家对安全分析工作有明确法律要求，具体体现在《中华人民共和国安全生产法》《建设项目（工程）劳动安全卫生监察规定》《建设项目（工程）劳动安全卫生预评价管理办法》《危险化学品安全管理条例》《危险化学品经营许可证管理办法》和《危险化学品包装物、容器定点生产管理办法》中。

化工安全分析的内容为：①对系统存在的不安全因素进行定性和定量分析，这是安全分析的基础，这里面包括有安全测定、安全检查和安全分析；②通过与评价标准的比较得出系统发生危险的可能性或程度的评价；③提出改进措施，以寻求最低的事故率，达到安全分析的最终目的。安全分析包括识别危险性和评价危险程度两个方面。前者在于辨识危险源，确定来自危险源的危险性；后者在于控制危险性，评价采取控制措施后仍然存在的危险性是否可以被接受。在实际安全分析过程中，这几个方面相互交叉、相互重叠。

10.1.3　化工安全分析的目的和作用

化工安全分析是以实现化工系统安全为目的，应用安全系统工程的原理和方法，对系统中存在的危险因素、危害因素进行辨识和分析，判断系统发生事故和职业危害的可能性及其严重程度，从而为制定防范措施和管理决策提供科学依据。安全分析的目的是寻求最低的事故率、最少损失和最优的安全投资效益。化工安全分析通过系统地查找化工生产过程中的潜在危险源因素，分析引起系统事故的工程技术状况，论证安全技术措施的合理性。

化工安全分析有助于从计划、设计、制造、运行、储运和维修等全过程进行化工系统安全控制。在工程设计前进行分析，可避免选用不安全的厂址、布局、工艺、技术、材料、设备、设施；工程设计后进行分析，可以查出设计的缺陷和不足，及早采取改进措施和预防措施；工程建成运行期间进行分析，可以了解系统的危险性和运行的安全稳定性，以便进一步采取降低危险性的措施。化工安全分析通过对潜在危险进行定性、定量分析和预测，分析化工系统存在的危险源、分布部位、数目、事故的概率、事故严重程度，提出应采取的安全对策措施，选择最优安全控制方案。安全分析通过对照法规和标准的安全检查，对生产过程中的设备、设施或系统与有关技术标准、规范的符合程度进行分析。通过安全分析，从计划、设计、制造、运行、储运和维修等全过程进行系统安全控制，做到即使发生误操作或设备故障时，系统存在的危险因素也不会导致事故发生，实现生产过程的本质安全化。

例如，2004年10月7日凌晨3时50分，某公司的甲酸三甲酯生产装置R401氯化反应釜第10080批投料后，由于操作工杨某没有按照操作规程要求打开釜内部盘管冷却水阀门并及时观察釜内温度，控制氯化反应速度。交接班以后，5：02左右氯化反应釜内温度升高，物料在氯化过程中提前成盐，瞬间放热，釜内压力激增，导致爆釜。氯化釜上部人孔四氟石棉垫片爆裂，含有氯化氢及氢氰酸的混合物料从反应釜上部人孔压垫断裂处喷出，造成仪表室内的操作工于某、徐某急性中毒。于某经抢救无效于当日9：00死亡。

该事故源于生产装置未按照国家有关规定办理安全"三同时"审查手续，安全设施存在缺陷。一是使用剧毒危险化学品氢氰酸的危险岗位氯化工序对温度控制要求严格，未安装电子温控仪，仅靠人工观察控制；二是操作室距离装置太近（2.5m），且门窗正对反应装置。三是氯化氢控制阀门位置不当，事故发生后不能及时关闭。该装置在2000年试生产期间也曾发生类似现象，由于泄压及时，未造成严重后果（无人员伤亡），而企业未按照"四不放过"原则认真分析事故原因，只是对降温系统进行改造，未认真计算工艺参数，采取有效安全措施，致使再次发生类似事故。

另外，安全分析有助于提高安全管理水平。首先，安全分析可以使企业安全管理变事后处理为事先预防。传统安全管理方法的特点是凭经验进行管理，即事故发生后再处理的"事后过程"。而通过安全分析，可以辨识系统的危险性，分析企业的安全状况，全面地评价系统及各部分的危险程度和安全管理状况，促使企业达到规定的安全要求。其次，安全分析可以使企业安全管理变纵向单一管理为全面系统管理。现代化学工业的特点是规模大、连续化和自动化，其生产过程日趋复杂，各个环节和工序间相互联系、相互作用、相互制约。安全分析不再是孤立地、就事论事地去解决生产系统中的安全问题，而是通过系统分析、评价，全面地、系统地、有机地、预防性地处理生产系统中的安全管理，这样使企业所有部门都能按照要求认真评价本系统的安全状况，将安全管理范围扩大到企业各个部门、各个环节，使企业的安全管理实现全员、全方位、全过程、全天候的系统化管理。最后，安全分析可以使企业安全管理变经验管理为目标管理。安全分析可以使各部门、全体职工明确各自的安全指标要求，在明确的目标下，统一步调，分头进行，使安全管理工作做到科学化、统一化、标准化。从而改变仅凭经验、主观意志和思想意识进行安全管理，没有统一的标准、目标的状况。

最后，安全分析有助于合理选择安全投资。虽然从原则上讲，当安全投资与经济效益发生矛盾时，应优先考虑安全投资，然而考虑到企业自身的经济、技术水平，按照过高的安全指标提出安全投资将使企业的生产成本大大增加，甚至陷入困境。因此，安全投资应是经济、技术、安全的合理统一，而要实现这个目标则要依靠安全分析。安全分析不仅能确定系统的危险性，还能考虑危险性发展为事故的可能性及事故造成损失的严重程度，进而计算出风险的大小，以此说明系统可能出现负效益的大小。然后安全分析以安全法规、标准和指标为依据，结合企业的经济、技术状况，选择出适合企业安全投资的最佳方案，合理地选择控制、消除事故的措施，使安全投资和可能出现的负效益达到合理地平衡，从而实现用最少投资得到最佳的安全效果，大幅度地减少人员伤亡和设备损坏事故。

10.2　化工工艺安全分析方法

工艺安全分析是化工企业安全管理和决策科学化的基础，是依靠现代科学技术预防事故的具体体现。化工工艺安全分析方法是对工艺系统中的危险性、危害性进行分析评价的工具，其分析内容相当丰富，分析的目的和对象不同，具体的分析内容和指标也不相同。目前常用的化工工艺安全分析方法有安全检查表，预先危险性分析，火灾、爆炸危险指数评价法，帝国化学公司蒙德法，日本危险度评价法，作业条件危险性评价法，故障类型和影响分析法等。安全分析方法分为定性分析、定量分析和半定量分析。

定性安全分析方法主要是根据人的经验和判断能力对化工生产工艺、设备、环境、人员、管理等方面的状况进行定性分析，其分析结果是一些定性的指标，如是否达到了某项安全要求、危险程度分级、事故类别和导致事故发生的因素等。属于定性安全分析的方法有：安全检查表、专家现场询问观察法、因素图分析法、作业条件危险性评价法、危险可操作性研究等。定性安全分析方法的特点是容易理解、便于掌握、评价工作量小、评价过程简单、评价结果直观等。但定性安全分析方法往往依靠经验，带有一定的局限性，安全分析结果有时因参加评价人员的经验和经历等有相当的差异。

定量安全分析方法采用系统事故发生概率和事故严重程度来评价化工工艺的危险性，是基于大量的实验结果和广泛的事故资料统计分析获得的指标或规律（数学模型），对生产系统的工艺、设备、设施、环境、人员和管理等方面的状况进行定量计算的方法。其安全分析结果是一些定量的指标，如事故发生概率、事故伤害（或破坏）范围、危险性指数、事故致因因素的事故关联度或重要度等。按照安全分析给出定量结果的类别不同，定量安全分析方法还可以分为概率风险分析法、伤害（或破坏）范围分析法和危险指数分析法等。定量安全分析方法获得的评价结果具有可比性，但往往需要大量的计算，并且对基础数据的依赖性很大。图 10-1 给出了定量安全分析的一般程序。

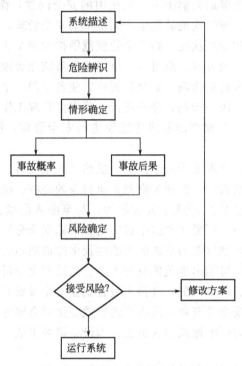

图 10-1　定量安全分析一般程序

　　半定量安全分析方法结合了定性方法和定量方法的特点，输出以定量结果为主，包括概率风险评价方法（LEC）、打分检查表法、MES 法等。这些方法大都建立在实际经验的基础上，合理打分，根据最后的分值或概率风险与严重度的乘积进行分级。由于其可操作性强且还能依据分值有一个明确的级别，因而广泛用于石化、地质、冶金、电力等领域。

　　化学工业中常用的安全分析方法有：故障树分析、事件树分析、预先危险性分析、安全检查表、故障模式和影响分析法、危险与可操作性分析等。下面分别对这几种常用的安全分析方法作简要介绍，以便了解各种方法的应用范围及价值所在。

　　（1）故障树分析（FTA，fault tree analysis）

　　故障树分析方法（又称事故树分析）既可以进行定性分析，又能定量分析，能比较全面地对系统的危险性进行辨识并作预测分析。

　　故障树是一种表示灾害事故的各种因素之间的因果关系及逻辑关系的图形。它是在对可能造成系统事故或导致灾害后果的各种因素（包括硬件、软件、人、环境等）进行分析之后，根据工艺流程的因果关系以及先后顺序绘制出的事故树逻辑图，从而可以把系统故障的原因和各种故障可能组合的方式确定下来，即明确事故及功能故障的传播途径和导致事故的功能故障各因素之间的关系，并据此制定相应的措施，以提高系统的安全性和可靠性。

(2) 事件树分析（ETA，event tree analysis）

运筹学中的决策论是事件树的理论基础。与故障树分析恰好相反，该方法是按照时间进程从原因到结果进行追踪的归纳分析法。其主要分析方法是：拿一个事件作为起因开始，按照事件发展传播过程中事件的出现或不出现，交替地考虑成功与失败的这两种可能性，然后再以这两种可能性分别作为新的起因事件分析辖区，直到最后结果为止。其特点主要是能够看到事故发生的动态演变过程。在进行定量分析时，要考虑各个时间的发生的条件概率，即后一事件总是在前一事件出现的情况下出现的，后一种事件选择的某一种可能发展途径的概率是在前一事件已经做出了某种选择的情况下的条件概率。由于事件序列是按照一定的时序进行的，因此事件树分析是以图示表示的按照一定时序进行的事件序列的动态分析过程。

(3) 预先危险性分析（PRA，previously risk analysis）

预先危险性分析主要被应用于系统安全程序计划的初始阶段或进行概念设计的阶段。其目的是在系统开发的初期阶段，对系统存在的危险性的类型、来源、发生条件、导致的事故后果以及有关措施等作简要地分析后，确定事故的危险性等级。应用预先危险性分析方法之前，首先调查清楚明显的或潜在的事故，然后研究控制这些危险性事故的可行性，从而制定出相应的防护和控制措施，以防止使用危险性工艺、装置、工具和采用不安全的技术路线并防止操作人员直接接触对人体有害的原材料、半成品、成品和生产废弃物。在系统开发的初期阶段应用了预先危险性分析之后，就可以避免在后续阶段因为对安全因素考虑不周而造成返工的人力、物力、财力和时间上的浪费，从而能确保系统安全性以及这方面的经济效益。

(4) 安全检查表法（SCL，safety check list analysis）

安全检查表是安全检查结果的备忘录，是一份实施安全检查和故障诊断的项目明细表。安全检查表法在进行安全检查、发掘和查明各种危险与隐患、监督各项安全规章制度的实施过程和及时发现并制止违章行为方面是一个有效的分析工具。因为安全检查表可以进行事先编制并组织实施，故自从 20 世纪 30 年代开始应用以来也已经发展成为预测和预防事故的重要手段之一。

(5) 故障模式和影响分析法（FMEA，failure and effects analysis）

故障模式和影响分析法是一种归纳分析法，它是由可靠性工程学演变出来的，主要用来对系统、产品的可靠性和安全性进行分析，即按照顺序对元件、组件、子系统等进行分析，找出它们所可能产生的故障及故障类型，并将每种故障对系统的安全所带来的影响查明，并判断出故障的重要度，然后提出针对性的预防改进措施。故障模式和影响分析法也是一种自下而上的分析方法。

如果仅仅对某些可能造成特别严重后果的故障类型单独进行分析，就称为致命度分析。故障模式和影响分析与致命度分析相结合称为 FMECA。FMECA 通常同样是使用安全分析表的形式来分析故障严重度、故障类型、故障发生频率、控制事故的安全措施等内容。

(6) 保护层分析法（LOPA，layer of protection analysis）

保护层分析（LOPA）方法是在定性安全分析的基础上，进一步评估保护层的有效性，并进行风险决策的系统方法。其主要目的是确定是否有足够的保护层来降低风险，使之满足企业的风险标准。概括来说，保护层分析是基于事故场景的一种半定量分析方法。

在开展化工装置工艺危害分析时，保护层是否能有效防止事故的发生，这是分析人员最为关注的一个问题。定性的工艺危害分析方法，如危险与可操作性分析（HAZOP 分析），主要依赖分析人员的经验。在分析过程中往往会陷入争论，影响分析效率，并且分析的结果可能存在过保护或保护不足。LOPA 则可以运用合理、客观、基于风险的方法回答这些关键问题。与基于"风险对我而言可以接受"的主观判断相比，LOPA 客观的风险标准，已证明可有效解决工艺危害分析结果的分歧。可以说，LOPA 提供了更可靠的风险判断。与定量风险分析相比，LOPA 花费的时间较少，可以提高危害评估会议的效率。一些公司的 LOPA 分析经验表明，关注事故场景的研究方法，可以发现那些已进行过多次危害分析的成熟工艺中存在的、未被发现的安全问题。

(7) 基于风险评估的设备检验技术（RBI，risk based inspection）

现代化学工业生产具有规模集中、设备庞大、生产过程连续化、自动化程度高及生产介质具有易燃、易爆、有毒、腐蚀等特点，使生产过程发生事故的可能性增大，造成的危害和损失也非常惨重。风险（risk）是发生特定危害事件的可能性，以及发生事件结果的严重性的结合。风险评估（risk evaluation）就是按照科学的程序和方法，对工程项目或工业生产中潜在风险进行预先识别、分析和评价，掌握系统发生风险的可能性及其危害程度，为制定防灾措施和管理决策提供科学依据。

基于风险检测是在设备检测技术、材料失效机理研究、失效分析技术、风险管理技术和计算机等技术发展的基础上产生的一项设备管理新技术，也是一种在实践中被广泛采用的安全评价方法，已在石化行业形成了国际性标准 API RP 580 和 581。人们在长期的工作中发现：

① 绝大部分的带压设备都存在缺陷；

② 大部分的缺陷是无害的——不会导致设备的失效；

③ 只有极少数的缺陷会导致灾难性的失效；

④ 对于高风险设备必须通过检测来发现其关键的缺陷；

⑤ 企业中 80% 的风险是由不到 20% 的设备所引起的。

RBI 是解决上述问题的有效方法。它建立了一套规范的程序和做法，对企业的各种检测资源进行组织和运用，帮助企业充分应用相关技术的最新成果和全体的经验，而不是仅限于本厂和本装置上积累的经验，使企业在安全方面的投入能够最大限度地转化为企业的效益。在 API 580 中，RBI 被定义为：对设备实施风险评估和风险管理的过程。RBI 关注的重点有两方面：一是材料退化失效引起的压力设备内容物泄漏的风险；二是通过检测实施风险控制。RBI 能指出设备可能发生什么样的失效，发生失效的概率有多大，失效的后果有多严重。一种或多种事件发生的概率与后果的组合可以确定运行的风险。RBI 就是要了解装置和工艺单元的运行风险，建立可接受风险的标准。该项技术对于降低设备风险，优化设备检查和备件计划，提供延长装置运行周期的决策支持发挥了重要作用。图 10-2 给出了 RBI 的一般实施流程。RBI 技术及可用于整个工厂，也可用于某些设备、某些操作，或某些设备的部件、操作的某些特定环节。

另外一种常用的安全分析方法——危险与可操作性分析（HAZOP，hazard and operability analysis）将在下一节作详细的介绍。

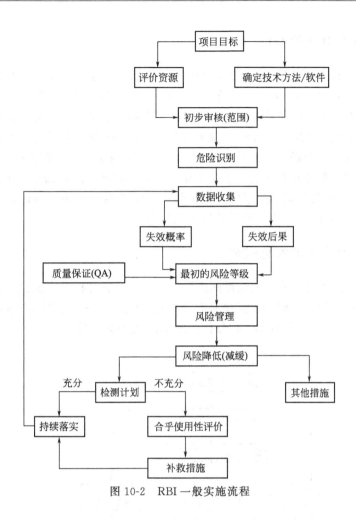

图 10-2 RBI 一般实施流程

10.3 HAZOP 分析方法

HAZOP 技术最早是在 20 世纪 60 年代中期由英国帝国化学公司（ICI）首先开发应用的，是由各专业人员组成的分析小组对工艺过程的危险和操作性进行分析，即对新建或者已有的过程装置及工程本质进行正式的、系统的严格审查来评估单个装置的危险可能性和可能对整套装置造成的影响的一种技术。HAZOP 分析的目的在于识别已有的高危险性装置的潜在危险，除去导致重大安全的问题，例如有毒物质泄漏、火灾和爆炸等。经过几十年的发展，HAZOP 分析不仅能够识别危险，而且可以辨识操作问题，其应用范围已经扩大到其他领域，例如医疗诊断系统、路况安全监测、可再生能源系统、可编程电子系统等，是过程工业（尤其是石化企业）中广泛应用的识别危险与操作性问题的安全分析技术之一。

HAZOP 分析针对工艺参数的变动及操作控制中产生的偏差，分析偏差原因及可能对系统造成的影响，针对事故后果制定应采取的防护措施。其特点是可以由中间的状态参数的偏差开始，分别向下找出原因，向上判明其后果，所以是从中间向两头分析的一种方法。危险与可操作性分析方法的目标是尽可能将危险消灭在项目实施的早期，同时它也为操作手册和安全规程的编写提供有用的信息。

10.3.1　HAZOP 分析的原理

HAZOP 分析的理论依据是：工艺流程的状态参数（如温度、压力、流量等）一旦偏离设计中规定的基准状态（或 DCS 控制范围），就会发生问题或出现危险。

HAZOP 分析的基本原理是对工艺或操作相对应的分析节点（或称工艺单元，是指具有确定边界的设备单元）进行工艺参数的偏差分析。HAZOP 逐个分析每个工艺单元或操作步骤（指间歇过程的不连续操作，或其他由 HAZOP 分析组确定的操作步骤），识别出具有潜在危险的偏差（与分析节点对应的工艺参数偏离工艺指标的情况；偏差的形式通常是"引导词＋工艺参数"，其中引导词为用于定性或定量设计工艺指标的简单词语，引导识别工艺过程危险），并分析偏差产生的原因及可能导致的后果。

10.3.2　HAZOP 分析的实施过程

HAZOP 分析需要首先将工艺流程图或操作程序划分为分析节点或操作步骤，然后用引导词来确定过程中的偏差，识别出那些具有潜在危险性的偏差，分析偏差原因、后果以及相应控制保护措施。图 10-3 为 HAZOP 分析实施的总流程图。整个 HAZOP 分析实施过程包括以下几部分。

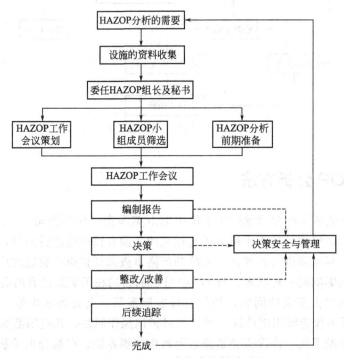

图 10-3　HAZOP 分析实施的总过程

(1) 分析的准备

为了有效地进行 HAZOP 分析，应当对以下内容进行准备：首先确定分析目标和范围，是否清楚地理解分析的目标和范围是分析成功与否的重要前提，这一过程是极其关键的。要确定的分析目标应包括以下内容：

① 分析节点最好在 PID 图上定义；

② 分析时的设计状态用定义 PID 版次状态来表示；

③ 影响程度和应考虑的邻近工厂；

④ 分析程序包括采取的行动和最终报告；

⑤ 涉及对相关或邻近工厂的整体分析的准备。

另外，HAZOP 分析的进度表对分析的成功也起着决定性的作用。进度表依赖于：项目执行的日期、可用的文件、可用的人力资源。

一般情况下，在工艺设计完成时执行 HAZOP 分析是最理想的时机。许多公司将 HAZOP 分析的完成作为 PID 设计审批成功的标志。在这一阶段，有大量的早期工艺设计信息和资料可用。HAZOP 分析必须成为项目计划的一个组成部分，将进度表和人工时耗纳入统一的项目管理范围。

（2）选择分析小组

HAZOP 分析小组成员的知识和经验对分析的深度和分析结果的可信程度至关重要。因此，分析组织者最好能够组织适当人数且有相关分析经验的小组。一般地，对于大型复杂工艺的分析，5~7 人组成的小组比较理想，小组成员一般由工艺、设备、电气、仪表、安全专业的人员组成。小组太小就会受限于参加人员的知识与经验从而影响分析结果的质量。分析小组的组长应当是具有丰富 HAZOP 分析经验、独立工作能力强、领导力优秀且接受过 HAZOP 分析专业训练的工程师，其主要作用是确保分析结果的权威性，保证分析力量的集中。相对较小的工艺过程，3~4 人的小组即可满足要求，小组成员同样需要有丰富的经验。

分析小组的主要成员及职责如下。

小组组长：明确组员的职责；协调相关部门；保持分析方向；控制工作进度；实施质量检查和数据审核；提交已完成项目。

工艺技术人员：划分分析节点；确定系统和设备操作条件；根据设备工艺条件、环境、材质和使用年限等分析失效机理类型、敏感性及对设备的破坏程度。

设备技术人员：确定设备条件数据和历史数据；提供相关规范；进行设备方面的偏差原因、后果和措施的分析。

（3）获取必要资料

HAZOP 分析应当尽可能地建立在相关数据准确的基础上，资料数据同时可以对分析的边界进行限定。重要的图纸和资料应当在会议前分发到小组成员手中。资料包括以下两项。

一是用于控制 HAZOP 项目实施的项目管理资料：项目工作计划，分析目标和策略，项目管理实施细则，项目实施程序，培训材料、会议记录管理、资料管理等。

二是需要相关的技术资料：工艺仪表流程图（PID），工艺流程图（PDF），装置设计工艺包，装置工艺技术规程，装置安全技术规程，装置岗位操作规程，平面布置图，危险化学品 MSDS 数据，设备数据表，管道数据表，安全阀设计数据资料，装置操作与维护手册，历次事故记录，当地天气状况数据。

（4）HAZOP 分析

当资料收集齐全之后，由组长负责组织小组进行分析会议，合理制定计划进行分析。通常先要估算分析过程需要的总时间，然后分配会议次数和时间，保证会议的效率。会议应当连续进行，每次应当讨论完一个独立的区域，避免中断时间过长。对于大型项目的分析，为了避免一个小组不能在规定时间内完成分析工作或拖延时间太长，可以划分多个独立的小组同时进行分析。

为了确保分析人员具备实施 HAZOP 分析所需的能力，在分析准备阶段还包括培训，这是企业和 HAZOP 技术服务商进行进一步沟通的机会。培训应当培训企业管理层和参与 HAZOP 分析的部门人员，使其明白各自职责，学会所需技能。

HAZOP 分析需将工艺或操作程序分为若干工艺单元或节点，分析小组对每个节点使用引导词依次进行分析。HAZOP 分析过程中的重要操作如下。

① 划分节点　节点的划分应当注意这些因素：分析单元的目的和功能；单元的物料（质量或体积）；合理的切断点/隔离；划分方法的一致性。

② 解释工艺指标或操作步骤　确定好分析节点，应当进一步分析该节点中对应的关键参数，如设备的设计负荷、压力、温度和结构规格等，还应当使小组成员明确单元的设计意图。

③ 确定有意义偏差　偏差的确定有三种方法：引导词法、基于偏差库的方法和基于知识的方法。其中基于引导词的方法是其中最为常用的方法。匹配出偏差后应当结合具体设备确定具有实际意义的偏差。

④ 对偏差进行分析　分析小组按照确定的程序对每个设备单元的每个节点或操作步骤进行偏差分析。图 10-4 为基于引导词法的 HAZOP 偏差分析流程图。

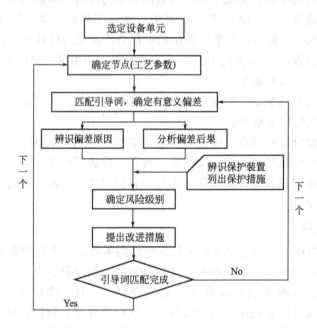

图 10-4　基于引导词法的 HAZOP 偏差分析流程

HAZOP 分析小组的组长要把握好分析会议中提出问题的解决程度。为了使那些悬而未决的问题尽量减少，一般应按照以下原则进行：完成一个偏差的分析和建议措施后再继续下一个偏差的分析；在制定针对性安全措施之前应该对与该分析节点有关的所有危险进行全面的分析。

HAZOP 分析包括了过程的各个方面：工艺、仪表控制、设备、环境等，分析可获得的资料及分析人员的知识总是会与分析方法的要求有一定的差距。所以，在一些具体问题上取得专家的意见可以帮助减小差距，必要时可以延缓某些问题的分析，等获得足够的资料后再进行分析。

(5) 编制分析报告

HAZOP 分析的结果应当安排秘书进行精确地记录。分析组长应当安排合适的时间进行结果的讨论与汇总,确保小组所有成员对制定的针对性措施达成一致意见。为了保持对分析对象的跟踪,应当将它们标识在总的 PID 图上,根据完成的进度在此图上进行对应的标记,以此确保检查的准确性和已经执行的研究顺序。最终报告应当包括参考术语、工作范围、记录表,确认所有分析已完成并由组长做出最终结论、发布完整分析报告,各文件应保留备份。

典型的 HAZOP 分析记录格式如表 10-1 所示。

表 10-1　HAZOP 分析记录表

分析人名:　　　　　　　　　　图纸号:

会议日期:　　　　　　　　　　版本号:

序号	偏差	原因	后果	安全保护	建议措施
分析节点或操作步骤说明,确定设计工艺指标					

(6) 落实行动方案

有效的 HAZOP 分析可以提出一些装置或工艺操作的改进措施,跟踪这些措施的执行同样是 HAZOP 分析中必不可少的步骤。应当在适当的阶段对改进项目进行审查,且这一工作最好由原来的负责人进行。审查主要有以下三个目标:

① 确保整改没有损害分析结果;

② 审查资料,尤其是制造商的数据;

③ 确保提出的推荐措施已经被执行。

大型的分析要建立数百个针对措施,本质上是建立对应的追踪表格和控制系统,以确保所有措施方案都得到实施或答复。有些本阶段不能完成的措施,需要后续数据或尚未完成的文件完成后才能实施,因此应当将所有的措施按照满足执行条件的阶段划分并逐步实施,确保最终所有的措施都得到实施。

10.3.3　HAZOP 分析的优势

HAZOP 分析方法相对于其他分析方法有如下优势。

① 将生产系统中的偏差用工艺参数与引导词的组合来表征,用来研究由压力、温度、流量等工艺参数的波动所能引起的各种故障的原因、可导致的后果及需要采取的措施,对工艺设计的分析和审查更加全面、系统。

② HAZOP 的分析结果既可以对设计进行分析,还可以对操作进行分析:其研究对象状态参数正是操作人员进行工艺操作的控制指标,分析更加有针对性,有利于保证操作安全。HAZOP 能够识别操作工人的操作错误并分析所能引发的后果,然后完善安全规程,制定对应措施确保生产安全。

③ 相对于其他安全分析方法,HAZOP 可以有效地发现工艺设计中的潜在危险,其中包括比较隐蔽微小的事故隐患。

④ HAZOP 分析方法比较容易被掌握,使用引导词来启发专家进行头脑风暴式的发掘,有利于扩大分析思路。

10.3.4　HAZOP 分析的不足

传统的定性 HAZOP 分析的不足，主要有以下几方面。

(1) 偏差定义模糊、不确定

作为一种定性的安全分析方法，HAZOP 有着与其他定性安全分析方法相同的固有缺陷：分析结果具有很大的不确定性和模糊性。传统 HAZOP 分析使用引导词来分析偏差可能产生的原因和造成的后果。然而，却没有对偏差进行明确规定，如装置操作参数偏离正常工况多少才成为偏差并影响系统安全性。对此，几乎所有传统的定性分析方法都没有进行相应的规定。通常，偏离 DCS 操作控制范围就会影响系统安全，一般按最大偏离来分析后果。

(2) 分析过程受人为因素影响较大

传统 HAZOP 分析主要由各个不同专业、具有不同背景的专业人员组成的分析小组通过 HAZOP 会议进行分析，通过专家们的头脑风暴激发思想和创造性发现系统中问题，最终整理出安全分析的报告。因此，传统的 HAZOP 分析对分析人员的专业水平与经验的要求较高，分析结果及其深度受分析人员的经验、对系统的理解以及分析时所处的身心状态的影响较大。

(3) 缺乏对综合因素的分析

由于人工对系统的认识局限性及工艺复杂性，专家们往往只能对单一因素的偏差进行分析，一般不考虑双重以上叠加原因的后果，所以缺乏对综合因素的考虑。比如，几个偏差同时发生时对整个系统造成何种影响。

(4) 分析结果描述不准确

HAZOP 分析结果虽然对每个装置都列出很多偏差，却因此失去了分析的针对性，不能够明确地指出系统中存在的主要风险和风险所能造成的后果严重程度。因此，不能让工艺生产人员抓住主要危险因素，缺乏现场指导意义。而且，定性的 HAZOP 也未能够将不同程度偏差进行分级分析。

由上述四点可知，定性的 HAZOP 分析所提供的结果缺乏令人信服的确实依据，不能够有效指导安全生产的进行。

10.3.5　HAZOP 分析的国内外现状和发展趋势

HAZOP 分析方法在提出后的几十年来，历经不断地改进和完善，在欧美等发达国家已经被广泛应用于各类工艺过程的安全分析中。近年来，有些国家开始通过立法手段强制在工程建设项目中推广应用。

近年来关于 HAZOP 的研究，有大量的工作侧重于计算机辅助分析方面。根据研究的发展过程，可以将其发展分为三个阶段：人工 HAZOP 分析阶段、计算机辅助 HAZOP 分析阶段和 HAZOP 定量化分析阶段。

(1) 人工 HAZOP 分析阶段

传统的 HAZOP 分析主要是人工进行分析，基于如下的基本概念：各专业具有不同知识背景的专家共同组成分析小组，一起进行头脑风暴式的提问与检测分析，提高分析的创造性与系统性。

传统的人工 HAZOP 分析使得小组内部相互促进、开拓思路，并要求所有参加人员自由陈述各自的观点，保持创造性。同时为了保证分析过程的效率和质量，首先应当有一个系统的规则与程序来约束整个分析过程。

在美国，一般的 HAZOP 分析过程需要持续 7 到 8 周，每周费用大概在 13000～25000 美元之间。根据美国职业安全卫生署要求，美国各地区总共大约有 25000 个化工生产流程需要进行安全分析，每一轮安全分析的花费约为 50 亿美元，占总销售额的 1％和利润的 10％左右。

所以，人工 HAZOP 分析费时费力、成本高昂，急切需要实现自动化来解决这一问题。节省时间与精力、减少开支，使分析结果更加详细，减少或排除人为错误，将分析小组的精力集中于更加复杂难以实现自动化分析的方面。因此，近年来有关计算机辅助 HAZOP 分析方法的研究颇多。

（2）计算机辅助 HAZOP 分析阶段

计算机辅助 HAZOP 分析技术的发展又可分为逻辑化阶段与智能化阶段。

① 逻辑化计算机辅助 HAZOP 分析阶段　逻辑化阶段的 HAZOP 分析主要是利用计算机完成 HAOP 分析的文字说明与结果表格的后处理，主要使用"模板"来协助人工完成分析过程，是早期计算机辅助 HAZOP 分析的主要发展方向。其中 Hazard Review LEADER 是该类软件中较为成熟的分析模板和文字处理工具，没有危险识别与分析功能。

这一阶段的软件主要减少了人工处理的工作量，但无法辅助人工进行较为智能化的分析，并且没办法从根本上提高 HAZOP 分析的质量。

② 智能化计算机辅助 HAZOP 分析阶段　为了使计算机辅助的 HAZOP 分析更加智能化，专家们又提出了众多解决方案。20 世纪 80 年代末已经有很多学者开始智能化计算机辅助 HAZOP 分析方法的研究，并进行了大量的实践，开发出了许多不同形式的智能化辅助分析软件，如：1990 年由 Karvonen 等在 KEE 专家系统基础上开发出的基于规则的专家系统原型 HAZOPEX 软件；2000 年由 Khan 和 Abbasi 在其原有的 OptHAZOP 和 TOP-HAZOP 分析软件基础上开发出的比较典型的 HAZOP 浅层知识专家系统 EXPERTOP。另外由 Venkatasubramaniant 带领的普渡大学科研团队开发出基于模型的典型 HAZOP 深层知识专家系统 HAZOPExpert。

（3）HAZOP 定量化分析阶段

HAZOP 当前普遍是作为一种定性分析技术来应用。近年来随着现代工业规模不断地扩大化与复杂化，潜在的危险也与日俱增，同时人们的安全意识也在不断提高，使得单纯的定性分析不能满足要求。因此，将 HAZOP 分析进行定量化是其技术发展的主要趋势。定量化的 HAZOP 分析结果使人们对于系统的危险性一目了然，能够提供给企业更加令人信服的安全报告，利于制定针对性的改进措施。

目前，对 HAZOP 分析进行量化的主要方法是与风险矩阵、定量风险分析等定量分析方法相结合，确定事故风险大小，量化事故危险性。目前已有风险机构采用了 HAZOP 风险矩阵分析作为一种定量的安全分析方法。最近，有些学者开始了将 HAZOP 与过程模拟相结合的研究，以此来实现 HAZOP 的定量化。当前对 HAZOP 定量研究的方案主要有以下两种：事故后果的量化和分析偏差的量化。

① 事故后果的量化　事故后果的量化主要包括事故发生概率和严重度的量化，主要方法是将 HAZOP 与定量风险分析和安全完整性等级等定量分析方法相结合，从事故剧情开

始的原因开始，同时考虑事故促成的条件与现有安全防护措施，分析其频繁程度和严重程度，用事故的风险大小来表示其危险性。这种方法一般属于半定量分析，HAZOP 风险矩阵分析法就是这一类中的典型代表。

②　分析偏差的量化　这种方案主要是分析不同程度的偏差对于系统所造成的影响，可实现分析偏差的量化分级，是 HAZOP 分析量化的新研究方向。Svandova 等在 2005 年提出将稳态模拟和动态模拟应用于 HAZOP 分析，他们利用自建数学模型进行相应模拟，初步分析了其可行性。Shimon 等在 2006 年将 HAZOP 与 MATLAB 的动态模拟相结合并应用于间歇式反应器的定量化分析，其研究虽提到定量但并未进行深入研究。Ramzan 等也将动态模拟与 HAZOP 相结合的方法进行了部分研究，主要侧重于安全系统的设计与改进，与其进行联系证实也在进行更为深入的研究。以上实践表明利用动态模拟辅助 HAZOP 分析偏差量化的方案是实际可行的，且相关的研究还都处于起步阶段，具有较好的发展前景。

在中国，HAZOP 的研究和应用都晚于国外。近年来才开始有实际应用，但应用范围还局限于大型装置建设过程中。随着重大事故在国内时有发生。人们对于健康、安全和环保意识的逐渐增强及国家以人为本大政方针的贯彻落实，HAZOP 在国内的知识普及与实际应用程度均呈快速提高态势。

据文献记载，国内应用 HAZOP 分析方法的主要单位有：中国石油化工股份有限公司青岛安全工程研究院、中石化洛阳工程公司、中石油华东勘察设计研究院、中国石化工程建设公司和中石油独山子石化分公司等，但主要还是采用较为传统的 HAZOP 分析方法。

对于计算机辅助 HAZOP 分析的研究，国内也有部分科研单位、院校的研究团体做出了一些改进，主要有清华大学赵劲松课题组、北京化工大学吴重光课题组、青岛科技大学田文德课题组和中石化安全工程研究院等。

随着石化企业生产规模的持续复杂化和大型化，现代石化生产装置中潜在的危险因素，发生事故造成的后果严重性增大，而且人们的安全意识日益提高，政府对生产安全的监管力度也逐步增大。因此，现在对安全分析的技术要求靠单独的定性分析已经不能被满足。所以，对于定量化安全分析方法的要求日益突出，HAZOP 作为石化行业中应用最为广泛的定性分析方法有足够的潜力发展成为符合现代石化企业安全生产要求的分析方法。如何实现 HAZOP 分析的定量化并为石化企业提供可靠的指导报告，成为 HAZOP 研究发展的必然趋势。

10.4　化工工艺安全分析的发展趋势

随着系统安全分析和评价的发展，出现了越来越多的化工工艺安全分析方法，有繁有简，特点各异，使用范围也不同，但仍没有适用于各个领域较为全面和可靠的评价方法。有关专家也对这方面进行了研究，目前有几种先进的评价方法，比如模糊综合评价，灰色关联度分析法，数值模拟、人工智能和神经网络等。目前的研究方法越来越靠近于数学和计算信息技术。因此概率危险评价法随着概率理论和计算机的发展将会成为系统安全评价的重要方法。

近几年来，安全分析和评价被全面应用于我国的化学工业企业当中，随着评价体系的不断健全、思路的不断拓展，在实际运用的过程中使其自身的发展趋势也逐渐显露出来，主要体现在以下几个方面。

（1）分析方法愈发多样性

随着安全分析在化学工业企业中的不断深入，对其分析方法的认知也愈发全面和详细，因此大型工业企业通过自身模式，在国家标准的要求上逐步改善其实用性和针对性，使其更加与企业的自身特点相适应。如中石化通过整合安全性综合评价方法，将危险性和可接受操作及道氏危险指数法融会贯通，并在不断运用和分析中总结出一套可以不根据评价对象和目的来选择具体方式的经验方法。

（2）分析范围在不断拓展

根据这些年展开的化工安全分析活动来看，安全分析正在向纵横两个方向不断发展深入。从安全分析开展前期主要以设备分析为主的思路方式，逐步转向更加注重工艺参数的综合考量，将装置的危险性分析向其以外的其他内容的综合性分析方向拓展。比如由生产系统和辅助系统向科研、实验、管理等方向拓展；由装置的单方面评价向工程基础评价不断靠拢，使得安全评价拥有了更全面的控制手段，在降低事故率、排查隐患这一方面效率大大得到了提升。

习　题

一、单项选择题

1. 主要用于预测事故发展趋势，调查事故扩大过程，找出事故隐患，研究事故预防的最佳对策的安全分析方法是（　　）。
   A. 安全检查表法　　　　　　　　　　B. 系统危险性分析法
   C. 事件树分析法　　　　　　　　　　D. 作业安全分析法

2. 从事故发生的中间过程出发，以关键词为引导，找出生产过程中工艺状态的偏差，然后分析找出偏差的原因、后果及应对措施的评价方法是（　　）。
   A. 危险和可操作分析（HAZOP）　　　B. 作业条件危险性分析
   C. 离差分析法　　　　　　　　　　　D. 事故引发和发展分析

3. 某工厂废弃烟囱实行定向爆破拆除，由于设计不合理，烟囱未按预定方向倒塌，引起附近房屋坍塌，造成该起事故的危险因素为（　　）。
   A. 坍塌　　　　　B. 其他爆炸　　　　　C. 爆破　　　　　　　D. 操作错误

4. 下列关于 HAZOP 分析说法中错误的是（　　）。
   A. 危险和可操作性分析研究的侧重点是工艺部分或操作步骤各具体值
   B. 当对新建项目工艺设计要求很严格时，使用 HAZOP 方法最为有效
   C. HAZOP 可以替代设计审查
   D. 进行 HAZOP 分析必须要有工艺过程流程图及工艺过程详细资料

5. 美国道化学公司（DOW）开发的以（　　）为依据的评价方法，是适用于化学工业进行危险性定量评价的重要方法。
   A. 事故树法　　　　　　　　　　　　B. 火灾爆炸指数法
   C. 化工厂安全评审法　　　　　　　　D. 匹田教授法

二、简答题

1. 系统安全分析的目的是什么？有哪些常用的系统安全分析方法？

2. 什么是安全检查表？安全检查表有什么优点？

3. 何谓预先危险性分析？预先危险性分析的步骤如何？

4. 什么是故障类型和影响分析？

5. 什么是事件树分析？事件树分析有何作用？

6. 什么是危险和可操作性分析？说明所使用的各个引导词（关键词）的意义。

7. 试对你所熟悉的化工系统进行故障类型和影响分析。

8. 简述 PHA 的分析内容。

推荐阅读材料

管路流量调节阀的事件树分析

事件树分析法（ETA）是在给定一个初因事件的情况下，分析此初因事件可能导致的各种事件序列的结果，从而定性与定量地评价系统的特性，并帮助分析人员获得正确的决策。它常用于安全系统的事故分析和系统的可靠性分析，由于事件序列是以图形表示，并且呈扇状，故称事件树。是一种既能定性，又能定量分析的方法。

下面以离心泵与阀门构建的化工管路为例，说明 ETA 分析的步骤。有一泵和两个串联阀门组成的物料输送系统（见图 10-5）。物料沿箭头方向顺序经过泵 A、阀门 B 和阀门 C，泵启动后的物料输送系统的事件树如图 10-6 所示。

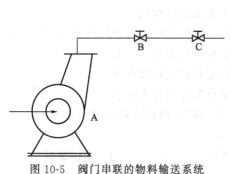

图 10-5 阀门串联的物料输送系统

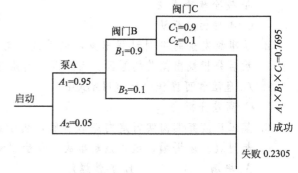

图 10-6 阀门串联输送系统事件树

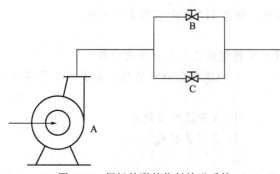

图 10-7 阀门并联的物料输送系统

设泵 A、阀门 B 和阀门 C 的可靠度分别为 0.95、0.90、0.90，则系统成功的概率为 0.7695，系统失败的概率为 0.2305。如果该泵和两个并联阀门组成物料输送系统，如图 10-7 所示。

图中 A 代表泵，阀门 C 是阀门 B 的备用阀，只有当阀门 B 失败时，阀门 C 才开始工作。同串联情况一样，假设泵 A、阀门 B 和阀门 C 的可靠度分别为

0.95、0.90、0.90，则按照它的事件树（见图 10-8），可得知这个系统成功的概率为 0.9405，系统失败的概率为 0.0595。从以上两例可以看出，阀门并联物料系统的可靠度比阀门串联时要大得多。因此，在实际化工生产中，为了防止管路上的调节阀失效，经常并联一个手动阀门，如图 10-9 所示。其中，调节阀门前后的串联阀门用于切断管路，拆卸调节阀使用。

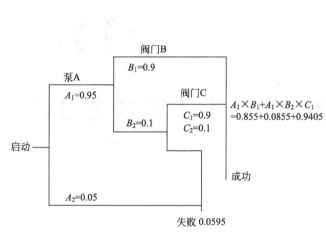

图 10-8　阀门并联输送系统事件树

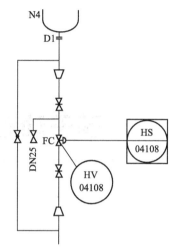

图 10-9　化工管路中的流量调节阀门组

◆ 参考文献 ◆

[1] 邓琼编著. 安全系统工程. 西安：西北工业大学出版社，2009.
[2] 谢振华主编. 安全系统工程. 北京：冶金工业出版社. 2010.

第11章

基于动态模拟的化工工艺安全分析

11.1 化工过程动态模拟的基本概念

由于化工稳态过程只是相对和暂时的，实际过程中总是存在各种各样的波动、干扰以及条件的变化，因而化工过程的动态变化是必然和经常发生的。归纳引起波动的因素主要有以下几类。

① 计划内的变更，如原料批次变化，计划内的高负荷生产或减负荷操作，设备的定期切换等。

② 过程本身就是不稳定的。例如，新型周期性脉冲式反应器；事故状态时向火炬排放设备中气体的过程；批处理操作过程，等等。

③ 意外事故，设备故障、人为的误操作等。

④ 装置的开停车。

以上的种种波动和干扰，都会引起原有的稳态过程和平衡发生破坏，而使系统向着新的平衡发展。这一过程的分析，不是稳态模拟所能解决的，而必须由化工过程动态模拟来回答。与稳态模拟不同，动态模拟考虑到了物料和热量的累计量，所以可以获得更多更详细的系统信息。

动态过程系统模拟的用途如下。

(1) 工程设计中的动态模拟

过程系统的动态模拟，主要研究系统动态特性，又称为动态仿真或非稳态仿真。动态仿真数学模型一般由线性或非线性微分方程组表达。仿真结果描述当系统受到扰动后，各变量随时间变化的响应过程。显然，仿真技术在工程设计中起着与稳态模拟互补且不可分割的特殊作用。

动态模拟技术在工程设计中的应用有：工艺过程设计方案的开车可行性试验；工艺过程设计方案的停车可行性试验；工艺过程设计方案在各种扰动下的整体适应性和稳定性试验；

系统自控方案可行性分析及试验；自控方案与工艺设计方案的协调性试验；联锁保护系统或自动开车系统设计方案在工艺过程中的可行性试验；DCS 组态方案可行性试验；工艺、自控技术改造方案的可行性分析。以上设计课题都是在过程系统处于动态运行状态下的试验。离开动态模拟技术，这种试验工作将十分困难甚至根本无法进行。

① 开停车指导　化工生产中，开停车是极其重要的环节。任何疏忽或处理不当都极易产生各种事故，从而导致严重的经济损失或人员伤亡。对于大型的石化装置，每一次非计划开停车，即使是完全正常，也会造成数十万、甚至数百万的经济损失。因此，化工企业历来无不对开停车过程给予高度的重视。然而在没有动态模拟的情况下，开停车过程主要是根据经验进行操作，不可能也不允许直接在装置上做任何试验。因而，对于操作者来说，开停车主要依靠经验，很少能从理论上予以验证。

自从有了动态模拟以来，它已广泛应用于开停车过程的动态研究。动态模拟从理论上探讨、分析开停车过程的特性，从而指导开停车过程的实施，其主要作用有：缩短开停车时间，尽快达到稳定操作状态或安全停车；降低物耗、能耗，减少开停车损耗；避免可能产生的误操作或事故；减少不合格产品；保证开停车过程顺利进行等。

② 复杂控制系统方案论证　复杂的控制系统通常应当在新厂开工一段时期之后再实施。因为新开工装置的安全与稳定操作是主要矛盾，往往采用简单控制回路。另外，由于人们对过程系统的动态特性了解不足，尚未积累丰富的经验，所以不易实现复杂控制。当装置开工一段时期之后，如果工程技术人员和企业管理人员十分重视了解该装置的静态和动态特性，又积累了较多的经验和现场运行数据，在这种条件下，比较理想的做法是：在现场技术人员的密切配合下，由仿真技术人员依据长期积累的现场数据，全面细致地核对、校验开工时（开工前）所建立的过程系统动态模型，尽可能修正出较为精确的适合于不同工况的数学模型。然后应用仿真技术，依据数学模型分析，试验多种先进的自动控制方案，改造不合理的联锁保护系统。经仿真验证有了把握之后可逐步转入现场实施。

③ 事故预案和紧急救灾方案试验　人工事故预案主要采用穷举法，罗列出各种预先设想的事故状态以及不同事故状态的抢救方案。以这种常规方法编制预案的工作量很大，方案说明冗长，使用时翻阅查询费时费力。过程仿真模型具有预测性，可以仿真各种事故状态以及事故源扩散影响所造成的损失。若辅以人工智能技术，计算机软件能根据事故状态立即输出紧急救灾方案，为及时准确地指挥抢险提供科学依据。

（2）操作培训中的动态模拟

建立动态仿真培训系统是动态模拟的另一项重要用途。动态仿真系统用来模拟装置的实际生产时，它不仅能得到稳态的操作情况，更重要的是当有波动或干扰出现时，系统会产生何种变化，通过动态仿真即可一目了然。因而动态仿真系统可以广泛用于企业和高校人员的教学和培训。以往新装置开车前，操作人员事先在同类装置上进行培训、实习，以便取得第一手的实际经验。这样做不但费时，费用高昂，更重要的是难以在实际装置上进行事故状态及异常情况的操作培训，也难以保证能够进行开、停车的训练。而这一切在动态仿真系统上都是轻而易举的"常规"训练，操作人员可以反复应用计算机系统进行实践、练习，直至完全掌握。因而动态仿真系统的出现已使计算机培训逐渐取代了传统的实际装置培训。

对于上述两种用途，需要分别开发设计型动态模拟系统和培训型动态模拟系统，二者的区别见表 11-1。

表 11-1　两类动态模拟系统的对比

对比项目	设计型动态模拟系统	培训型动态模拟系统
数学模型	严格机理模型	简化机理模型
物性计算	有完整物性数据库，严格计算	利用回归的简化物性公式
人机界面	与稳态流程模拟类似	与 DCS 控制界面一样
计算速度	不要求实时性	要求实时性
应用模式	通用软件	按用户要求订制的专用软件

本书中篇所述的仿真操作即属于"操作培训中的动态模拟"，为动态模拟一种重要的用途。本篇将针对"工程设计中的动态模拟"进行介绍，以 aspenONE 商业软件为例详细说明动态模拟在化工工艺安全分析中的具体应用过程。

11.2　化工过程动态模拟平台

Aspen Plus 和 Aspen Dynamics 同属于 AspenTech 公司的 aspenONE 系列产品中的工程套件（Aspen Engineering Suite）。其中，Aspen Plus 是大型的通用流程稳态模拟系统，Aspen Plus Dynamics 是与 Aspen Plus 相兼容的动态模拟系统。

11.2.1　Aspen Plus 稳态模拟平台简介

Aspen Plus 可以在整个工艺生命周期中进行优化工作：进行实验数据的回归；用简化的单元操作模型初步设计工艺流程；用详细的单元模型对物料及能量平衡进行严格计算；确定设备型式和尺寸；在线优化整套工艺装置。

Aspen Plus 支持不同层次的工作流来满足模型复杂度的需要，可以利用简单易行的分级模块和模板功能对整厂流程装置进行模拟。Aspen Plus 提供了丰富的单元操作模型，这些模型的可靠性和增强功能已经过多年经验的验证和数以百万计例子的证实。

（1）使用 Aspen Plus 的基本步骤

➢ 启动 Aspen 用户界面；

➢ 选择适用模板；

➢ 选用并布置单元操作模块；

➢ 连接物流和能流；

➢ 设定全局设置参数；

➢ 输入组分信息；

➢ 选用合适的物性计算方法及模型；

➢ 设置各单元操作模块参数；

➢ 运行模拟；

➢ 查看模拟结果；

➢ 输出报告；

➢ 保存模拟文件；

➢ 退出。

（2）平台特点及优势

➢ 物性数据库完备，确保提供的模拟结果精确可靠；

➢ 产品线较长，集成（与 Polymers Plus、Dynamics、HX-NET 等）能力很强；

➢ 将序贯模块（SM）和联立方程（EO）两种算法结合；

➢ 单元操作模块齐备，可以实现大多数设备的模拟；

➢ 流程分析功能强大，有收敛分析、灵敏度分析、案例研究、设计规定、数据拟合以及优化等一套模型分析工具；

➢ 分级模块和模板功能使模型的开发和维护非常简单。

11.2.2　Aspen Dynamics 动态模拟平台简介

Aspen Dynamics 是一套基于 Windows 的动态建模软件，可方便地用于工程设计与生产操作全过程，模拟实际装置运行的动态特性，从而提高装置的操作弹性、安全性，增加处理量。Aspen Dynamics 建立在一整套成熟的技术基础上，AspenTech 在提供商业化的动态模拟软件产品方面，已经拥有十几年的宝贵经验。Aspen Dynamics 与 Aspen Plus 稳态模拟器紧密结合在一起，基于 Aspen Plus 的过程模型，可以在数分钟内得到动态结果，使得工程师可以仅用几天的时间来评价生产工艺和控制过程的替代方案。所以，Aspen Dynamics 让稳态工艺模型进一步发挥价值，从而减少开发投资，降低操作费用。

（1）Aspen Dynamics 的特点

➢ Aspen Dynamics 已经包容了一整套完整的单元操作和控制模型库。Aspen Dynamics 的单元操作模型建立在完善的高品质的 Aspen Plus 工程模型基础之上。

➢ Aspen Dynamics 提供开放的用户化的过程模型，这些模型对用户完全透明，用 Aspen Custom Modeler 工具软件可以针对特定的过程开发更详细的用户化模型。

➢ Aspen Dynamics 运用 Properties Plus 可以做精确可靠的物性计算，实现与稳态模拟的完全一致。动态模拟能连续不断地校正工作点附近局部物性回归算式，从而保证高性能与模拟精度。

➢ Aspen Dynamics 运用成熟的隐式积分与数值方法来作鲁棒性强、稳定性好、精确度高的动态流程模拟。

➢ Aspen Dynamics 不仅提供简单物流平衡动态模拟法，还提供更精确的压力平衡动态模拟法。压力体系是在每一单元操作中，将压力与流速取得关联来展开，这一功能在气体处理过程和压缩机控制研究中具有重要的实用价值。

➢ Aspen Dynamics 中的任务语言（task language）使用户能定义基于时间或事件驱动的输入改变。例如：将输入流量在某一时刻逐渐增加或减少；当容器满时关闭进料流量。

➢ Aspen Dynamics 支持 Microsoft OLE 交互操作特征，比如复制/粘贴/链接和 OLE 自动化。这些功能方便了与其他应用程序之间的数据交换，也可让用户建立像 MsExcel 那样的用户操作界面。Aspen Dynamics 也兼容 VBScript 描述语言，让用户自动重复复杂的任务，比如运行一系列实例研究。

（2）Aspen Dynamics 的应用

Aspen Dynamics 运用独一无二的技术，帮助用户精确求解传统方法通常难以解决的实际应用问题。对于相变、干塔和容器溢流等复杂的不连续过程的模拟问题，AspenTech 已经独创了一套崭新的技术来解决这些难题，这套新方法不仅鲁棒性高，而且快速精确。同样，由 AspenTech 总裁 Joseph Boston 先生早期为精馏过程开发的稳态建模专有技术——

Inside-Out 算法也已成功地用于动态模拟。这些重大的突破为 Aspen Dynamics 成为能快速、可靠地处理设计和操作问题的商业化软件提供坚实的基础。这些应用方便的动态模型基于联立方程的建模技术，具有快速、精确与鲁棒性等优点。Aspen Dynamics 能用于实际工厂操作：如故障诊断、控制方案分析、操作性分析和安全性分析等。

① 利用 Aspen Dynamics 改善过程设计品质　传统的过程设计方法主要依赖于稳态分析，对于操作性能和控制问题通常在工艺流程完成以后才去考虑。利用 Aspen Dynamics 则可以在研究稳态性能的同时来考虑可操作性。以下这些实例都是在工艺流程设计过程中碰到的，运用 Aspen Dynamics 能成功地处理这些设计难题。

在精馏塔系统中，为了节能要考虑换热网络的集成设计，但是由稳态设计取得的方案是否具有可操作性呢？当处理量提高或降低后又会怎么样？那些需要增加的加热器和冷却器又应如何放置才能保证系统的可操作性？

当我们设计放热反应器和它的冷却器系统时，我们必须针对多种情况检验所设计的系统。当进料中包含过多的反应物时会怎么样？当添加的催化剂过量时又会发生什么情况？如果冷却系统失灵，应该在多少时间内切断进料才能避免反应事故和超压危险？

当我们设计一个新流程，这个流程中会包含多台反应器、塔和反应物循环流，基于我们对于类似过程的经验，预期全装置的控制会面临严峻的挑战，我们需要快速评价各种工艺流程方案的可操作性，是否可以用单一的技术来评估稳态性能和控制系统品质以加速工艺设计过程？

② 用 Aspen Dynamics 解决操作问题　除了上面的设计问题以外，生产操作中的问题也会直接影响生产利润。Aspen Dynamics 能很好地处理诸如下面所述的各种问题：

我们对某塔的控制遇到了麻烦，是否需要改变控制方案或增设一只进料罐以减少进料扰动？

我们知道对于不同的原料，最佳的进料位置应该不同，但我们并不想轻易切换进料板，因为这样控制系统便无法在切换过程中保证产品的纯度，在实施切换方案之前，我们是否能作出评估？

每当我们要对本工段的处理量作一个大幅度的改变，操作员和工程师必须连续调整 14h 之多，才能重新生产出合格产品，如何开发出一套控制方案使得这种处理量的调整是自动平滑地快速实现？

(3) Aspen Dynamics 的应用步骤

用 Aspen Plus 开发完稳态模拟过程后，就可以利用 Aspen Dynamics 开发动态模拟过程了，其主要步骤是：

➢ 完成一个收敛成功的 Aspen Plus 稳态模拟；

➢ 添加动态模拟所需的动态数据，默认情况下瞬间操作的模块不需要动态数据；

➢ 将流程转化为完全压力驱动的流程，可以用压力检查按钮提供建议和检验；

➢ 运行模拟；

➢ 导出模拟问题文件：流量驱动的动态模拟或压力驱动的动态模拟 （ ＊.dynf & ＊dyn.appdf）；

➢ 从 Aspen Plus Dynamics 中打开该动态模拟工程；

➢ 根据需要来修改控制方案；

➢ 运行动态模拟。

Aspen Dynamics 开发动态模拟平台特点及优势如下。

① 使用 Properties Plus 作精确可靠的物性计算，与稳态模拟建立在完全一致的基础上，动态模拟能连续不断地校正工作点附近局部物性回归算式，从而保证高性能和模拟精度。

② 已经包含了一整套完整的单元操作模型和控制模型，其单元操作模型建立在完善的 Aspen Plus 工程模型的基础上。

③ 运用隐式积分和数值方法，动态模拟的鲁棒性强、稳定性好且结果准确。

④ 提供开放的完全透明的用户化过程模型，用户可以利用 Aspen Custom Modeler 软件针对特定的装置开发更为详细的模型。

⑤ 除了物流平衡的动态模拟法，还提供了更符合实际的压力平衡动态模拟法。

⑥ 任务语言（Task Language）灵活，用户可以很方便地按要求编制基于时间或事件驱动的控制策略的方案来模拟操作参数的变化或装置失效等波动。例如：将输入流量在某一时刻逐渐减少或增加；当容器满时关闭进料流量等。

⑦ 支持 Microsoft OLE 交互操作特性，比如复制/粘贴/链接和 OLE 自动化。这些功能方便了与其他应用程序之间的数据交换，也可以让用户建立像 Microsoft Excel 那样的用户操作界面。

⑧ 还兼容 VBScript 描述语言，可以让用户自动重复复杂的任务，比如运行一系列的实例研究。

11.2.3 Aspen HYSYS 动态模拟平台简介

HYSYS 是面向油气生产、气体处理和炼油工业的模拟、设计、性能监测的流程模拟软件，具有稳态模拟和动态模拟功能。HYSYS 原为加拿大 Hyprotech 公司的产品。2002 年 5 月，Hyprotech 公司与 AspenTech 公司合并，HYSYS 成为 AES 的一部分。它为工程师进行工厂设计、性能监测、故障诊断、操作改进、业务计划和资产管理提供了建立模型的方便平台。它在世界范围内石油化工模拟、仿真技术领域占主导地位。Hyprotech 已有 17000 多家用户，遍布 80 多个国家和地区，其注册用户数目超过世界上任何一家过程模拟软件公司。目前世界各大主要石油化工公司都在使用 Hyprotech 的产品，包括世界上名列前茅的前 15 家石油和天然气公司，前 15 家石油炼制公司中的 14 家和前 15 家化学制品公司中的 13 家。

HYSYS 的特点如下。

① 拥有最先进的集成式工程环境。在集成系统中，流程、单元操作是相互独立的，流程只是各种单元操作这种目标的集合，单元操作之间依靠流程中的物流进行联系。因此，在模拟过程中，稳态和动态使用的是同一个目标，然后共享目标的数据，而不需进行数据传递。

② 具有强大的动态模拟功能。HYSYS 提供以下进行动态模拟的控制单元：PID 控制器；传递函数发生器，如一阶环节、二阶环节、微分和积分环节；数控开关；功能强大的变量计算表等。

③ 在系统中设有人工智能系统，它在所有过程中都能发挥非常重要的作用。当输入的数据能满足系统计算要求时，人工智能系统会驱动系统自动计算。当数据输入发生错误时，该系统会告诉你哪里出了问题。

④ 数据回归整理包提供了强有力的回归工具。用实验数据或库中的标准数据通过该工具用户可得到焓、汽液平衡常数 K 的数学回归方程（方程的形式可自定）。用回归公式可以提高运算速度，在特定的条件下还可使计算精度提高。

⑤ 内置严格物性计算包，包括 16000 个交互作用参数和 1800 多个纯物质数据。

⑥ 开发有功能强大的物性预测系统。对于 HYSYS 标准库中没有包括的组分，可通过

定义假组分，然后选择 HYSYS 的物性计算包来自动计算基础数据。

⑦ 设有 DCS 接口。HYSYS 通过其动态链接库 DLL 与 DCS 控制系统链接。装置的 DCS 数据可以进入 HYSYS，而 HYSYS 的工艺参数也可以传回装置。通过这种技术可以实现：在线优化控制；生产指导；生产培训；仪表设计系统的离线调试。

⑧ 采用事件驱动模式。在研究方案时，将许多工艺参数放在一张表中，当变化一种或几种变量时，另一些也要随之变化，算出的结果也要在表中自动刷新。

⑨ 可计算各种塔板的水力学性质。HYSYS 增加了浮阀、填料、筛板等各种塔板的计算功能，使塔的热力学和水力学问题同时得到解决。

HYSYS 可生成各类工艺报表、性质关系图以及塔和换热设备的剖面图；它还具有高质量 CAD 计算机辅助设计软件，可以很方便地生成工艺流程图。HYSYS 系统与其他软件不同，它不是按常规顺序模块方式传递信息，而是在流程图上使信息双向传递，即可在流程的任一处增减设备或开始计算，从而为用户进行方案比较或计算提供了极大的方便。这是 HYSYS 有别于其他软件的最大特点，这使得他在气体加工、石油炼制、石油化工、化学工业和合成燃料工业等许多工业领域，有着广泛的应用。

11.3 基于 Aspen Dynamics 的 HAZOP 分析

在分析国外专家在 HAZOP 分析定量化研究经验的基础上，根据 HAZOP 分析方法的特点以及定量化分析的特点，青岛科技大学提出了基于动态模拟的 HAZOP 分析方法 DynSim-HAZOP。

11.3.1 DynSim-HAZOP 方法的原理

基于动态模拟的 HAZOP 分析方法的重点，就是利用动态模拟的定量化模型弥补传统 HAZOP 分析不可定量的缺陷。

通常情况下，需要实现 HAZOP 分析偏差的定量化主要依赖于所拥有的偏差统计概率数据库。除了数据库的建立需要长久的时间积累外，数据的准确性也是影响量化准确性的不利因素。另外，至今我国都没有建立起事故统计的体制，也没有完备的偏差概率数据库。因此，传统的定量化方法不能够满足我国安全分析定量化的迫切需求。将动态模拟与 HAZOP 分析相结合的方法正好可以弥补这一现实的不足，同时能够模拟操作条件出现不同程度的偏差对系统安全造成的影响，实现 HAZOP 分析的偏差定量化。在 DynSim-HAZOP 方法中，只要将需要研究的偏差转换为模型中工艺参数的不同程度的变化即可。例如，某操作温度偏低的偏差可以转换为该温度降低 10% 或 10℃。在具体的运行过程中，就是将过程偏差翻译为模型平台所能够识别的定量化动态"任务"，然后运行带有该"任务"的动态模型，得出工艺参数所发生的变化，这样就完成了 HAZOP 的推理工作。然后利用进一步地分析以及处理利用模型所得到的数据，即可得到对应偏差情况下对该系统所造成的后果。

HAZOP 分析结果的定量化应当包括事故后果和事故发生概率两个方面。例如，对于泄漏安全问题，完全可以在工艺上不需要经验和概率就进行量化计算，从而根据不同的影响程度以及隐患爆发时间等因素制定不同的预防和应对策略。分析结果的定量化还包括事故发生概率的定量化，对于事故发生概率方面的量化可以考虑与事件树或故障树等在此方面有专长的分析方法相结合。

11.3.2　DynSim-HAZOP 方法的流程

在参考传统 HAZOP 分析流程的基础上，提出来基于动态模拟的 HAZOP 分析的流程如下。

(1) 分析的准备

在进行具体的 HAZOP 分析过程之前，应当进行充分的准备工作以确保分析的成功。本阶段主要工作如下：

① 确定分析对象，明确分析目的和范围，以确保分析按照正确的方向和既定目标开展工作；

② 制定合理的分析计划，确保能够保持高效率完成分析任务。

获取必要的详细流程资料，主要包括工艺仪表流程图（PID）、工艺流程图（PFD）、平面布置图、装置设计工艺包、装置工艺技术规程、工艺介质数据表、设备数据表、管道数据表、安全附件资料、装置操作与维护手册、历次事故记录等。成功模拟的最重要方面是获取信息的精确性和实际属性，因此数据获取对于本方法的分析的准确性至关重要。

(2) 基于动态模拟的 HAZOP 分析过程

准备工作做好之后即可按照分析计划开始分析工作。

① 划分分析段：HAZOP 分析过程中，需要根据工艺流程和对系统分析的要求划分为若干段。

② 建立对应工段在正常操作条件下的稳态模型，并对照工艺资料验证模型的准确性。分析系统中操作条件以及介质特性，建立分析对象的稳态模型。基于动态模拟的 HAZOP 分析的准确性在很大程度上由模型的准确性决定，因此应当进行模型的验证，确保模型与实际操作的正常状况相吻合。

③ 补充动态模拟所需数据，建立相应的动态模型。

④ 对由工艺参数和引导词构成的参数偏差进行量化，在动态模型中设定对应操作参数进行不同程度的偏离正常的状态。

⑤ 分析设定上述偏差后的模拟结果，如果该偏差能够导致系统非预期的后果产生，即为有意义偏差，记录系统参数的变化，并制定对应措施控制偏差的产生。

⑥ 结合专家经验，对模拟数据进行分析处理，实现 HAZOP 分析的偏差的量化，确定操作参数的阈值。

⑦ 分析模拟结果数据，得到可能导致的事故的量化后果。

⑧ 列出所有可能导致当前偏差的原因。

⑨ 识别当前装置中已有的避免偏差的保护装置和措施，制定针对现有保护装置不能避免的偏差的措施。

⑩ 按照以上步骤逐一分析工段内重要的工艺参数，对应每一个引导词的偏差后进入下一工段的分析过程。

DynSim-HAZOP 分析的流程如图 11-1 所示。

(3) 编制分析结果报告

HAZOP 分析结果应当被准确地记录下来，并进行整理、汇总，提炼出总的分析结果，形成 HAZOP 分析报告文件，结果中应当包括已经制定的改进措施的实施计划。

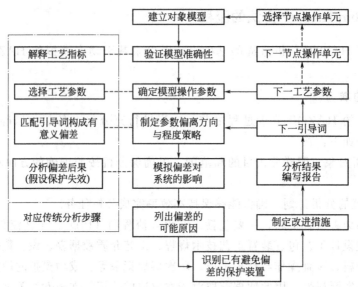

图 11-1　基于动态模拟的 HAZOP 分析流程

11.3.3　DynSim-HAZOP 方法的定量化方法

在 HAZOP 安全分析定量化的研究中，关于分析偏差的量化一直是一个难点：对不同的工艺其参数的波动所引起的波动是不同的，而即使有偏差数据库，应用同一工艺的装置量所反映的偏差问题也很难覆盖全面，而且相同工艺处于不同的负荷状态下，其工艺参数也不仅仅是比例放大的关系。

DynSim-HAZOP 方法中分析偏差量化的方法为：在 DynSim-HAZOP 方法中流程模拟模型是以工艺过程的机理模型做基础，用数学方法描述化工过程，进行过程的物料衡算、能量衡算和设备尺寸估算等。对一个特定的工艺建立好准确的模型后，就可以在计算机上"再现"实际生产过程。由于计算机上的模拟再现可以进行方便的改动，给了操作人员很大的自由度，操作人员可以在计算机上进行不同工艺条件的模拟、分析。本方法所采用的流程模拟平台为 Aspen Plus 和 Aspen Dynamics，利用 Aspen Plus 平台中的灵敏度分析（sensitivity analysis）和案例研究（case study），就可以对不同状态下的工艺进行对比、分析：通过灵敏度分析，可以直观地看出操作参数对结果影响的趋势，从而针对特定情况进行分级量化；通过案例研究则可以很方便地进行不同工况下的研究。

流程模拟和 HAZOP 分析的桥梁是工艺仪表流程图（PID）。在 DynSim-HAZOP 方法中，实现了传统 HAZOP 分析的稳态工艺流程图向动态工艺流程图上的转变，可以实现 HAZOP 分析中偏差的量化。

11.4　合成氨合成工序案例

11.4.1　合成氨合成系统中潜在危险因素分析

(1) 系统中的介质危险性分析

合成氨合成系统装置中所处理的物质主要有 H_2、N_2 和 NH_3。它们的主要物性参数如

表 11-2 所示。

表 11-2　合成氨合成工序主要物质的物性参数

描述	N_2	H_2	NH_3	单位
分子量	28	2	17	—
水溶解度	—	1.53×10^{-6}	52	g/100g 水
气体密度	1.16	0.083	0.705	kg/m³(1atm,21.1℃)
自燃点	—	400	651.1	℃
爆炸下限	—	4	15.7	%(体积分数)
爆炸上限	—	75.6	27.4	%(体积分数)
临界压力	3.4	1.31	11.3	MPa
临界温度	−147.05	−239.97	132.5	℃

① 气体火灾危险性分类　依据《石油化工企业设计防火规范》（GB 50160—2008）规定，可燃性气体的火灾危险性按照如下的原则进行分类：可燃气体与空气混合物爆炸下限小于 10%（体积分数）的极易达到爆炸浓度而造成危险的气体为甲类，大于等于 10% 的较难达到爆炸浓度的气体为乙类。

合成氨合成装置中的可燃性气体有 H_2 和 NH_3。根据以上原则，其中 H_2 的最低爆炸极限为 4.0%，故其火灾危险性为甲类；NH_3 的最低爆炸极限为 15.7%，故其火灾危险性为乙类，常用危险化学品的分类及标志（GB 13690—92）将该物质划分为 2.3 类有毒气体。

② 物质危险性概述　H_2 属易燃易爆物质，与空气混合浓度在 4.0%～75.6% 内时成为爆炸混合物，爆炸危险度为 17.9。氢气比空气轻，在室内使用和储存时，泄漏气体会聚集在上部不易外排，遇火即引起爆炸。GB 12268—2012 标准规定其危险规定号为 21001。

N_2 属第二类不可燃气体，空气中 N_2 含量过高，使氧分压下降，引起缺氧窒息。严重时，患者可迅速昏迷、因呼吸和心跳停止而死亡。

NH_3 常态下是刺激性恶臭味的强刺激性气体，与空气混合浓度在 15.7%～27.4% 内时成为爆炸混合物。氨气常温加压即可液化，沸点为 −33.512℃、凝固点为 −77.712℃。液氨如果外泄，每 1t 蒸发后可变成 1316L 氨气。低浓度的氨会刺激黏膜，高浓度氨气可造成组织溶解坏死和致眼灼伤。液氨则可致皮肤灼伤。急性中毒轻度者出现咽痛、咳嗽、声音嘶哑、流泪和咯痰等症状；同时鼻黏膜、眼结膜、咽部发生水肿充血；且胸部的 X 射线检查与支气管炎或支气管周围炎相符。中度中毒者，除上述各种症状加剧，且会出现呼吸异常困难，胸部 X 射线检查征象与肺炎或间质性肺炎相符。严重中毒者可发生中毒性肺水肿，或有呼吸窘迫综合征，患者剧烈咳嗽，咯大量粉红色泡沫痰，呼吸窘迫、昏迷、休克等。高浓度可引起反射性呼吸停止。

（2）系统中装置危险性关键装置分析

① 合成气压缩机　合成气压缩机压缩的气体主要为 H_2 和 N_2，出口压力大概为 17MPag，采用的是 9.6MPag 的高压蒸汽透平驱动，转速可高达 11000r/min，是合成氨装置的"心脏"。合成气压缩机在高温、高压和高转速的条件下运行，对密封和润滑条件要求特别高，其调节和控制系统十分复杂。由于结构复杂，所以安装检修、维护和保养的要求高。稍有不慎就可发生设备故障，一旦发生故障，就可造成全装置停车，且导致物流介质大量泄漏，还可能造成重大火灾、爆炸或中毒事故。

② 合成塔　合成塔是合成装置的最主要设备，H_2 和 N_2 在合成塔内发生反应生成氨产品。合成塔也属于高温和高压设备，此工艺其正常工作压力为 17MPag，反应温度为 447℃左右。合成塔由承受高温的内件和承受高压的外壳组成。内件比较复杂，由热交换器和触媒筐组成。

合成塔的运行中，常见的不正常现象有催化剂中毒、催化剂床层温度过高、入塔气中氢氮比失调等，都可能造成装置运行不正常甚至停车。同样，塔内件的承压能力有限，如果压差过大，就可能发生内件的变形，从而会造成重大的设备事故。

生产中存在的设备危险因素及预防措施见表 11-3。

表 11-3　合成系统生产中设备危险因素及预防（处理）措施

危险因素	主要原因	预防(处理)措施
系统压力过高	1. 入塔气的氢氮比过高或过低 2. 循环气中惰性气体含量过高 3. 入塔气含 NH_3 高 4. 循环气流量少 5. 精制气中 CO、CO_2 含量高,造成催化剂中毒 6. 合成塔内件损坏	1. 调整精制气中氢氮比 2. 加大吹出气量 3. 检查氨冷器、氨分离器运行状况,并调整到正常值 4. 加大循环量 5. 检查甲烷化炉工况,降低 CO、CO_2 含量;减负荷、提高床层温度或停车 6. 停车检修,分析损坏原因并消除
催化剂床层反应温度过低	1. 塔入口温度低 2. 入塔气中氢氮比过高或过低 3. 循环气流量过大 4. 入塔气中 NH_3 含量过高 5. 内件损坏	1. 塔入口气提高至正常值 2. 调整精制气的氢氮比 3. 减少循环量 4. 检查氨冷器、氨分离器运行状况,并调整至正常值 5. 停车检修,分析损坏原因并消除
合成塔压差大	1. 催化剂损坏(产生粉尘或催化剂烧结) 2. 合成塔内件损坏	1. 开、停车操作中,减负荷或更换催化剂,应防止催化剂发生超温,防止气体发生倒流 2. 停车检修,分析损坏原因并消除
氨冷器出口气体温度过高	1. 液位过低 2. 水冷器出口温度高 3. 出口气氨的压力高	1. 提高液位到正常值 2. 加大冷却水流量;改善水质,防止结垢 3. 调整压缩机运行工况,降低气氨压力到正常值
泄漏	1. 高压设备大盖、法兰密封泄漏 2. 合成水冷器腐蚀泄漏	1. 改进密封结构或更换密封材料 2. 采用耐腐蚀材料,改善循环冷却水水质

(3) 影响生产过程稳定性的因素分析

氨合成的工艺条件主要包括压力、温度、惰性气体含量、循环气流量、氢氮比和进塔气的氨含量等，这些工艺条件的改变和选择，涉及生产过程的经济性乃至稳定性，从而可能造成不同程度的安全问题。

① 压力　压力是决定合成氨的重要因素，且合成氨合成系统中的设备都属于高压设备，氨合成的压力高低不仅影响设备的制造和投资，也影响到系统的安全。

合成氨合成系统中的合成塔、高压锅炉给水预热器、热交换器、水冷器、氨冷器、氨分离器和合成气压缩机等装置都是高压设备，是合成氨装置中高压设备的集中区域。本工艺中设备压力等级一般为 15~18MPag，设备内介质为 H_2、N_2、NH_3 等。

由于设备压力高，导致设备容易发生泄漏，又由于设备中所存介质的危险性，导致极易造成火灾、爆炸或中毒事故。很多时候在发生物理爆炸的同时还可发生化学爆炸，这往往会造成灾难性的后果。

② 温度　氨合成的反应是在催化剂作用下的可逆、放热以及体积缩小的反应。在氨合成系统中，温度必须控制在一定的温度范围内。因为合成氨的反应是在催化剂筐中发生的，要使

催化剂能够发挥其活性来加速反应过程，必须要让催化剂处在一定的温度范围内。如果反应温度低于活性温度范围，很难发挥出催化剂的活性，不能够加速反应的进行；而如果温度高于其活性温度范围，将导致催化剂失活，从而丧失加速反应的活性。在氨合成反应过程中，应当十分注意工艺中的热平衡问题。热平衡涉及多方面的因素，主要包括介质流速、入口气体温度、催化剂床层厚度、催化剂活性和反应状态等，是氨合成塔运行安全的主要问题之一。文献中记载了大量由于温度问题导致的氨合成系统的事故，温度控制不好将会导致燃烧事故。

11.4.2　合成氨合成系统的稳、动态模拟

(1) 合成系统的稳态模拟

① 物性方法的选定　物性方法是一套方法和模型，Aspen Plus 用其计算热力学物性和传递性质。系统包含了大量内置的物性方法足以满足大部分的应用。

对石化生产工艺的稳态模拟或动态模拟，在某种意义上讲即用计算机模拟工艺系统的质量平衡和能量平衡过程。因此，要求模拟的模型能够在所模拟物系的热力学性质计算、相平衡以及化学平衡的严格计算上能够符合实际。另外，模型还应考虑化学反应过程的反应速率和操作单元之间质量传递和热量传递速率的限制。

氨合成是高温、高压下的气固相催化反应，其基本热力学过程是在高压下多元气、液相平衡，各种参数之间的相互影响关系相当复杂。多年来，在国内外研究人员的努力下，该系统的气、液相平衡数据计算的热力学方法已经解决。

合成工段中物性方法选择了 RKS-BM，RKS-BM 是带有二元交互参数的适用于高压烃应用的状态方程，作为 Aspen Plus 推荐的用于合成氨装置的状态方程，可以满足合成系统的物性和热力学性质的精确计算。

② 模拟所需基础数据　针对实际情况及本研究的需要对选择的单元操作模块如表 11-4 所示。系统中主要的进料状况如表 11-5 所示。

表 11-4　选用单元操作模块列表

序号	设备名称	设备编号	模块类型
1	合成塔	R501	RGibbs
2	高压锅炉给水预热器	E501	HeatX
3	热交换器	E502	HeatX
4	水冷器	E503	HeatX
5	冷交换器	E504	HeatX
6	氨冷器	E505	HeatX
7	氨分离器	D501	Flash2
8	缓冲槽	D502	Flash2
9	合成气压缩机	K501	MCompr

表 11-5　主要进料状况

名称\描述	FEED	L-NH$_3$	CW-IN	HP-BFW	单位
摩尔流率	4899.2	3043	29974.55	14931.82	kmol/h
质量流率	41733.61	51824	540000	269001	kg/h

名称\描述	FEED	L-NH₃	CW-IN	HP-BFW	单位
体积流率	4186.86	97.72	709.64	401.3	m³/h
温度	30	−27	15	158	℃
压力	2.9	1	0.3	14	MPag
气相分数	1	0	0	0	—
H₂	7406.03	0	0	0	kg/h
N₂	34324.01	0	0	0	kg/h
NH₃	0	51824	0	0	kg/h
AR	3.57	0	0	0	kg/h
WATER	0	0	540000	269001	kg/h

③ 合成氨合成系统稳态模拟 由合成氨合成系统工艺流程简介可知，该流程并非简单的顺序分离流程，存在两股主要循环物流，使得模拟过程更加复杂，这就需要合成系统的全流程模拟需要重复迭代多次才可完成。在流程模拟中如果有物流循环的话，一般情况下收敛是比较麻烦的。因此，通常需要在一开始的时候把循环断开，直至循环物流的值与标定差不多时再将循环物流链接上进行计算，可以很快达到收敛。

为了使流程能够方便地收敛，合成系统的模拟可以分三步来完成。

a.不带循环的模拟 本系统中有两个小循环流股：R-IN 和 D501-V，由于 Aspen Plus 的计算能力完全可以直接实现带有两个小循环的计算，因此第一步只将循环流股 V-RE-CYLE 和 D502-V 断开，进行计算，并将 V-RECYLE 和其实际标定值进行对比，直至结果相差不多。

b.添加第一个循环 V-RECYLE 第一步已经使计算所得 V-RECYLE 的数据与实际标定值相差不多，将其连接上之后，很快就可以达到收敛，然后便要继续修改假定的 D502-V 的值，计算 D502-V 的值与实际标定值进行对比，直至结果相差不多为止。

c.完成循环 D502-V 完成上一步之后，按照实际情况连接好流股 D502-V 后，对整个系统进行多次迭代模拟便可计算收敛得到结果。

根据以上步骤，建立的合成氨合成系统的流程稳态模拟模型如图 11-2 所示。

(2) 检验稳态模型准确性

将氨合成系统的流程模拟计算值和实际主要操作数据作对比，验证该系统的准确性，结果如表 11-6 所示。

表 11-6 模拟物流组成与实际值对比

摩尔分数	R-OUT		V-RECYCLE		D502-V		PRO	
	模拟值	实际值	模拟值	实际值	模拟值	实际值	模拟值	实际值
H₂/%	58.53	58.18	72.73	71.56	57.98	57.52	0.13	0.08
N₂/%	19.70	19.39	22.87	23.84	24.36	24.49	0.08	0.05
NH₃/%	21.39	22.01	3.88	4.09	16.87	17.13	99.79	99.87
AR/%	0.38	0.42	0.52	0.51	0.79	0.86	0.79	—

从模拟数据可以看出，模拟计算值与实际数据有一点偏差，这主要是因为氨合成系统是

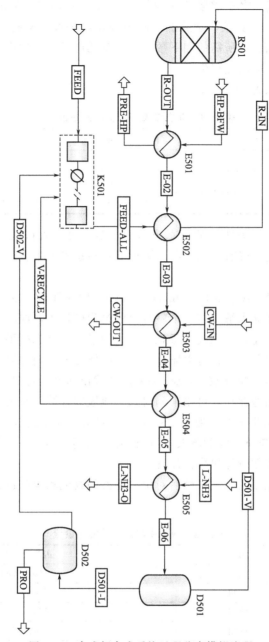

图 11-2　合成氨合成系统过程稳态模拟流程

一个复杂的生产过程，模拟系统中有些数学模型进行了适当简化计算。总体上，该系统的模拟结果与实际值基本上吻合较好，这说明模拟系统的计算和物性数据是可靠的，可以在此模拟基础上进行更进一步的模拟研究，得到较为可靠到的数据。

（3）合成系统的动态模拟

① 转向动态模拟的准备工作　在完全进入动态模拟之前，还需要在 Aspen Plus 平台中对稳态模拟的模型进行修改以满足动态模拟的要求。主要需要进行的工作有以下三个方面：增加动态模拟所需的设备数据、进行压力检验（Aspen Plus 中 Dynamic 工具条第二个图标），确保模拟已经完全准备好进行压力驱动的动态模拟。

　　a.补充装置尺寸数据　对于需要补充的装置数据，可以按照 Aspen Plus 的专家系统的指示进行，启用 Dynamic 工具条，然后确认动态按钮已经按下支持动态模式，访问动态数据文件夹，补充动态数据表单所需的如下数据：设备几何尺寸、过程热传递方法、初始持液量和设备热传递包括对环境的热损失。

　　本模型用到的数据如表 11-7 所示。

表 11-7　动态模拟所需主要设备数据

设备名称及位号	型式	直径/筒体高度/mm	封头形式
合成塔 R501	立式	2400/16790	—
氨分离器 D501	立式	1500/4050	半球形
缓冲槽 D502	卧式	1800/7500	椭圆形

　　b.添加变压设备　在压力驱动的动态模拟中，要求设备入口压力与入口位置的压力相等，而且在不同设备之间最好有变压设备，因此要在稳态模拟中合适位置增加变压设备，一般为阀。

　　c.简化模型部分设置　Aspen Dynamics 与 Aspen Plus 不同，它采用联立方程法，同时对所有单元模块的方程联立求解。在一个整流程的过程模拟中，同时需要联立解答的方程式数量常常有成百上千。因此，动态模型很难收敛。为了方便动态模型快速收敛，可以选择删除介质组成中的不必要组分，并且可以删除一些不必要的相平衡计算。

　　核查一切加料物流的气相分数（vapor frac）并找出所有只存在单一相态的流股。如果某一加料流股是以单一相态存在，可以限制对这个流股的计算，在闪蒸选项中只选择对应的相态。例如，一个进料流股全部为液相，就可以在闪蒸选项中选择"liquid only"（即只含有液相），这样就可以避免单一相的流股所进行的闪蒸运算影响整个流程的收敛，同样还可以减少动态模型的方程式数量加快模拟速度。

　　在本模拟中，检查流股的相态，然后对单一相态的物流和阀门进行简化设置，所作改变如表 11-8 所示。

表 11-8　模拟中相态计算简化设置

流股(模块)名	相态	闪蒸选项设为
FEED	气相	Vapor-Only
FEED-ALL	气相	Vapor-Only
HP-BFW	液相	Liquid-Only
PRE-HP	液相	Liquid-Only
HOT-F	气相	Vapor-Only
RV1(阀)	气相	Vapor-Only
R-IN	气相	Vapor-Only
R-OUT	气相	Vapor-Only
R2	气相	Vapor-Only
E-01	气相	Vapor-Only
E-02	气相	Vapor-Only
E-03	气相	Vapor-Only
CW-IN	液相	Liquid-Only
CW-OUT	液相	Liquid-Only

续表

流股(模块)名	相态	闪蒸选项设为
D501-V	气相	Vapor-Only
RCYV1(阀)	气相	Vapor-Only
V-RECYLE	气相	Vapor-Only
D501-L	液相	Liquid-Only
LDV(阀)	液相	Liquid-Only
L-DOWN	液相	Liquid-Only
D502-V	气相	Vapor-Only
RCYV2	气相	Vapor-Only
RCY-2	气相	Vapor-Only
PRO	液相	Liquid-Only
PROV(阀)	液相	Liquid-Only
OUT	液相	Liquid-Only
L-NH3	液相	Liquid-Only

② 动态模拟　完成上述步骤后，便可以结束 Aspen Plus 中的工作，转到 Aspen Plus Dynamics 中进行。运行 Aspen Dynamics，通过菜单 File→Open 打开上一步骤中 Aspen Plus 导出的文件。

由 Aspen Plus 转换为 Aspen Dynamics 中的动态模型后，模型中将会自动产生默认的控制方案，包括温度、压力和液位的控制。一般默认的控制方案采用如下方式进行相关目标的控制。

压力控制：调整出口的气相流率；

温度控制：调整装置的热负荷；

液位控制：调整容器出口浓缩相（包括液相）的流率。

Aspen Dynamics 自动生成的默认控制方案如表 11-9 所示。

表 11-9　动态模拟系统自动生成的默认控制方案

序号	控制器名称	调节对象	控制内容	模型方案
1	D501_PC	氨分离器压力	气相出料流量	Valve 的开度
2	D501_LC	氨分离器液位	液相出料流量	Valve 的开度
3	D502_PC	缓冲槽的压力	循环气的流量	Valve 的开度
4	D502_LC	缓冲槽的液位	产品氨的流量	Valve 的开度

在实际装置的控制系统中，控制方案与 Aspen Dynamics 自动生成的控制方案是有区别的，而且还有其他的控制回路。但是这里建立动态模型的目的是为了验证 DynSim-HAZOP 这种分析方法的可行性，而且过多的控制回路不利于模型计算的收敛，因此这里仅对默认的控制方案进行整定而不再增加其他控制回路。

为了能够较好地控制过程变量，需要对动态模型中的控制器参数进行优化。对动态模型中的控制器参数进行适当调整有以下两种情形。

a. 动态模拟模型运行时，如果稍微改变某个控制器的设定值，过程变量可以接近设定值，但是不能够在设定值处平稳运行，就要适当地增加控制器的积分时间。

b. 动态模拟模型运行时，如果需要很长时间才能达到设定值，可以适当增加控制器的增益；如果控制器显示不稳定状态，就可适当减小控制器的增益。

11.4.3 合成氨合成系统的 DynSim-HAZOP 分析

本节将上一节所构建的合成氨装置的合成系统的稳、动态模拟模型，用于 DynSim-HAZOP 分析方法对该工艺的几个代表性偏差进行的安全分析中，来对这种安全分析方法的可行性进行详细的验证。考虑到篇幅问题，本实例研究只对氨合成系统中比较重要的氨分离器液位异常偏差进行分析研究。

贮罐中液位发生异常是在实际生产过程中比较频繁发生的问题/偏差之一。因此，这里将氨分离器（D501）的液位异常问题作为液位异常的典型例子，运用 DynSim-HAZOP 方法对其进行液位偏差的分析。此处，选择液位偏高为分析偏差，一般造成液位偏高的原因主要有：控制阀开度异常、上游流速大、下游流速小、公共系统的物料泄漏进容器和前一批物料遗留在容器内等。

（1）氨分离器液位偏高偏差的模拟

对于氨分离器液位偏高这一偏差，同样又有多种不同的问题存在。这里选择了氨分离器液相出口的 LDV 阀的开度偏小这一具体问题，开度偏小主要是由于阀门污渍沉积堵塞，或者控制参数漂移所引起的阀门的实际开度低于正常状态而引起的，而控制回路的显示值正常。

为了模拟阀门的开度值偏离正常状态这一过程，将阀门开度在动态模型运行至 2h 处跃变至一个低于正常状态的值。由于体系中物流量较大，氨分离器的体积有限，所以对于阀门 LDV 的偏差设置应当尽量地小。从动态模拟的正常状态可以知道，阀门 LDV 的正常开度为 50.738%，在 2h 处将其开度设置跃变至 50.736%。

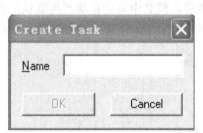

图 11-3 Aspen Plus Dynamics 中创建任务窗口

为了实现这一过程的模拟，需要通过 Aspen Dynamics 所独有的 Task Language 来实现。在 Aspen Plus Dynamics 界面中，点击 Exploring→Flowsheet 中的 Add Task 图标或者点击菜单栏 Tools→New Task 打开创建任务的窗口，如图 11-3 所示。

在创建任务窗口的输入框中输入任务名称，此处为 duse。点击 OK 按钮，即可打开 Aspen Dynamics 中进行任务编辑的文本编辑器，如图 11-4 所示。

```
Text Editor - Editing dusel
Task dusel // <Trigger>
// For event driven tasks, <Trigger> can be one of:
//   Runs At <time>                e.g. Runs At 2.5 or
//   Runs When <condition>         e.g. Runs When bl.y >= 0.6 or
//   Runs Once When <condition> e.g. Runs Once When bl.y >= 0.6
// Ramp (<variable>, <final value>, <duration>, <type>);
// SRamp(<variable>, <final value>, <duration>, <type>);
// Wait For <condition> e.g. when bl.y < 0.6;
// (Use Wait For to stop the task firing again once trigger condition has been met)
End
```

图 11-4 编辑任务的文本编辑器

在任务文本编辑器中输入如下代码：

```
Task duse runs when time = = 2  //  < Trigger>
BLOCKS("D501_LC").AutoMan:1;
BLOCKS("D501_LC").OPMan:0.50736;
End
```

上述代码的含义是：在模拟运行至 2h 的时候，氨分离器的液位控制器由自动模式改为手动，然后将控制器的操纵目标参数阀门 LDV 的开度值调节为 0.50736。其余时间为稳态。

在此过程中，要使在模拟时启动首先需要编译和激活新创建的任务，可以通过在 Exploring→Flowsheet 窗口中右键单击该任务的图标，再先后分别点击 Compile 和 Activate 命令来完成。完成此过程，即可开始在阀门开度异常偏差情况下的氨合成工艺的模拟。在模拟的过程中，可以通过一些动态显示子窗口观察所关心参数的动态变化情况，在这里我们只需要关心氨分离器的液位变化即可。对测量子窗口得到的数据变化曲线，运行其上右键菜单中的 Show as History 命令，可以得到列表形式的数据，可以通过简单的复制/粘贴就可以方便地转到其他数据处理软件中进一步处理或直接进行记录。

最终得到氨分离器中的液位在这一偏差存在状况下的变化趋势，如图 11-5 中的 Actual Level 曲线所示。

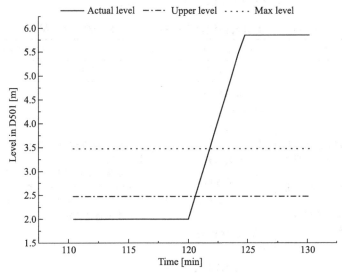

图 11-5　阀门 LDV 发生偏差时 D501 中液位的变化趋势

(2) 氨分离器液位偏高偏差的分析过程

在本套装置的设计工艺包中有关氨分离器（D501）的设备资料中，可以获得氨分离器中有关液位的参数阈值，如表 11-10 所示。

表 11-10　氨分离器的液位参数的阈值

描述	最低	较低	较高	最高	单位
阈值	0.375	1.1	2.475	3.475	m

在图 11-5 中，Upper level 即为正常液位之上的较高时的阈值，而 Max level 即为氨分离器的最大允许的液位阈值。从图中可以看出，在 2h 处发生阀门开度减小的状况后，氨分

离器中的液位连续上升，大约在一分钟后，氨分离器的液位就达到了较高的警告值；然后又经过 1.5min 左右，氨分离器的液位超过了装置设计的最大阈值。在这种状态下，由于液位过高将会导致氨分离器中的液氨被夹带进入循环气循环，然后进入合成气压缩机，严重时可能导致液氨泄漏。如果合成气压缩机的保护装置处于正常状态的话，将使得合成气压缩机部分停车，其他相关的联锁程序激活。在这种情况下，需要连续观察氨分离器的液位，根据需要关闭隔离阀，确保工艺运行安全。

由上述分析，可以推断，氨分离器液位偏高这一偏差可能带来的后果有：

① 液氨夹带进入合成气压缩机；

② 合成气压缩机严重损坏；

③ 液氨泄漏；

④ 局部地区空气污染；

⑤ 现场的操作工人氨中毒；

⑥ 泄漏混合气导致爆炸；

⑦ 氨合成装置部分停车。

(3) 氨分离器液位偏高偏差的分析报告

通过上述的分析就可以针对这一偏差，编制分析报告。最终编制的 LDV 阀开度发生低偏差时，DynSim-HAZOP 的分析报告如表 11-11 所示。

表 11-11 氨分离器液位偏高的 DynSim-HAZOP 分析报告

系统名称：氨合成		时间：11/18/2010		表格编号：A1
偏差	原因	后果	建议措施	附录
氨分离器液位偏高	A. 氨分离器液相出口外 LDV 阀的开度偏小 B. LDV 阀部分堵塞 C. 液位控制器参数漂移	➤ 液氨被夹带进入合成气压缩机 ➤ 合成气压缩机严重损坏 ➤ 液氨泄漏 ➤ 局部地区空气污染 ➤ 现场的操作工人氨中毒 ➤ 泄漏混合气导致爆炸 ➤ 氨合成装置部分或全停车	• 定期检查液位控制器参数设定 • 安装高液位报警器 • DCS 控制界面中将氨分离器液位显示图形化 • 液位超高的联锁设定	◆ 偏差导致的液位变化趋势见图 11-5 ◆ 此例研究偏差下 1.5min 就会造成重大损失

习 题

一、填空题

1. 氨与空气能形成_____；吸入可引起_____。

2. 氨的爆炸极限_____%（体积分数），自燃温度_____℃。

3. 可能接触液氨时，应防止_____。

二、单项选择题

1. 氨要避免与（　　　）接触。

A. 氧化剂 　　　　　　　　　　　　　B. 还原剂

C. 酸和碱 　　　　　　　　　　　　　D. 氧化剂、酸类、卤素。

2. 合成氨装置的安全控制的基本要求包括（　　　）。

A. 合成氨装置温度、压力报警和联锁

B. 物料比例控制和联锁

C. 压缩机的温度、入口分离器液位、压力报警联锁

D. 以上都正确

3. 受限空间与其他系统连通的可能危及安全作业的管道应采取有效隔离措施，可以采取的有效隔离措施为（　　　）。

A. 水封 　　　　B. 关闭阀门 　　　　C. 盲板或拆除管道 　　　D. 气封

4. 发生液化气、液氨等泄漏，处置时应佩戴（　　　）手套。

A. 防冻 　　　　B. 普通 　　　　　　C. 隔热 　　　　　　　　D. 乳胶

5. 驰放气中不含有（　　　）。

A. 氮气 　　　　B. 氢气 　　　　　　C. 二氧化碳 　　　　　　D. 氨气

三、判断题

1. 液氨大规模事故性泄漏会形成低温云团引起大范围人群中毒，遇明火还会发生空间爆炸。（　　　）

2. 生产、使用氨气的车间及储氨场所应设置氨气泄漏检测报警仪，使用防爆型的通风系统和设备，应至少配备两套正压式空气呼吸器、长管式防毒面具、重型防护服等防护器具。（　　　）

3. 危险化学品从业人员发现直接危及人身安全的紧急情况时，不得停止作业或者在采取可能的应急措施后撤离作业场所。（　　　）

4. 合成氨反应过程中，高温、高压使可燃气体爆炸极限扩宽，气体物料一旦过氧，极易在设备和管道内发生爆炸。（　　　）

5. 氨贮罐等压力容器和设备应设置安全阀、压力表、液位计、温度计，并应装有带压力、液位、温度远传记录和报警功能的安全装置，设置整流装置与压力机、动力电源、管线压力、通风设施或相应的吸收装置的联锁装置。（　　　）

6. 现场被液氨灼伤后应立即用大量生活水冲洗。（　　　）

四、简答题

1. 液氨贮罐的出口管线第一道法兰处出现泄漏时，应该如何应急处置？

2. 造成合成塔出塔气体温度高的原因有哪些？

3. 液氨贮槽爆炸事故原因有哪些？处理措施有哪些？

推荐阅读材料

环氧乙烷精制塔爆炸事故的 HAZOP 分析

某烯烃厂的乙二醇装置，设有 3 个环氧乙烷精制塔。2015 年其精制塔因环氧乙烷超压

泄漏，引起剧烈的爆炸，导致巨大的物质损失和经济损失。事故发生后，根据国家及企业要求，针对此乙二醇装置开展了 HAZOP 分析。

(1) 环氧乙烷塔爆炸事故介绍

本次发生事故的是 $5 \times 10^4 t/a$ 的环氧乙烷精制塔 T-430。事故造成环氧乙烷精制塔严重损坏，1 人轻伤，初步估算直接经济损失 46 万余元。事故经过如下。

2015 年 4 月 21 日 4 时 53 分，环氧乙烷生产装置岗位人员听到现场有异常放空声，立即对该塔进行紧急处理，采取切断进料、切断加热蒸汽等措施，并赶到现场进行检查确认，发现环氧乙烷精制塔 T-430 塔顶安全阀起跳。现场监控视频显示，5 时 37 分，塔釜再沸器上封头附近有白烟冒出。6 时整，再沸器上封头附近白烟变大。6 时 01 分 50 秒，再沸器上封头附近起火。现场人员立即通知车间领导，车间立即启动现场应急预案，组织人员进行灭火，并于 6 时 03 分 42 秒报火警。6 时 04 分 36 秒，精制塔发生第一次爆炸。6 时 06 分 10 秒，发生第二次爆炸。

(2) 事故环氧乙烷塔 HAZOP 分析

由于本次事故初步认定为精制塔塔顶超压引起，因此将塔顶压力及相关工艺流程介绍如下。

T-430 精制所需热量由塔釜再沸器和中间再沸器提供。塔釜再沸器 E-430 用 0.8MPa 蒸汽以保证釜液沸腾，蒸汽流量与第 10 块塔板温度组成串级调节控制。为了充分回收能量，设有中间再沸器 E-433（位于 20 层塔盘），其热源为经过进料预热后的塔釜液，将降液管液体从 56℃重新加热至 57℃，同时塔釜液从 104℃降至 62℃。顶部蒸汽在精制塔顶冷凝器 E-431 中冷凝，然后流入精制塔回流罐 D-430 中，D-430 采用分程控制器来控制精制塔的压力。当塔内压力低时，把低压氮气充入 D-430，正常状态中将 D-430 中放出的含环氧乙烷的不凝气体进入 T-330 中回收环氧乙烷。事故初步认定，发生爆炸直接原因之一是：环氧乙烷精制塔 T-430 引压管堵塞，导致压力控制 PT446、压力联锁 PT447、现场压力 PI448 指示全部失真。操作人员在压力指示失真的情况下，连续操作，最终导致塔顶超压，安全阀起跳，塔底再沸器同时超压，密封泄漏，环氧乙烷泄漏至再沸器保温层自燃引起回火，塔内爆炸。

事后分析，环氧乙烷塔 T-430 的压力仅由回流罐顶压力远传 PI448 可见，其余两处现场压力表均在塔体，未引至平台，不便于操作人员巡检查看。事故发生当天，操作人员仅关注 PI448 的指示，并对 PI448 进行现场校验，校验时发现 PI448 压力有指示，但并未发现 PI448 由于引压管堵塞，压力指示已经不再准确。

回流罐 D-430 顶引压管由于环氧乙烷聚合容易堵塞，在没有安全措施及引压管较细的情况下，由引压管引出的压力测量及压力高高联锁作为保护措施可靠性较低，不宜作为独立保护层。因此，此假定事故场景综合计算后，剩余风险为高风险。

(3) 进一步改进措施

通过 HAZOP 系统分析，对此事故环氧乙烷精制塔 T-430 及同类精制塔 T-410、T-420 提出一系列建议措施，鉴于 T-430 已破坏，针对 T-420 塔，从联锁、泄压、压力监控等多个角度，主要建议措施如下：

① 目前精制塔 T-420 的回流罐 D-420 设有压力分程控制 PIC426、压力指示 PI428 和压力高高联锁 PSHH427，此 3 个压力测量自同一个引压管引出，当回流罐顶引压口堵塞时，此 3 个作为保护措施同时失效，使保护措施不独立。建议在回流罐 D-420 原来的 Φ25 引压法兰后扩径为 2″管线，并配连续冲氮管线，防止引压管堵塞情况发生。

②　目前停精制塔塔底再沸器蒸汽是由调节阀 FV423 当联锁触发时执行切断功能，建议在 FV423 后增设一个紧急切断阀，在联锁动作时同时切断 FV423 和此紧急切断阀，以防止联锁动作时，FV42 卡顿等情况下不能完全切断蒸汽。

③　建议精制塔 T-420 塔增设防爆膜，并在安全阀与防爆膜间增设压力高报警并引至 DCS，便于检测防爆膜是否完好。

④　建议精制塔 T-420 塔顶气相管线 TI420-10 增设温度高联锁切断进料及塔釜再沸器蒸汽。

⑤　为进一步监控精制塔 T-420 塔操作状况，增加该塔压差表（PI424 与 PI425 的压差），并将其引至 DCS 指示并增设 DCS 报警，以提醒操作人员及时进行工艺操作参数的调整。

⑥　建议精制塔 T-420 塔釜（灵敏板）抽出管线 P-4204 上增设去解析塔 T-310 流程，并在此流程上设置精馏塔 T-420 塔釜温度低低联锁，切断去解析塔 T-310 流程，以防精制塔塔釜温度低，大量环氧乙烷压至塔釜，自此流程窜入解析塔，带来安全隐患。

◆ 参考文献 ◆

安全、健康和环境，2017 年第 17 卷第 2 期.

安全与防护

为了防止重大的灾难性事故的发生，化工行业采用了多种安全评价方法进行预测，通过评价这些潜在的危险采取合理的安全措施，使危险性发展成事故的可能性尽量较少。当前对危化品产、运、销、用全过程施行严格管控已经成为世界范围内的通行做法，在美国、欧盟及日本等发达国家和地区均存在相关法规和标准，尤其是 2007 年 6 月欧盟推行 REACH（"化学品注册、评估、许可和限制"）法规以来，全球范围内各个国家陆续更新相关化学品管理法规，对整个石化界带来深远影响。

本章主要内容是安全与防护，指化工安全生产和保证安全生产采用的防护措施。本章内容主要包括化工安全生产以及安全生产要采取的措施。

12.1　化学工业发展伴生的新危险

化学品在生产、储运、销售、使用过程中可能会发生各种安全事故，及时有效地预防化工厂危害、做好防护措施，为患者提供救护，对挽救生命、降低伤害有重要意义。化工生产过程中常遇到的安全事故有中毒、窒息、化学灼伤等。在我国特别是 2015 天津港 "812" 特别重大火灾爆炸事故以来，国务院首次发文推动危化品安全生产工作，国务院办公厅于 2016 年 11 月 29 日再次印发了《危险化学品安全综合治理方案》（以下简称《方案》），在全国范围内组织开展为期 3 年的危险化学品安全综合治理工作，并提出 40 条具体任务，对危险化学品安全综合治理作出明确要求。

随着当今化学工业的飞速发展，化工发展伴随着新危险的产生——环境污染，新危险已给全球的生态平衡带来了巨大的破坏，开始危及人类的生存。化工生产过程环境保护越来越受到重视。如何进行绿色化工生产，已成为当今社会最突出的问题之一。

化工生产造成的环境污染是一个重大的社会问题，由于早期化工生产以生产为主，忽略了对环境的保护，因而造成严重的后果。随着工业分布过分集中，城市人口过分密集，环境污染由局部逐渐扩大到区域，由单一的大气污染扩大到大气、水体、土壤和食品等各方面的污染，酿成了不少震惊世界的公害事件。在我国，这类化工生产事故以及装置不达标排放导致严重环境污染的事件也多次发生。如 2005 年某石化公司双苯厂苯胺车间发生爆炸事故造成的松花江重大水污染事件，2009 年某化工厂长期排放工业废物造成的湖南浏阳镉污染事件，原油泄漏事件等等。这些事故都对我们人身安全产生了极大的伤害同时对环境也造成了严重的破坏。

在新时代的背景下，我们应全面认识到化工安全生产和环境保护的重要价值，将环保意识融入我们化工生产中去，为国家、为企业的持续发展奠定良好的基础。

12.2 化学工业对安全的新要求

化工生产的原料和产品多为易燃、易爆、有毒及有腐蚀性，且化工生产特点多是高温、高压或深冷、真空，化工生产过程多是连续化、集中化、自动化、大型化，化工生产中安全事故主要源自于泄漏、燃烧、爆炸、毒害等，因此，化工行业已成为危险源高度集中的行业。由于化工生产中各个环节不安全因素较多，且相互影响，一旦发生事故，危险性和危害性大，后果严重。针对化工生产过程的危险性，不仅化工生产的管理人员、技术人员及操作人员必须熟悉和掌握相关的安全知识和事故防范技术，而且要具备一定的安全事故处理技能。

随着国家可持续发展战略的实施，化学工业发展走可持续发展道路对于人类经济、社会发展具有重要的现实意义。在新时代背景下，化工行业对安全有了新的要求，可概括总结如下。

① 本着"安全第一"的原则，在化工装置设计时严格遵守国家法律或者行业规范要求，尤其是涉及"两重点一重大"装置。

② 采用多种安全预评价方法对新上化工项目进行安全评价，根据安全评价结果设计可靠的安全处理措施。

③ 对于危险性较大的装置尤其是涉及"两重点一重大"装置进行 HAZOP 分析，并根据 HAZOP 分析结果进行相应的改进。

12.3 石油化工安全生产的有关法律和规范

(1) 石油化工安全生产的有关法律

①《中华人民共和国安全生产法》(国家主席令 [2002] 第 70 号)

②《中华人民共和国职业病防治法》(国家主席令 [2011] 第 52 号)

③《中华人民共和国劳动法》(国家主席令 [1994] 第 28 号)

④《中华人民共和国消防法》(国家主席令 [2008] 第 6 号)

⑤《中华人民共和国突发事件应对法》(国家主席令 [2007] 第 69 号)

⑥《中华人民共和国防震减灾法》(国家主席令 [2008] 第 7 号)

⑦《危险化学品安全管理条例》(国务院令 [2011] 第 591 号)

⑧《特种设备安全监察条例》(国务院令 [2009] 第 549 号)

⑨《生产安全事故报告和调查处理条例》(国务院令 [2007] 第 493 号)

⑩《安全生产许可证条例》(国务院令 [2004] 第 397 号)

⑪《建设工程安全生产管理条例》(国务院令 [2003] 第 393 号)

⑫《公路安全保护条例》（国务院令［2011］第 593 号）

⑬《劳动防护用品监督管理规定》（国家安监总局令第 1 号）

⑭《易制爆危险化学品名录》（2017 年版）（中华人民共和国公安部公告）

⑮《产业结构调整指导目录（2011 年本）（修正）》（国家发改委第 21 号令）

⑯《生产经营单位安全培训规定》（国家安全生产监督管理总局令第 3 号）

⑰《危险化学品重大危险源监督管理暂行规定》（国家安全生产监督管理总局令第 40 号）

⑱《危险化学品生产企业安全生产许可证实施办法》（国家安全生产监督管理总局令第 41 号）

⑲《危险化学品建设项目安全监督管理办法》（国家安全生产监督管理总局令第 45 号）

⑳《国家安全监管总局办公厅关于印发危险化学品建设项目安全设施设计专篇编制导则的通知》（安监总厅管三［2013］39 号）

㉑《国家安全监管总局关于印发〈危险化学品建设项目安全评价细则的通知〉》（安监总危化〔2007〕255 号）

㉒《重点监管危险化工工艺目录》（2013 年完整版）

㉓《重点监管的危险化学品名录》（2013 年完整版）

㉔《国家安全监管总局办公厅关于印发危险化学品重大危险源备案文书的通知》（安监总厅管三［2012］44 号）

㉕《国家安全监管总局工业和信息化部关于危险化学品企业贯彻落实〈国务院关于进一步加强企业安全生产工作的通知〉的实施意见》（安监总管三〔2010〕186 号）

㉖《危险化学品名录》（2002 版）（国家安全生产监督管理局公告 2003 年第 1 号）

㉗《剧毒化学品目录》（2002 年版）及补充和修正表

㉘《关于开展重大危险源监督管理工作的指导意见》（安监管协调字［2004］56 号）

㉙《特种作业人员安全技术培训考核管理规定》（国家安全生产监督管理总局令第 30 号）

㉚《特种设备作业人员监督管理办法》（国家质量监督检验检疫总局令第 140 号）

㉛《生产安全事故应急预案管理办法》（安监总局令第 17 号）

㉜《各类监控化学品名录》（中华人民共和国化学工业部令第 11 号）

（2）石油化工安全生产的有关规范

①《化工企业总图运输设计规范》GB 50489—2009

②《建筑设计防火规范》GB 50016—2014

③《石油化工企业设计防火规范》GB 50160—2008

④《工业企业总平面设计规范》GB 50187—2012

⑤《厂矿道路设计规范》GBJ 22—87

⑥《生产过程安全卫生要求总则》GB/T 12801—2008

⑦《危险化学品重大危险源辨识》GB 18218—2009

⑧《压缩空气站设计规范》GB 50029—2003

⑨《爆炸与火灾危险环境设计规范》GB 50058—2014

⑩《火灾自动报警系统设计规范》GB 50116—2008

⑪《建筑照明设计标准》GB 50034—2004

⑫《供配电系统设计规范》GB 50052—2009

⑬《10kV 及以下变电所设计规范》GB 50053—94

⑭《3kV—110kV 高压配电装置设计规范》GB 50060—2008

⑮《低压配电设计规范》GB 50054—2011
⑯《电力工程电缆设计规范》GB 50217—2007
⑰《通用用电设备配电设计规范》GB 5055—2011
⑱《电力装置的继电保护和自动装置设计规范》GB/T 50062—2008
⑲《建筑物防雷设计规范》GB 50057—2010
⑳《石油化工装置防雷设计规范》GB 50650—2011
㉑《室外给水设计规范》GB 50013—2006
㉒《室外排水设计规范》GB 50014—2006
㉓《采暖通风与空气调节设计规范》GB 50019—2003
㉔《石油化工采暖通风与空气调节设计规范》SH/T 3004—2011
㉕《建筑灭火器配置设计规范》GB 50140—2005
㉖《泡沫灭火系统设计规范》GB 50151—2010
㉗《防止静电事故通用导则》GB 12158—2006
㉘《火灾分类》GB 4968—2008
㉙《职业性接触毒物危害程度分级》GBZ 230—2010
㉚《有毒作业分级》GB 12331—90
㉛《低温作业分级》GB/T 1440—1993
㉜《高温作业分级》GB/T 4200—2008
㉝《企业职工伤亡事故分类》GB 6441—1986
㉞《压力容器中化学介质毒性危害和爆炸危险程度分类》HG 20660—2000
㉟《工业金属管道设计规范》GB 50316—2000（2008 年版）
㊱《安全色》GB 2893—2008
㊲《安全标志及其使用导则》GB 2894—2008
㊳《工作场所职业病危害警示标识》GBZ 158—2003
㊴《工业管道的基本识别色、识别符号和安全标识》GB 7231—2003
㊵《建筑抗震设计规范》GB 50011—2010
㊶《建筑工程抗震设防分类标准》GB 50223—2008
㊷《石油化工建（构）筑物抗震设防分类标准》GB 50453—2008
㊸《化工建、构筑物抗震设防分类标准》HG/T 20665—1999
㊹《固定式钢梯及平台安全要求》GB 4053.1、2、3—2009
㊺《机械安全防护装置固定式和活动式防护装置设计与制造一般要求》GB/T 8196—2003
㊻《外壳防护等级（IP 代码）》GB 4208—2008
㊼《危险货物品名表》GB 12268—2012
㊽《危险货物分类和品名编号》GB 6944—2012
㊾《化学品分类和危险性公示通则》GB 13690—2009
㊿《化工建设项目环境保护设计规范》GB 50483—2009
(51)《个体防护装备选用规范》GB/T 11651—2008
(52)《常用化学危险品储存通则》GB 15603—1995
(53)《工业企业设计卫生标准》GBZ 1—2010
(54)《工作场所有害因素职业接触限值》GBZ 2.1～2.2—2007
(55)《用电安全导则》GB/T 13869—2008

㊏《石油化工企业职业安全卫生设计规范》SH 3047—93

㊐《化工企业腐蚀环境电力设计规程》HG/T 20666—1999

㊑《固定式压力容器安全技术监察规程》TSG R0004—2009

㊒《压力管道安全技术监察规程—工业管道》TSG D0001—2009

⑥《化工、石油化工管架、管墩设计规定》HG/T 20670—2000

⑥《化工企业安全卫生设计规定》HG 20571—2014

⑥《生产经营单位生产安全事故应急预案编制导则》GB/T 29639—2013

⑥《危险化学品从业单位安全标准化通用规范》AQ 3013—2008

⑥《危险化学品重大危险源安全监控通用技术规范》AQ 3035—2010

⑥《危险化学品重大危险源罐区现场安全监控装备设备规范》AQ 3036—2010

⑥《石油化工可燃气体和有毒气体检测报警设计规范》GB 50493—2009

⑥《液化烃球形贮罐安全设计规范》SH 3136—2003

⑥《石油化工自动化仪表选型设计规范》SH 3005—1999

⑥《石油化工控制室设计规范》SH/T 3006—2012

⑦《石油化工控制室抗暴设计规范》SH 3160—2009

⑦《石油化工储运系统罐区设计规范》SH/T 3007—2007

⑦《石油化工企业燃料气系统和可燃性气体排放系统设计规范》SH 3009—2001

⑦《石油化工设备和管道隔热技术规范》SH 3010—2000

⑦《石油化工金属管道布置设计规范》SH 3012—2011

⑦《石油化工给水排水设计规范》SH 3015—2003

⑦《石油化工企业循环水场设计规范》SH 3016—1990

⑦《石油化工安全仪表系统设计规范》SH/T 3018—2003

⑦《石油化工仪表管道线路设计规范》SH/T 3019—2003

⑦《石油化工仪表供气设计规范》SH 3020—2001

⑧《石油化工仪表及管道隔离和吹洗设计规范》SH 3021—2001

⑧《石油化工厂内道路设计规范》SH/T 3023—2005

⑧《石油化工企业总体布置设计规范》SH/T 3032—2002

⑧《石油化工企业生产装置电力设计技术规范》SH 3038—2000

⑧《石油化工设备管道表面色和标志规定》SH 3043—2003

⑧《石油化工企业厂区总平面布置设计规范》SH/T 3053—2002

⑧《石油化工仪表接地设计规范》SH/T 3081—2003

⑧《石油化工仪表供电设计规范》SH/T 3082—2003

⑧《石油化工分散控制系统设计规范》SH/T 3092—1999

⑧《石油化工静电接地设计规范》SH 3097—2000

⑨《石油化工仪表安装设计规范》SH/T 3104—2000

⑨《石油化工钢结构防火保护技术规定》SH 3137—2003

⑨《石油化工循环水场设计规范》GB/T 50746—2012

⑨《石油化工全厂性仓库及堆场设计规范》GB 50475—2008

⑨《氢气站设计规范》GB 50177—2005

⑨《氢气使用安全技术规程》GB 4962—2008

⑨《锅炉安全技术监察规程》TSG G0001—2012

⑨ 其他有关标准及规范。

12.4　化工生产中的危险化学品

危化品是指具有毒害、腐蚀、爆炸、燃烧、助燃等性质，对人体、设施、环境具有危害的剧毒化学品和其他化学品。根据国家安全监督管理局公布的《危险化学品目录》（2015）现已有 2828 种化工产品为危化品，因种类较多文中只给出国家安全监督管理局公布的首批重点监管的危险化学品名录，详见表 12-1。

表 12-1　首批重点监管的危险化学品名录

序号	化学品名称	别名	CAS 号
1	氯	液氯、氯气	7782-50-5
2	氨	液氨、氨气	7664-41-7
3	液化石油气		68476-85-7
4	硫化氢		7783-06-4
5	甲烷、天然气		74-82-8（甲烷）
6	原油		
7	汽油（含甲醇汽油、乙醇汽油）、石脑油		8006-61-9（汽油）
8	氢	氢气	1333-74-0
9	苯（含粗苯）		71-43-2
10	碳酰氯	光气	75-44-5
11	二氧化硫		7446-09-5
12	一氧化碳		630-08-0
13	甲醇	木醇、木精	67-56-1
14	丙烯腈	氰基乙烯、乙烯基氰	107-13-1
15	环氧乙烷	氧化乙烯	75-21-8
16	乙炔	电石气	74-86-2
17	氟化氢、氢氟酸		7664-39-3
18	氯乙烯		75-01-4
19	甲苯	甲基苯、苯基甲烷	108-88-3
20	氰化氢、氢氰酸		74-90-8
21	乙烯		74-85-1
22	三氯化磷		7719-12-2
23	硝基苯		98-95-3
24	苯乙烯		100-42-5
25	环氧丙烷		75-56-9
26	一氯甲烷		74-87-3
27	1,3-丁二烯		106-99-0
28	硫酸二甲酯		77-78-1
29	氰化钠		143-33-9

序号	化学品名称	别名	CAS 号
30	1-丙烯、丙烯		115-07-1
31	苯胺		62-53-3
32	甲醚		115-10-6
33	丙烯醛、2-丙烯醛		107-02-8
34	氯苯		108-90-7
35	乙酸乙烯酯		108-05-4
36	二甲胺		124-40-3
37	苯酚	石炭酸	108-95-2
38	四氯化钛		7550-45-0
39	甲苯二异氰酸酯	TDI	584-84-9
40	过氧乙酸	过乙酸、过醋酸	79-21-0
41	六氯环戊二烯		77-47-4
42	二硫化碳		75-15-0
43	乙烷		74-84-0
44	环氧氯丙烷	3-氯-1,2-环氧丙烷	106-89-8
45	丙酮氰醇	2-甲基-2-羟基丙腈	75-86-5
46	磷化氢	膦	7803-51-2
47	氯甲基甲醚		107-30-2
48	三氟化硼		7637-07-2
49	烯丙胺	3-氨基丙烯	107-11-9
50	异氰酸甲酯	甲基异氰酸酯	624-83-9
51	甲基叔丁基醚		1634-04-4
52	乙酸乙酯		141-78-6
53	丙烯酸		79-10-7
54	硝酸铵		6484-52-2
55	三氧化硫	硫酸酐	7446-11-9
56	三氯甲烷	氯仿	67-66-3
57	甲基肼		60-34-4
58	一甲胺		74-89-5
59	乙醛		75-07-0
60	氯甲酸三氯甲酯	双光气	503-38-8

12.5　安全泄放装置

　　压力管道、压力容器在化工生产过程中常常遇到的，这种带压的设备或者管道在受到火灾或者操作故障、停电、停水等等异常状态时会发生严重的安全事故。为了安全操作，在化工装置设计时会设置安全泄放装置，其作用主要是防止压力容器或者管道受影响造成操作压力高于设计压力而发生爆炸事故。安全泄放装置在介质压力高于设计压力时会立即动作，泄放出压力介质，降低设备或者管线的压力，以保证装置的安全正常运行。

12.5.1　安全泄放装置的分类

化工行业中的安全泄放装置有很多种，最常见的就是安全阀、爆破片、呼吸阀。三种泄放装置都可以单独使用，其中安全阀和爆破片可组合使用。常压设备设置泄放装置通常选用呼吸阀。压力设备或者管线通常设置安全阀或爆破片或者两者的组合形式。

(1) 安全阀的分类

① 按照现行国家标准《安全阀一般要求》GB/T 12241 分为以下四种。

a.直接载荷式：一种仅靠直接的机械加载装置如重锤、杠杆加重锤来克服阀瓣下介质压力所产生作用力的安全阀；

b.带动力辅助装置式：借助一个动力辅助装置，可在低于正常的开启压力下开启。即使装置失灵，阀门仍可满足安全阀的要求；

c.带补充载荷式：该安全阀在进口处压力达到开启压力前始终保持有一个增强密封的附加力，该附加力可由外来的能源提供，而在安全阀达到开启压力时应可靠释放；

d.先导式：一种依靠从导阀排出介质来驱动或控制的阀门。

② 按阀瓣开启高度分为以下两种。

a.全启式：$h > 0.25d_0$。（h 为开启高度，d_0 为喷嘴直径）。

b.微启式：$0.25d_0 > h \geqslant 0.025d_0$。

③ 按结构不同分类分为以下四种。

a.封闭弹簧式和不封闭弹簧式：一般可燃易爆或有毒介质选用封闭式，蒸汽或者惰性气体选用不封闭式。

b.带扳手式和不带扳手式。

c.带散热片式和不带散热片式：介质温度 300℃以上选用散热片式。

d.有波纹管式和不带波纹管式：一般安全阀没有波纹管。有波纹管的安全阀适用于介质腐蚀性较严重或者背压波动较大的情况。

(2) 爆破片分类

爆破片根据结构形式可分为以下五种。

① 剪切型爆破片：全面积排放，阻力小，排放系数较大，在相同工艺条件下膜片较厚，易于加工制造。但膜片工作压力受周边条件影响大，所以不稳定，且易堵塞排气管道。

② 弯曲型爆破片：动作反应快，膜片厚，易加工。抗疲劳能力强，适用于动载荷和脉冲载荷。但因受材料强度及装配误差等影响，动作压力不稳定；膜片强度低，膜片破裂后飞出影响排气管畅通。

③ 普通拉伸型爆破片：无碎片飞出，阻力也不大，动作压力较前两种稳定，膜片工作应力水平很高但寿命较短。

④ 孔式拉伸型爆破片：可采用较厚的厚度以增加刚性，调整小孔间的孔带宽度可以获得任意需要的爆破压力；开裂程度大，有利于气体的排放。但加工要求精度高，制造困难。

⑤ 失稳型爆破片：动作压力只与材料的弹性模量有关，因而稳定，容易控制；膜片厚，易加工；工作应力不高，膜片使用寿命长。

12.5.2 安全阀保护装置

安全阀是一种自动阀门，它不用借助任何外力而是利用介质本身的力来排出一定数量的流体，以防止系统内压力超过预定的安全值。当压力恢复正常后阀门会自动关闭，阻止介质继续流出。

(1) 安全阀装置的设置原则

根据《石油化工设计防火规范》GB 50160 规定，在非正常条件下，可能超压的下列设备应设置安全阀：

① 设备顶部操作压力大于 0.1MPa 的压力设备；

② 顶部操作压力超过 0.03MPa 的蒸馏塔、蒸发塔、汽提塔；

③ 往复式压缩机各段出口或者电动往复泵、齿轮泵、螺杆泵等容积式泵出口；

④ 凡是鼓风机、离心式压缩机、离心泵或者蒸汽往复泵出口连接的设备不能承受其最高压力时，上述机泵的出口；

⑤ 可燃气体或者液体受热膨胀，可能超过设计压力的设备；

⑥ 顶部最高操作压力 0.03~0.1MPa 的设备应根据工艺要求设置爆破片保护装置。

(2) 安全阀的选用

① 石油化工装置一般选用弹簧全启式。当背压较大时选用波纹管式安全阀。

② 根据介质的操作温度和安全阀定压值确定安全阀的公称压力和最高泄放压力。

③ 根据计算所得的喷嘴面积（安全泄放量计算详见化工设计手册），可从安全阀样本或其他资料中选用安全阀，选用的安全阀喷嘴面积必须大于计算面积。如果一个安全阀不满足则需要设置两个。

④ 弹簧安全阀定压应按不同结构的安全阀的要求确定。普通型安全阀在常压下调整弹簧时，其弹簧定压应调整为安全阀定压减去背压的差值。

在选用安全阀时应注明定压范围或者确定其弹簧号。

安全阀泄放量计算以及安装设计在此不再详细说明，可参见《化工设计手册》。

12.5.3 爆破片装置

爆破片是在容器或者管道压力突然升高尚未引起爆炸前先行破裂，然后排出设备或者管道内的压力介质，从而防止设备或者管道破裂的一种安全泄压装置。

(1) 爆破片适用的场所

爆破片适用的场所：

① 化学反应将使压力急剧升高的设备；

② 高压、超高压容器优先使用；

③《爆破片装置安全技术监察规程》TSG ZF003—2011（简称安规）或者剧毒介质的设备；

④ 介质对安全阀有较强腐蚀；

⑤ 介质中含有较多的黏稠性或者粉末状、浆状物料的设备。

由于爆破片是一次性使用的安全设施，动作之后该设备必须停止运行，因此一般广泛用于间断生产过程。且爆破片不易用于液化气体贮罐，也不适宜用于经常超压的场所。

（2）爆破片的选用

① 根据工艺介质的特性、工艺条件及载荷方式等多方面的因素选用合适的爆破片型式；

② 在介质特性方面，首先考虑的是使用的介质在工作环境下对膜片材料没有腐蚀性作用；

③ 为防止膜片金属在高温下的蠕变，致使膜片在低于设备爆破压力时即行爆破，应选用最高许用温度不低于实际使用温度的金属材料制造膜片；

④ 根据设备的荷载方式选用适当型式的爆破片。如对压力频繁波动的场所选择失稳型爆破片；

⑤ 爆破片的爆破压力根据设备的最大工作压力、载荷方式及爆破片的型式确定。

对于爆破片泄放量、安装设计等内容在此不再赘述，可参见《化工设计手册》。

12.6　安全联锁装置

基于新时代化工行业发展，化工生产规模显著提升，安全生产周期增长明显，以及化工安全对外界因素有了更高的要求，因此需要更加关注化工安全生产，这就需要化工企业重视自动化控制技术与安全联锁在化工安全中的应用。

自动化控制与安全联锁是保障化工生产安全的主要手段。若化工装置有一定的潜在危险，例如有毒气体的泄漏或者可燃气体泄漏，接收到信号的自动化装置会自动开启应急处理措施，从而降低员工在生产过程中遭受的风险。

自动化控制及安全联锁在化工生产过程中的重要性可见图 12-1 化工生产装置典型保护层图。从图 12-1 中可以看出过程控制是除了工艺安全设计外最重要的安全生产措施。

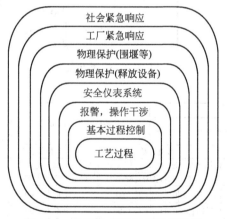

图 12-1　化工生产装置典型保护层

12.6.1　安全联锁装置的分类

生产过程中执行危险性工作时，对化工装置最基本的要求，便是自动报警装置，当工作的实际温度以及其他因素超过标准后，可以及时报警，实现化工装置的自动化控制。在当前化工企业中常用的安全连锁方式常分为以下几种。

① PLC 可编程序控制器，此控制器的主要工作方式为编制逻辑程序进行工作，适合使用于较为简单的生产活动或者小范围的自动控制工作。此控制器的工作过程是从开关开始，并且按照一定的顺序从头到尾，不断循环。

② DCS 集散控制系统，此控制系统属于计算机系统，主要用于规模较大的生产监控工作，是目前化工生产企业广泛采用的一种自动控制及安全联锁系统。

12.6.2　安全联锁装置设计与应用

（1）安全联锁装置设计

安全联锁装置的设计由工艺专业牵头，会同仪表自动化专业共同完成。对于化工专业需要提供安全联锁即化工生产过程中的控制方案如图 12-2 所示，以及控制方案中监测参数的具体数据（化工设计中称仪表条件），如图 12-3 仪表条件表所示。

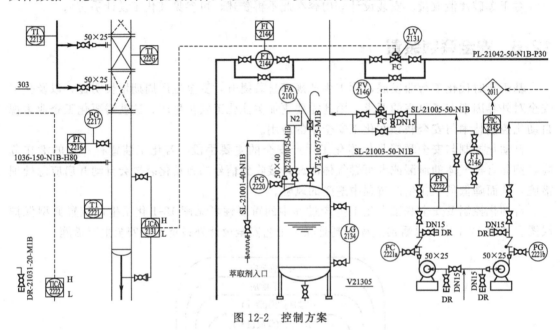

图 12-2　控制方案

仪表条件表	工程名称						液位仪表条件表			提出人		页码		
	设计项目									校核		G11058-3-02-YB-12		
	设计阶段									审核		第65页 共107页		
	控制点			数量	被测介质					控制要求		设备		
序号	位号	用途		名称或成分	温度℃		压力(MPa,G)		操作密度 kg/m²	介质黏度	最高液位HH(mm)	仪表接口距离H/mm	名称	规格(高×直径)	材料	备注
1	LICA2131	T21303塔釜液位	1	R125、R115 内酮	115	120	160	0.7	1.05	1.3	700	0.3	1800	2000	1级萃取塔	DN700 H=30718	Q345R	侧装磁翻板DN25 PN25
2	LICA2132	V21306液位	1	R125	10	15	35	0.7	1.0	1.3	1200	0.24	900	1100	1级萃取塔回流塔	DN800 H=1000	Q345R	侧装双法兰DN80 PN25
3	LICA2133	T21304塔釜液位	1	丙酮	100	120	150	0.02	0.15	0.3	700	0.34	1800	2000	1级闪蒸塔	DN700 L=23375	Q345R	侧装磁翻板DN25 PN25
4	LICA2134	V21305液位	1	丙酮	10	25	45	0.02	0.15	0.3	700	0.33	1800	2100	萃取剂贮罐	DN1600 H=2500	Q345R	侧装磁翻板DN25 PN25
5																		

图 12-3　仪表条件表

自动化控制及仪表专业根据化工专业提供的流程控制方案图以及仪表数据表进行安全联锁的设计及仪表的选型。

（2）安全联锁装置的应用

① 监控化工企业生产过程。自动化控制系统作为有效控制化工企业生产过程的重要手段，其具体表现在对产品模型的检测与控制生产流程等方面。而产品模型的检测主要是指对

生产整体过程进行实时的检测，并在知晓产品模型的具体情况下，分析事故发生的成因，并及时采取应急手段。而自动化控制体系中对生产流程的总体控制是预防并处理事故发生的重要参考依据，技术人员可助自动化控制设备中仪表的情况，对化工生产总过程进行实时的了解。

② 联锁报警装置。联锁报警装置主要的作用是第一时间的检测到事故发生地点，利用巨大的报警声提醒工作人员采取相应应急措施，并且及时触发自动化安全装置，对保证化工企业的安全生产，有效预防与控制事故的发生具有重要的意义。

③ 安全自动化装置。自动化控制与安全联锁中的安全自动化装置是保障化工企业安全的主要手段。如果化工企业生产过程中出现一定的潜在威胁，例如毒气泄漏或火灾等，接收到报警信号时装置则会自动开启应急机制，采取隔离有毒物质或喷水等措施，从而降低员工在生产过程中遭遇到的风险性。

12.7　紧急停车装置

紧急停车装置（ESD）又称安全仪表系统（SIS 系统），它的主要作用是在工艺装置在生产过程中发生危险故障时将其自动或者手动带回到预先设计的安全状态，以保证工艺装置的生产安全，避免重大的人身伤害及重大的设备损坏事故。

(1) 紧急停车装置的设置

根据我国对"两重点一重大"建设项目的安全要求，以及安监总管三［2014］116 号要求从 2018 年 1 月 1 日起，所有新建涉及"两重点一重大"的化工装置和危险化学品储存设施要设计符合要求的安全仪表系统。同时，对现役装置安全仪表系统不满足功能安全要求的，要列入整改计划限期整改。这使得以后设计安全仪表系统的装置范围更广，对安全仪表系统的可靠性和规范性要求更高，对设计人员的风险分析和控制、安全仪表系统的设计实施提出了更高的要求。

紧急停车装置的设计主要是根据安监总局令（第 40 号令）、安监总管三［2013］76 号，对重点监管的危险化工工艺、重点监管危险化学品和危险化学品重大危险源项目的设计提出的更高要求。安监总局令第 40 号令要求涉及毒性气体、液化气体、剧毒液体的一级或者二级重大危险源，配备独立的安全仪表系统；安监总管三［2013］76 号文要求涉及重点监管危险化工工艺的大、中型新建项目要按照 GB/T 21109 和 GB 50770 等相关标准开展安全仪表系统设计。

(2) 紧急停车装置的设计与应用

利用 HAZOP 分析与风险矩阵相结合，对工艺流程中的危险进行识别，并且对危险进行定性的分析，丰富 HAZOP 分析结果的同时也实现其分析的完整性，为安全仪表系统的设计提供了依据。根据风险分析与评估的结果，确定安全仪表的安全完整性等级，除设置独立的逻辑解算器（SIS 系统）外，回路的传感器和最终元件都独立设置，不与基本过程控制系统（DCS）等其他过程控制系统共用。一般来说，如果一个回路的各组成环节，例如传感器、逻辑解算器、最终元件等都分别满足 SIL2 的要求，那么这个回路通常也满足 SIL2 的要求。但一个回路整体是否满足 SIL 等级要求，需要通过计算进行验证。如果通过计算，确定一个回路总体的 PFD 满足 SIL2 的要求，那么这个回路就满足了 SIL 等级的要求，如果计算的结果显示回路无法满足 SIL2 的要求，那么可以通过改变回路结构，例如，采取

NooM 的结构等，降低某个环节的 PFD，达到降低回路整体 PFD 的目的，最终使回路满足 SIL 等级的要求。

12.8　安全教育

化工生产是一个复杂又危险的系统工程，企业招聘的新员工在上岗前首先要进行安全教育，安全教育学习完成后才能进入岗位，安全教育不合格者不得进入岗位。这是为员工着想也是为企业安全生产着想。

12.8.1　三级安全教育和特殊工种教育

三级安全教育是指对新招聘的员工或者新调入员工、来厂实习学生或其他人所进行的厂级安全教育、车间安全教育、班组安全教育。

特殊工种教育是针对从事特殊工种作业的人群进行的安全教育。根据《特种工作人员安全技术培训考核管理办法》，特殊作业范围包括：电工作业，金属焊接、切割作业，起重机械作业，架高作业，压力容器操作作业，制冷作业，企业内机动车辆驾驶，锅炉作业，爆破作业九类。

12.8.2　安全教育的内容

不同行业安全教育内容各有不同。

(1) 厂级安全教育

① 讲解劳动保护的意义、任务、内容和其重要性，使新入厂的职工树立起"安全第一"和"安全生产人人有责"的思想。

② 介绍企业的安全概况，包括企业安全工作发展史，企业生产特点，工厂设备分布情况（重点介绍接近要害部位、特殊设备的注意事项），工厂安全生产的组织。

③ 介绍国务院颁发的《全国职工守则》和《中华人民共和国劳动法》、《中华人民共和国劳动合同法》以及企业内设置的各种警告标志和信号装置等。

④ 介绍企业典型事故案例和教训，抢险、救灾、救人常识以及工伤事故报告程序等。

厂级安全教育一般由企业安技部门负责进行，时间为 4～16h。讲解应和看图片、参观劳动保护教育室结合起来，并发给一本浅显易懂的规定手册。

(2) 车间安全教育内容

① 介绍车间的概况。如车间生产的产品、工艺流程及其特点，车间人员结构、安全生产组织状况及活动情况，车间危险区域、有毒有害工种情况，车间劳动保护方面的规章制度和对劳动保护用品的穿戴要求和注意事项，车间事故多发部位、原因、有什么特殊规定和安全要求，介绍车间常见事故和对典型事故案例的剖析，介绍车间安全生产中的好人好事，车间文明生产方面的具体做法和要求。

② 根据车间的特点介绍安全技术基础知识。如冷加工车间的特点是金属切削机床多、电气设备多、起重设备多、运输车辆多、各种油类多、生产人员多和生产场地比较拥挤等。要教育工人遵守劳动纪律，穿戴好防护用品，小心衣服、发辫被卷进转动设备如泵、压缩机。要告诉工人在装夹、检查、拆卸、搬运工件特别是大件时，要防止碰伤、压伤、割伤；

工作场地应保持整洁，道路畅通；加工超长、超高产品，应有安全防护措施等。其他如锅炉房、变配电站、危险品仓库、油库等，均应根据各自的特点，对新工人进行安全技术知识教育。

③ 介绍车间防火知识，包括防火的方针，车间易燃易爆品的情况，防火的要害部位及防火的特殊需要，消防用品放置地点，灭火器的性能、使用方法，车间消防组织情况，遇到火险如何处理等。

④ 组织新工人学习安全生产文件和安全操作规程制度，并应教育新工人尊敬师傅，听从指挥，安全生产。车间安全教育由车间主任或安技人员负责，授课时间一般需要 4～8 课时。

（3）班组安全教育内容

① 本班组的生产特点、作业环境、危险区域、设备状况、消防设施等。重点介绍高温、高压、易燃易爆、有毒有害、腐蚀、高空作业等方面可能导致发生事故的危险因素，交待本班组容易出事故的部位和典型事故案例的剖析。

② 讲解本工种的安全操作规程和岗位责任，重点讲思想上应时刻重视安全生产，自觉遵守安全操作规程，不违章作业；爱护和正确使用机器设备和工具；介绍各种安全活动以及作业环境的安全检查和交接班制度。告诉新工人出了事故或发现了事故隐患，应及时报告领导，采取措施。

③ 讲解如何正确使用劳动保护用品和文明生产的要求。进入车间戴好工帽，进入施工现场和登高作业，必须戴好安全帽、系好安全带，工作场地要整洁，道路要畅通，物件堆放要整齐等。

④ 实行安全操作示范。组织重视安全、技术熟练、富有经验的老工人进行安全操作示范，边示范、边讲解，重点讲安全操作要领，说明怎样操作是危险的，怎样操作是安全的，不遵守操作规程将会造成的严重后果。

12.9　人身防护措施

12.9.1　个人防护用品配置

按照《劳动防护用品选用规则》（GB 11651）和国家颁发的劳动防护用品配备标准以及有关规定生产经营单位应当为从业人员配备劳动防护用品。化工企业根据员工工作环境的不同一般配置不同的个人防护用品包括头部防护、眼睛和面部防护、脚部防护、手部防护、听力防护、呼吸防护、防护服 7 类。配置的个人防护用品目录及使用寿命见第 3 章表 3-4。

12.9.2　事故应急处理措施

企业应根据《事故应急救援预案编制提纲》编写企业事故应急救援预案，制定的事故应急预案包括以下内容。

（1）应急救援措施

一旦事故发生时，要迅速、准确地处理，尽可能减少事故造成的损失。

① 一般事故：少量泄漏，可在巡检中发现，现场立即处理。

② 重大事故：由意外事件、违规操作等原因使生产车间、罐区发生火灾或爆炸，造成

大量外泄，可能引起人员伤亡或伤害、环境污染，引发火灾或爆炸。此时，采取以下紧急救援措施。

a. 最早发现者在保护自身安全的情况下，查明事故部位及泄漏物，立刻向负责人报告。

b. 迅速撤离泄漏污染区人员至安全区，并进行隔离，严格限制出入。

c. 一旦发生物料泄漏，应急处理人员戴好空气呼吸器，穿好防护工作服，进行堵漏。

d. 尽可能切断泄漏源，防止进入下水道、排洪沟等限制性空间。

e. 现场如有人员的皮肤被沾染，脱去被污染的衣着，用肥皂水和大量清水彻底冲洗皮肤，溅入眼睛，提起眼睑，用流动清水或生理盐水冲洗后，就医。

f. 呼吸中毒立即移至空气新鲜处，保持呼吸道通畅，必要时吸氧。送至医院救治。

g. 如出现爆炸征兆，应立即将周围人员撤离。

h. 事故控制后，配合有关部门调查事故原因，制定防范措施等善后。

i. 火警电话：119；急救电话：120。

(2) 注意事项

为能在事故发生时，迅速准确、有条不紊地处理事故，尽可能减少事故造成的损失，平时必须做好应急救援的各项准备工作，做到组织落实、教育落实、训练落实、制度落实。具体要求如下。

① 按应急救援预案要求，由各职能部门按要求组织各专业的应急、救援队伍，人员名单报公司安全生产办公室，每年初要根据人员变化进行调整。

② 各专业救援队伍每年组织一次救援训练，公司义务消防队每年必须组织不少于两次的专业演习。

③ 由安全生产办公室牵头，对全体员工进行经常性急救常识教育，以强化急救意识，增强急救知识和自救能力。

④ 公司每半年组织一次应急救援队伍人员会议，研究应急救援工作。

⑤ 公司每月一次安全生产大检查，结合检查应急救援工作落实情况。

⑥ 每年年底对应急救援工作的展开情况进行一次总结、评比。对落实好的部门、专业队伍给予表彰奖励。

公司应按照《危险化学品事故应急救援预案编制导则（单位版）》、《生产经营单位安全生产事故应急预案编制导则》等指导性文件及标准的要求编写应急救援预案，内容应包括：

企业基本情况；危险目标及其危险特性，事故对周围的影响；危险目标周围可利用的安全、消防、个人防护设施及其分布情况；应急救援组织机构的设置，组成人员及其职责；报警、通讯联系方式；事故发生后应采用的处理措施；人员紧急疏散、撤离；危险区的隔离；检测、抢险、救援及控制措施；受伤人员现场救护、救治和医院救治；现场保护与现场清洗清毒；应急救援保障（包括内部保障和外部救援）；预案分级响应条件；事故应急救援终止程序；应急培训计划；演练计划；附件。

习　题

1. 化学工业发展伴随什么样的新危险？

2. 化工生产对安全的要求有哪些？

3. 安全泄放装置种类有哪些？使用的场合？

4. 安全阀、爆破片的设置原则？

5. 安全联锁装置的定义及其作用？

6. 安全联锁装置的设计程序？主要应用领域有哪些？

7. 紧急停车装置定义及作用？

8. 紧急停车装置设计依据是什么？

9. 安全教育分类？什么是三级安全教育？

10. 三级安全教育的内容主要包括哪些？

11. 个人防护用品有哪几类？

12. 事故应急处理措施编写依据及内容是什么？

推荐阅读材料

新时代背景下的化工安全生产与管理

在新时期的背景下，各行各业的经济都有了高速的发展，化工产业也不例外，但是化工生产与管理过程中存在着不容小觑的安全问题。而且随着科技的不断发展，化工生产逐步由人工转化为自动化的模式，使得化工企业的生产效率得到了极大的提升，但是在快速发展的过程中不可避免暴露出一系列的问题，对于这些问题，我们应该引起足够重视，因为这不仅仅只关系到企业的利益，还对国家的安全稳定起到决定性的作用。

在新时期，化工企业在生产与管理的过程中，只有足够重视安全问题，才可以为员工创造更加良好的安全、稳定的工作环境，提高员工的工作积极性，使得员工更好地投入到化工的生产与管理中，提升员工的工作效率，为企业带来更大的利润。并且在化工企业中，因为化工产品不管是在生产还是管理中都具有很强的专业性和特殊性，所以只有健全、完善的安全生产管理机制，才能保证生产和管理中的安全性。众所周知，天津港大爆炸事件就是因为化学品的存储管理出现了严重的疏漏，造成了不堪设想的后果，很多无辜的群众都受到了牵连。所以，化工企业必须要注意化工生产和管理中的安全问题，并且应该对安全事故的原因进行总结判断，这样才可以保证此类安全问题不再发生，只有安全问题得到有效地解决，企业才会有更加久远的发展。因此，本文主要探究了化工生产与管理中存在的问题，根据这些问题，给出了切实可行的解决措施。

（1）新时期化工安全生产与管理存在的问题

鉴于引言所讲的化工安全具有那么多的重要性，应该在新时期着重关注化工安全产与管理的问题，深入挖掘各个方面的安全隐患，以防患于未然，具体的问题有如下几点。

① 前期安全生产设计不合理 在化工企业中，前期生产线的设计和管理出现问题会导致整个化工生产运作不当，并且在新时期，科学的合理的生产设计方案是化工企业安全生产与管理的前提。但是，目前化工企业在安全生产设计上存在一系列的问题，主要为方案设计人员的技能不足，造成设计缺陷，致使整个化工生产设备缺乏一定的合理性和科学性，这种设计方案一旦采用必然会给化工企业带来巨大的安全隐患，因此要切实做好化工安全生产与管理前的设计工作。

② 员工操作不当 很多化工安全事故都是由于化工生产工人的操作不当引起的，所以说规范的操作是安全生产与管理的前提条件之一。并且化工生产工作中应用到的仪器设备众多，这就要充分考量操作人员的操作技能，在现实生产过程中，由于工作人员不按规范操作仪器导致安全事故时有发生，而且大多数事故都造成了特别惨烈的结果，一些人因为不恰当的操作，造成化学品中毒，使得脑中枢出现故障，有些员工因此而丢了性命的现象时有发生，这些活生生的例子在化工生产行业中屡见不鲜，这些都是由于工作人员操作不当引起的。

③ 设施设备出现老化现象 设施设备是一个化工行业生产与管理必须具备的基础，设备的故障将会直接影响到化工企业的生产效益。在现阶段，有一些化工企业存在设备老化、生产能力缺乏以及设备的利用率偏低等情况，也存在一些现象是，虽然拥有先进的科学的生产设备，但是未对员工进行深入的技能培训，导致员工在操作方面出现问题，造成严重的安全事故。并且化工企业对于生产管理设备的维护缺乏规范的检查，对于一些可以避免的危险不懂得如何排解。

④ 化工企业员工的整体水平比较低 化工企业管理人员和操作人员专业素养偏低都是造成安全事故的主要因素，化工产品没有按照规范很好地存储以及生产中的失误造成的安全事故占了绝大多数。并且在实际生产管理过程中，化工企业不注重对员工进行安全生产与管理方面的专业培训，并且缺乏一定的安全监管机制，使得化工企业整体员工的安全意识淡薄。与此同时，在化工行业中缺乏对操作人员的培训和考核机制，从而导致部分员工的专业技能比较差，造成操作的失误，从而引发各类操作故障，最终造成巨大的损失。

(2) 提升化工安全生产与管理的措施

① 提高前期安全生产设计的水平。在化工企业中，应该重视前期生产与管理设计的工作，切实做好生产前的设计工作，真正地提高设计的水准，雇佣更多有化工生产设计技能的专业人才，在进行生产之前设计好安全评价的规则，切实对生产环境进行客观的评价。设计人员在进行化工生产线构建之前，应该给出可能造成故障的操作，指导操作人员合理操作避免安全事故的发生。并且对化工企业的设计人员进行定期培训，建立适合设计人员的考评机制，确保其能科学合理地评价每个设计过程，真正做到防患于未然。

② 规范员工的操作手段。在员工进行熟练操作之前，应该采用以老带新的模式，让老员工规范新员工的操作技能，生产现场设备的操作必须在两人以上的基础上进行，这样可以做到操作的故障大大减少。并且结合化工企业专业性强，并且具有一定特殊性的特点，建立合理的安全操作章程，要求操作人员严格按照标准执行落实。同时也要树立操作人员安全操作的风险意识，最大程度地降低因操作不当造成安全事故发生的概率。对于无法及时更换的生产设备应该在老员工的指导下进行操作，老员工在熟练掌握设备操作规律之后再指导新员工使用，以便减少事故发生的可能性。

③ 不断更新化工生产设施设备。对于化工生产比较重要的设备以及零备件要实施统一高标准的采购，并且应该不断地更新生产设施设备，与此同时，应该安排专人对化工生产与管理设施设备进行定期的安全检查和维护，及时发现问题进行维护，延长化工设备的使用期限。因为化工产品具有一定的腐蚀性和特殊性，对化工生产设施设备具有巨大的影响，所以定期更换化工设备是化工企业生产的重要一点。

④ 提高化工企业员工的从业水平。加强对企业员工的培训机制，定期对员工的管理和生产技能进行培训，把安全生产放在首要的位置，让员工充分认识到安全生产的重要性，并且在招聘操作人员时，要考虑其是否具有专业的操作技能，并且对员工的学历有一定的限定

（至少是专科以上）。对于管理人员一定要明确其应该具备的管理技能并且提出切实可行的监管机制，确保安全生产的监督工作。

（3）结语

总而言之，随着经济的不断发展，科技的不断提高，化工企业的安全生产与管理对企业的有序发展具有重要意义，不仅可以减少安全事故的发生，还有利于企业的快速发展，为企业赢得更大的利润。

◆ **参考文献** ◆

耿聪.新时代背景下化工安全生产与管理 [J].化工管理.2018（2）:33-35.

附　录

附录 A　几起重大化工生产事故案例分析

A.1　印度博帕尔化学品泄漏灾难

印度博帕尔化学品泄漏灾难发生于 1984 年 12 月 3 日，是迄今为止最严重的工业安全事故。事故原因是一个储存毒性物料异氰酸甲酯（MIC）的贮罐压力急剧上升，因贮罐阀门失灵泄漏出来，以气体形态迅速向外扩散。1h 后，毒气形成的浓烟雾笼罩在全市上空。据印度官方统计，剧毒气体造成 4000 多人死亡，事件造成死亡总人数约 2.5 万人，20 多万人致残，造成经济损失高达百亿美元。为此各国化工生产部门纷纷进行安全检查，清除隐患，防止类似事故的发生。

事故分析：事故发生的直接原因当用氮气将甲基异氰酸酯（MIC）从 610 贮罐转送至反应器时没有成功，部门负责人要求工人对管道进行清洗。按照标准规范要求，应该把清洗的管道和系统隔开，在阀门附近插上盲板，但是实际作业时没有用盲板隔开，导致 610 号贮罐进入大量的水，水与 MIC 反应产生二氧化碳和热量，以及产品中氯仿含量过高（标准 <0.5%，实际 >12%），其中氯离子起到催化作用，加速了水和 MIC 反应。使贮罐压力直线上升，温度急剧上升，造成泄漏事故。造成事故发生的原因是多方面的，概括来说主要包括工艺、人员素质、安全管理三方面原因。

（1）工艺方面

① 厂区选址不合理，与周围居民区或者设施没有足够的安全距离，而且居民区位于工厂最小风向的上风侧，因此造成居民死伤众多。

② MIC 贮罐设置的安全阀及事故处理系统-火炬系统失去其作用。事故发生时火炬系统正在维修，没有发挥应有的作用，成为摆设。

（2）人员素质方面

管理人员安全意识差，负责人是经济专业出身，没有安全意识；人员技术素质差，据调查发现操作人员无1人为大学毕业生，最高只有高中学历。他们对生产工艺不了解和设备操作不规范，如 MIC 遇水反应放热容易发生危险；清洗管道时应安装盲板隔离水和物料，操作人员操作时未按照规范操作；MIC 贮罐压力上升后不清楚原因及处理措施；对物料的毒性和易燃易爆性质不清楚等等是造成事故的重要原因。

（3）安全管理

安全管理混乱，未建立有效的事故应急处理预案。MIC 要求在 0℃ 左右储存，实际储存温度 20℃，为安全生产留下隐患；安全装置不定时检查和维修，致使在事故中如事故燃烧装置成为摆设，并且随意拆除温度指示和报警装置；泄漏后没有有效的处理措施，坐失抢救良机。

A.2　BP 石油公司得克萨斯炼油厂爆炸事故

2005 年 3 月 23 日 13 时 20 分左右，英国石油公司（BP）位于美国德克萨斯州的炼油厂异构化装置发生严重的火灾爆炸事故，该事故为美国作业场所近 20 年间最严重的灾难。事故造成 15 名员工丧生，170 余人受伤，爆炸产生的浓烟对周围工作和居住的人们造成不同程度的伤害。

事故分析：事故发生的直接原因是操作工在异构化装置开车前误操作，造成烃分馏液面高出控制液面。操作工对阀门和液面检查粗心大意，没有及时发现液面超标，结果液面高过分馏塔超压，大量物料进入放空罐，气相组分从放空烟囱溢出后发生爆炸。异构化装置的主管没有通过检查确保操作人员正确的操作程序，而且在发生事故的关键时刻离岗，设备操作员没及时拉响疏散警报，大大加剧了事故的严重程度。总之是异构化装置主管的失职和操作工没有遵守操作程序的规定是事故发生的根本原因。

根据美国化学安全与危害调查局事故后的调查结果报告，此次事故其他原因主要可以概括为以下几方面。

（1）人为因素

在当时的大背景下，各公司都在利用减员实现成本的降低。低成本的战略使得德克萨斯炼油厂出现了人手不足等问题。炼油厂里的操作工和维护人员加班时间远远超出了正常水平。据调查事故发生时，异构化装置操作工已经连续工作第 29 天，每天休息 5~6h，操作开车时疲劳过度，影响了判断。

（2）设备因素

为了降低运营成本，公司削减了炼油厂大量的固定资产投资，使得炼厂设备和仪表维护成本大量削减，得不到更换或者维护。这些削减对安全产生了负面影响，这次事故中分馏塔液位计指示报警失灵，造成操作工人的误判，最终导致事故的发生。

（3）工艺方面

炼油工艺本身为危险工艺，危险性极高。要想降低工艺的事故率，应定期对工艺过程进行安全诊断（如 HAZOP 分析），确保工艺安全及工艺的及时改进。如果进行了 HAZOP 分析，分馏塔塔顶压力过高会产生后续放空罐液位上升，这时如果设计塔顶压力与进料管线切断进料建立联锁，可以降低后续放空罐液位的快速上升造成的危险。

(4) 安全管理方面

操作人员安全培训不到位，对安全操作规范不熟悉。安全培训不到位直接影响操作人员对危险的辨识和工艺流程安全的理解知之甚少，发生危险时对危害程度没有预测。对安全规范不熟悉，事故发生后不知道怎么操作或者延误时间，增加了事故危害程度。比方说此次事故发生时设备部人员未及时启动报警装置，直接结果是现场 14 名办公人员全部丧命。

A.3　日本甲醇精馏塔爆炸事故

1991 年 6 月 26 日 10 时 15 分左右，日本狮子株式会社千叶工场，在新型表面活性剂"α-磺基脂肪酸酯"生产中，由于甲醇和过氧化氢反应生成微量的甲基过氧化物，并在精馏塔停止运转过程中，在局部从 0.1% 浓缩到百分之几十而发热，导致精馏塔发生爆炸，造成 2 人死亡，13 人受伤，塔及周围设施遭到严重破坏。

爆炸发生在精馏塔的上部（从第 5 层至第 26 层约 7m），塔顶至第 4 层落至地下，塔壁碎片最大飞至 1300m，大部分散落在半径为 900m 的范围内，第 27 层以下的塔壁碎片残留在原地。据推算，爆炸当量相当于 10～50kg TNT。

事故原因分析：造成精馏塔爆炸的直接原因是甲醇与过氧化氢反应生成了甲基过氧化物，塔内甲基过氧化物浓度超过允许的浓度，甲基过氧化物因温度升高加速分解造成反应失控产生爆炸。

根据事后调查，此次爆炸事故发生的原因有以下几点。

① 在漂白过程中，残留的无水硫酸和添加的甲醇发生副反应生成甲基硫酸，甲基硫酸只有在酸性条件下，与过氧化氢反应生成甲基过氧化物。而甲基过氧化物在弱酸性水溶液中较稳定，几乎不分解，但在中性和碱性溶液中不稳定，随着温度的升高而加速分解。

② 在正常运行时（回流比为 5），甲基过氧化物最大浓度不超百分之几，在进行"全回流操作"时，甲基过氧化物的浓度被浓缩到百分之几十。

③ 事故发生当日，中和工段的 pH 计发生故障，使中和的烧碱量减少，溶液呈酸性，甲基过氧化物不易分解，导致甲基过氧化物在塔内的滞留量由正常时的 10～20kg 上升至 30～40kg。

④ 在"焚烧操作"过程中，液相中甲基过氧化物的浓度比"全回流操作"时还大，另外，伴随着从塔顶的回流停止，也没有向塔内回流冷却甲醇液，结果导致发热速度大于散热速度，精馏塔处于温度急速升高的状态；再加上焚烧操作过程中局部的加热和塔内可动部分之间的摩擦及碰撞，甲基过氧化物失控分解放热反应，最终导致爆炸事故发生。

A.4　美国佐治亚州奥古斯塔 BP-阿莫科聚合物工厂爆炸事故

2001 年 3 月 13 日，美国佐治亚州奥古斯塔 BP-阿莫科聚合物工厂（以下简称奥古斯塔工厂）发生一起爆炸事故，并引发大火，造成 3 名工人当场死亡。

3 月 13 日，奥古斯塔的 3 名工人在打开装有热熔塑料工艺贮槽的端盖过程中不幸遇难，原因是他们不知道贮槽内是有压力的，部分螺栓被拆掉的端盖突然迸发并喷出热熔塑料导致工人的死亡，喷射出的能量造成邻近的管线断裂，管线内流出的热液体被引燃，酿成火灾。

事故原因分析：事故发生的根本原因是 BP-阿莫科集团公司，作为 Amodel 的生产工艺开发者，没有通过全面审查工艺设计来发现化学反应的危险，无论是 BP-阿莫科集团公司的研发部门，还是工艺设计部门都没有明确的系统化的程序来鉴别和控制源于副反应或缺少控制的反应危险，而且奥古斯塔工厂没有实施为改正设计缺陷而进行的全面审查过程。造成事故发生原因还包括以下几方面。

(1) 安全管理方面

① 工人没能遵循已有的锁断/挂牌及设备拆开的公司制度，因为聚合物回收槽上被堵塞的排放管妨碍他们确认槽内压力的存在；

② 对以前出现的满槽事故及塑料被夹带进入连接管内均表明回收槽过小，不能处理可见的生产异常；

③ 聚合物回收槽的液位指示器不可靠。

(2) 工艺方面

① 奥古斯塔工厂的事故和未遂调查系统没有充分地鉴别出原因或相关的危险；

② Amodel 生产工艺的危险分析不足且不完整。

在最终设计阶段危险分析中，没有发现化学反应的危险，如副反应。在设计和施工阶段进行的危险分析期间，挤塑机的运行以及它对其他生产过程的总体影响没有得到足够的审查。聚合物回收槽可能被充满的情况没有被鉴别出来。

A.5　美国环氧乙烷再蒸馏塔爆炸事故

1991 年 3 月 12 日，美国联合碳化物公司在得克萨斯州拉瓦卡港的海漂联合企业环氧乙烷 1 号再蒸馏塔发生爆炸火灾事故，造成 1 人死亡，32 人受伤。导致乙烯、聚乙烯、乙二醇、乙二醇醚、乙二醇胺等装置停产。事故发生后，英国 Tecnon 公司高级顾问指出，英国石油公司 1987 年在比利时安特卫普工厂以及德国巴斯夫公司 1988 年在路德维希港工厂的爆炸火灾事故都与环氧乙烷蒸馏塔有关，一般来说，环氧乙烷是相当危险、很难处置的物料，操作时必须特别注意。

工厂所在县的意外事故协调员说，这次灾难的救援工作是一次真正的协作活动。由于 1990 年 11 月间进行过一次与实际事故极为相似的演练，所以事故出现后，没有人过分惊慌。在工业界与地方社区的密切合作下，当天下午就扑灭了大火，解除工厂周围 2.4km 范围内的预防性疏散，并且重新开放环绕工厂的道路。

事故原因分析：OSHA 的调查结果认为导致爆炸的直接原因是再蒸馏塔内环氧乙烷加料过量（超过 29t）所造成的。爆炸后的设备碎片击中附近的管架，损坏输送甲烷和其他易爆物的管路，易燃物料外逸引起第二次火灾。OSHA 的调查人员还发现，环氧乙烷容器没有隔热装置，也没有装配可以测定局部过热的仪表，而且该公司不能证实装置上温度传感器上次核准的确切时间。同时，鉴定环氧乙烷贮槽设施距离环氧乙烷装置太近，存在着比通常遇到爆炸更大的可能性。

联合碳化物公司坚持爆炸是由在 36.5m 高的蒸馏塔中环氧乙烷分解时产生的特别高压引起的，提出再沸器正常操作温度最高为 154.4℃。当温度升高到 482.2℃时，环氧乙烷发生分解。该公司认为由于几种因素的结合使塔内液体中止循环，从而使管路外壳过热，同时，聚合物中所含的特殊形状的氧化铁对于环氧乙烷有高度的催化活性。该公司并不了解这种独特的氧化铁，更不清楚其对环氧乙烷的催化活性。这些在科学文献上都没有提到过。

A.6　日本一合成氨装置爆炸事故

日本昭田川崎工厂的一套合成氨装置，在操作中突然发出破裂声并喷出气体，气体充满压缩机房后，流向楼下的净化塔和合成塔。压缩机系统的操作工听到喷出气体的声音后立即停掉压缩机打开送风阀。合成系统的操作工着手关闭净化塔的各个阀门，但在这个操作过程中附近发生了爆炸。造成 17 名操作工死亡，63 人受伤，装置的建筑物和机械设备部分被破坏，相邻装置的窗玻璃被震坏。由于爆炸使合成塔前的变压器损坏，变压器油着火，点燃从损坏的管道中漏出来的氢气，大火持续了约 4h，经济损失约 7100 万日元。

事故原因分析：事故发生的原因是在两个油分离器和一个净化塔联结的高压管线的三通接头部分发生漏气，连接管的螺纹外径比正规值小，而且它的螺距比相对的螺纹的螺距大，因而导致螺纹牙与牙的接合较差，并在一部分螺纹的牙根引起过度的应力集中。且在安装时，不适当的紧固和长期使用的疲劳会使其发生磨损。因此为了预防同类事故发生在安装以及正常生产过程中要注意以下几点：

① 提高螺纹的加工精度，且进行严格检查。
② 高压设备的配管应避免从简，在主气管线上应设置逆流截止阀。
③ 高压设备置于防护墙之内，与工作区分开，并且与电气设备隔离。
④ 为保持通风良好，地面应铺成铁算式的。
⑤ 建立运转、维修及管理技术规程。

附录 B　常见易燃易爆气体的燃烧热和在空气中的爆炸极限

可燃物	序号	名称	爆炸极限(体积分数)/%		燃烧热/(kJ/kg)
			爆炸下限	爆炸上限	
可燃气体	1	氨	15	30.2	18603.1
	2	液化石油气	5	33	$(92.11\sim121.42)\times10^3$
	3	硫化氢	4	46	6.25
	4	甲烷(天然气)	5	16	55625
	5	氢气	4	75	141.6×10^3
	6	一氧化碳	12	74	10107
	7	环氧乙烷	3	100	
	8	乙炔	2.1	80	
	9	氯乙烯	3.6	31	
	10	乙烯	2.7	36	
	11	一氯甲烷	8.1	17.2	
	12	1,3-丁二烯	1.4	16.3	
	13	丙烯(1-丙烯)	1.0	15	
	14	甲醚	3.4	26.7	
	15	二甲胺	2.8	14.4	
	16	乙烷	3.0	16	
	17	磷化氢	1.8	98	
	18	一甲胺	4.9	20.7	
	19	丙烷	2.1	9.5	
	20	丁烷	19	84	48.6×10^3

可燃物	序号	名称	爆炸极限(体积分数)/%		燃烧热 /(kJ/kg)
			爆炸下限	爆炸上限	
可燃气体	21	环丙烷	2.4	10.4	
	22	环丁烷	1.8	10	
	23	甲醛	7	73	
	24	异丁烷	1.8	8.4	
	25	异丁烯	1.8	8.8	
	26	溴甲烷	10	16	
可燃液体	1	汽油(甲醇汽油、乙醇汽油)、石脑油	1.4	7.6	
	2	苯	1.2	8	
	3	甲醇	5.5	44	
	4	丙烯腈	2.8	17	
	5	甲苯	1.2	7	
	6	氰化氢	5.6	40	
	7	硝基苯(93℃)	1.8	40	
	8	苯乙烯	1.1	6.1	
	9	环氧丙烷	2.3	36	
	10	苯胺	1.2	11	
	11	丙烯醛(2-丙烯醛)	2.8	31	
	12	氯苯	1.3	11	
	13	乙酸乙烯酯	2.6	13.4	
	14	甲苯二异氰酸酯	0.9	9.5	
	15	二硫化碳	1.3	50	
	16	环氧氯丙烷	3.8	21	
	17	丙酮氰醇	2.25	11	
	18	烯丙胺	2.2	22	
	19	异氰酸甲酯	5.3	26	
	20	甲基叔丁基醚	1.6	15.1	
	21	乙酸乙酯	2.2	11.5	
	22	丙烯酸	2	8	
	23	甲基肼	2.5	98	
	24	乙醛	4	60	